SAR图像去噪模型及算法

刘帅奇 刘彤 赵淑欢 赵杰◎著

U0234621

北京理工大学出版社
BEIJING INSTITUTE OF TECHNOLOGY PRESS

图书在版编目（CIP）数据

SAR图像去噪模型及算法 / 刘帅奇等著. -- 北京 : 北京理工大学出版社, 2023.6

ISBN 978-7-5763-2523-2

Ⅰ. ①S… Ⅱ. ①刘… Ⅲ. ①合成孔径雷达－图像处理 Ⅳ. ①TN958

中国国家版本馆 CIP 数据核字(2023)第 117214 号

出版发行 / 北京理工大学出版社有限责任公司
社　　址 / 北京市海淀区中关村南大街5号
邮　　编 / 100081
电　　话 /（010）68914775（总编室）
（010）82562903（教材售后服务热线）
（010）68944723（其他图书服务热线）
网　　址 / http://www.bitpress.com.cn
经　　销 / 全国各地新华书店
印　　刷 / 文畅阁印刷有限公司
开　　本 / 787毫米×1020毫米 1 / 16
印　　张 / 13.75
字　　数 / 301千字
版　　次 / 2023年6月第1版　2023年6月第1次印刷
定　　价 / 69.00元

责任编辑 / 钟　博
文案编辑 / 钟　博
责任校对 / 周瑞红
责任印制 / 施胜娟

前言

合成孔径雷达（Synthetic Aperture Radar，SAR）不局限于环境条件和工作时间，可以产生高分辨率微波遥感图像。SAR 图像具有多波段、多极化、强穿透力、全天时和全天候获取等优点，被广泛地应用于海洋资源监测、军事遥感和森林监测等多个领域。然而，由于相干成像机制的存在，在 SAR 图像中存在严重的乘性相干斑噪声，破坏了图像的目标边缘信息，使图像解释和分析变得复杂，同时降低了目标检测和分类的有效性。因此，消除遥感图像中的相干斑噪声具有重要的意义。

近年来随着科学技术的发展，数字图像技术不断提高，人们对图像质量的要求也越来越高，其中，图像去噪作为图像处理的一项重要技术，一直是学者们的研究热点。图像去噪是将影响图像视觉效果和图像分析（图像分割和图像复原等）的噪声滤除，以提高图像的品质。而对于 SAR 图像来讲，斑点噪声是影响图像解译和研究的重要因素。因此，学者们针对该问题提出了许多解决方法，主要包括空域滤波和变换域滤波，而快速发展的深度学习为 SAR 图像去噪带来了新机遇。SAR 图像去噪算法一般包括基于模型的去噪算法和基于判别式的去噪算法。基于模型的去噪算法包括空域去噪算法和变换域去噪算法，而基于判别式的去噪算法主要是指基于深度学习的去噪算法。本书着重介绍 SAR 图像去噪模型及相应的去噪算法。例如，基于 Contourlet 变换的 SAR 图像去噪、基于 Shearlet 变换的 SAR 图像去噪、基于稀疏表示和低秩矩阵分解的 SAR 图像去噪、基于深度学习的 SAR 图像去噪等。本书内容新颖，算法丰富，讲解细致，可以给相关领域的研究人员、高校学生和教师及算法爱好者提供有效的帮助和指导。本书要求读者具备数字信号处理、高等数学、线性代数和数字图像处理等方面的基本知识。

本书得到国家自然科学基金（62172139 和 61401308）、河北省自然科学基金（F2022201055）、中国博士后科学基金资助项目（2022M713361）、河北省高等学校基金（BJ2020030）、河北大学自然科学多学科交叉研究计划资助项目（DXK202102）、河北大学科研创新团队支撑项目（IT2023B05）和模式识别国家重点实验室开放课题（202200007）的资助。

本书特色

1. 内容丰富，结构合理

本书首先详细介绍 SAR 图像去噪的基本概念，然后全面介绍常见的 SAR 图像去噪算法的相关知识。在内容编排上，本书学习梯度安排合理，更加适合读者学习。

2．算法丰富，讲解翔实

本书详细介绍常见的 SAR 图像去噪算法及其理论与应用。书中介绍的每个算法都经过笔者的精挑细选，具有很强的针对性，而且所有算法都有较高的学术水平和较强的实用性。

3．技术新颖，应用广泛

本书涉及多尺度几何变换、稀疏表示与低秩矩阵分解、深度学习等前沿技术，这些技术都具有广泛的应用前景，有很强的前瞻性。

4．语言通俗，图文并茂

本书在讲解知识点的同时给出大量的图表，以图文并茂的形式帮助读者更加直观和深入地理解书中的内容，从而提高学习效率。

本书内容

本书共分为 10 章，根据 SAR 图像去噪的分类，将相应的去噪算法分为基于多尺度几何变换的 SAR 图像去噪、基于稀疏表示和低秩矩阵分解的 SAR 图像去噪、基于深度学习的 SAR 图像去噪三大类。具体内容简要介绍如下：

第 1 章绪论，简要介绍 SAR 图像去噪的研究背景和意义以及研究现状，对 SAR 图像去噪技术进行梳理，并指出 SAR 图像去噪研究中存在的问题，最后介绍本书的主要内容及组织结构等。

第 2 章 SAR 成像基础，主要介绍雷达基础知识、SAR 成像原理、SAR 去噪基础框架及 SAR 图像去噪评价。

第 3 章多尺度几何变换基础理论，首先简单介绍几种多尺度几何变换算法和它们的改进算法，然后从稀疏性、平移不变性和方向选择性几方面对这几种变换算法进行改进，并通过实验验证等方式指出改进算法的优势。

第 4 章稀疏表示及低秩矩阵重构理论，首先介绍稀疏表示基础理论，然后介绍稀疏表示的基本概念及其最关键的两部分内容，最后对低秩矩阵的相关理论和模型求解进行介绍。

第 5 章深度学习基础知识，介绍深度学习的基本原理和实现方式，并对常用的注意力进行分类，此外还介绍了两种广泛应用的注意力网络，使读者对卷积网络和注意力网络有一个初步的认识。

第 6 章基于 Contourlet 变换的 SAR 图像去噪，主要介绍基于小波-Contourlet 变换的 SAR 图像去噪、基于复 Contourlet 高斯混合模型的 SAR 图像去噪和基于局部混合滤波的 SAR 图像去噪。

第 7 章基于 Shearlet 变换的 SAR 图像去噪，分别介绍了基于双变量的 SAR 图像去噪、基于复 Shearlet 域的高斯混合模型的 SAR 图像去噪和基于剪切-双树复小波变换的 SAR 图像去噪。这 3 种去噪算法只利用 SAR 图像在 Shearlet 域的系数统计特点去噪，而没有利用图像的整体统计特点去噪。因此，本章后续结合图像的非局部自相似性进行 SAR 图像去噪，主要包括基于权重优化的广义非局部阈值 SAR 图像去噪和基于相似性验证与子块排序的 NSST 域的 SAR 图像去噪。

第 8 章基于稀疏表示和低秩矩阵分解的 SAR 图像去噪，主要介绍基于稀疏表示的 Shearlet 域的 SAR 图像去噪、基于非局部先验性的稀疏域的 SAR 图像去噪、基于纹理强度和加权核范数最小化的 SAR 图像去噪，以及结合加权核范数最小化与灰度理论的 SAR 图像去噪等。

第 9 章基于深度学习的 SAR 图像去噪，主要介绍基于 CNN 先验和向导滤波的 SAR 图像去噪、基于 FFDNet 去噪模型的 SAR 图像盲去噪和基于多尺度混合域的 SAR 图像去噪等。

第 10 章基于移不变二维混合变换的机场雷达成像噪声抑制，介绍实际工程项目中的机场雷达图像去噪算法，即介绍一种机场雷达成像前的去噪算法。该算法通过在脉冲压缩阶段进行混合滤波达到迅速去噪的目的，从项目实施情况来看效果比较理想。

本书读者对象

- 从事算法研究的技术人员；
- 从事数字图像研究的人员；
- 计算机视觉研究人员；
- 卫星遥感研究人员；
- 数学建模爱好者；
- 高等院校理工科相关专业的学生和老师。

本书作者

本书主要以相关著者的课题研究内容为主，并参考了参加本项目的博士生和硕士生发表的相关论文和实验结果，部分内容参考和引用了国内外相关研究论文的结果。

本书由刘帅奇、刘彤、赵淑欢和赵杰著。其中：刘帅奇和赵杰撰写了第 1 章；刘帅奇和刘彤撰写了第 2 章和第 3 章；刘帅奇和赵淑欢撰写了第 4～10 章。另外，河北大学的雷钰和张璐瑶、北京交通大学的扈琪和马晓乐，以及山东师范大学的方敬等人也为本书的撰写做出了贡献，在此表示感谢。

本书在撰写过程中参考和引用了一些国内外专家的相关著作、论文和研究成果，具体参见参考文献。因篇幅所限，本书未能将引用的参考文献全部收录，需要的读者可以发邮件索要。在此感谢他们为本书的撰写提供了十分珍贵的第一手资料！笔者认为，本书是国内外 SAR 图像去噪领域集体智慧的结晶，是研究工作者共同劳动的成果。

由于笔者的水平和编写时间有限，书中可能存在疏漏之处，恳请广大读者批评与指正。联系我们请发电子邮件到 hbu_ee@163.com 或 bookservice2008@163.com。

刘帅奇

目录

第 1 章　绪　　论

1.1　研究背景及意义

合成孔径雷达（Synthetic Aperture Radar，SAR）是微波遥感的代表，应用非常广泛。由于相干斑噪声严重影响 SAR 图像的质量，不利于 SAR 图像的解译和各种应用，所以抑制相干斑噪声成为 SAR 图像处理的一个重要部分，并且相干斑噪声抑制的结果将直接影响对雷达图像定量分析和应用的精度，同时也影响进一步的图像分割、边缘检测等图像处理效果，如何有效地抑制相干斑噪声成为 SAR 图像应用研究的难点和热点。为了获得高质量的 SAR 图像，SAR 图像去噪对相干斑噪声进行有效抑制的同时还应该保持 SAR 图像的分辨率，以及尽可能保留图像的边缘纹理和点目标等细节特征。通常将 SAR 图像去噪算法分为基于模型的去噪算法和基于判别式的去噪算法。基于模型的去噪算法包括基于空域的去噪算法和基于变换域的去噪算法，而基于判别式的去噪算法主要是基于深度学习的去噪算法。

基于空域的去噪算法主要包括基于 Lee 滤波、Kuan 滤波、Frost 滤波、Gamma MAP 滤波、非局部均值（Non-local means，NLM）滤波和基于低秩矩阵的去噪算法。其中，滤波去噪算法易受滤波器滤波核大小的影响而很难平衡图像去噪和细节保留二者的关系。虽然非局部均值滤波可以很好地利用图像的冗余性，通过搜索非局部相似块进行去噪，但是该类算法受搜索窗口大小和块大小的影响，容易出现块抖动或稀少块效应，从而导致去噪后的图像边缘区域变得模糊或降低图像去噪算法的纹理保持能力。基于低秩矩阵的噪声抑制问题通常可以转化为低秩矩阵的逼近问题。低秩矩阵逼近算法一般可以分为两类：低秩矩阵分解方法和核范数最小化（Nuclear Norm Minimization，NNM）算法。前者不具有凸松弛性，在去噪过程中计算量较大，滤波效果有待提高；后者在一定条件下可以得到优化问题的解析最优解，但是缺乏对相干斑噪声抑制的理论分析，并且需要获得图像的先验噪声水平，非常不利于应用于 SAR 图像去噪中。

变换域去噪算法主要是在多尺度变换域利用图像的统计先验性（非局部性、稀疏性和低秩性等）去噪，常见的算法有基于小波的阈值收缩去噪算法、基于多尺度几何变换的阈值收缩去噪算法、基于稀疏表示的去噪算法、基于非局部先验性的多尺度变换域去噪算法和基于低秩性的多尺度变换域去噪算法。变换域去噪算法具有建模和适用场景灵活的优点，因此变换域去噪算法在 SAR 图像去噪中占据主流地位。近十年来，基于变换域的 SAR 图像去噪算法得到了长足的发展，但是该类算法对变换算法的要求比较高，如果抑制相干斑时平滑不当，则会导致图像本身的细节变得模糊不清，从而使图像降质。并且，由于所选的变换算法大多是多尺度几何变换（Contourlet、Shearlet），这类变换一般都具有冗余性，这意味着尺度变换后的变换系数无法一一映射回原信号空间，从而导致去噪后的图像往往存在图像扭曲或含有鬼影人造纹理，视觉效果相对较差。

基于深度学习的 SAR 图像去噪算法主要是卷积神经网络（Conventional Neural Networks，CNN）在 SAR 图像相干斑噪声抑制中的应用。虽然深度学习算法在自然图像去噪中的应用已经相对广泛且逐渐成熟，但是其对 SAR 图像相干斑噪声抑制的研究仅始于 2017 年，因此还有很多问题需要解决。一方面，在图像去噪中，CNN 感受野的大小与图像去噪效果密切相关，感受野越大，CNN 能够提取图像的全局信息就越多，这样更有利于进行图像去噪。然而，提升感受野需要的网络深度比较大，会增加网络训练和运行的困难。另一方面，CNN 的池化层可以对提取的特征采样，但是这种采样往往会导致图像信息的丢失。因此，这些问题是基于 CNN 的 SAR 图像去噪研究中需要解决的重要问题。另外需要注意的是，相干斑噪声抑制并不是加性噪声模型，因此怎样将噪声模型转换为适合 CNN 的模型也需要进一步探索和研究。

最后，SAR 图像不同于自然图像，在对 SAR 图像去噪时，通常并不能获得真实不含噪声的 SAR 图像，这对基于判别式的去噪算法非常不利。而且，目前常用的图像质量客观评价方法有明显的局限性，在计算过程中要求有原始图像数据，这在 SAR 成像中是不现实的。因此，如何寻找和建立合适的数据库，有效地评价所提出的去噪算法的效果也是 SAR 图像去噪研究的重要问题。SAR 图像去噪的预期成果可以应用于遥感图像的特征提取、图像分类和目标识别等领域，因此，SAR 图像去噪具有重要的理论价值和广泛的应用前景。

1.2 国内外研究现状

现如今，机载和星载 SAR 已经成为人类观察、分析和描述地球的一种行之有效的手段。为了获得清晰且准确的遥感图像信息，便于后续进行更高层次的处理，对 SAR 图像进行去噪处理就显得很有必要了，这也是相关领域研究的热点问题。下面分别就基于空域的去噪算法、基于变换域的去噪算法和基于深度学习的去噪算法的研究现状进行介绍。

1.2.1 基于空域的去噪算法研究现状

在对遥感图像预处理的过程中，有效地抑制和去除相干斑噪声非常重要。这种预处理旨在抑制散斑并有效地保留图像的纹理和细节，同时避免滤波伪影的引入[1,2]。早期的 SAR 图像相干斑噪声处理主要是在成像过程中进行多视平滑，这在早期遥感图像应用中起到了很大的作用。但是该技术严重地降低了图像的空间分辨率。20 世纪 80 年代以后，采用成像后空域滤波技术的去噪算法得到了广泛应用，并且成为遥感图像去噪领域的主流算法。

基于空域滤波的去噪算法既包括传统的非线性滤波如 Lee 滤波、Kuan 滤波、Frost 滤波等去噪算法，又包括全变分去噪算法、NLM 去噪算法和低秩矩阵去噪算法等[1,2]。传统的非线性滤波去噪算法利用图像的局部统计特性进行去噪，在去噪时易受滤波器滤波核大小的影响，很难平衡图像去噪和细节保留二者的关系，如果滤波核太小，则滤波器可能无法有效地抑制噪声，如果滤波核太大，则在进行去噪时会导致图像细节丢失。全变分去噪算法主要是通过最小化图像的梯度能量进行噪声抑制。例如，在文献[3]中作者提出了一种非凸混合变分去噪算法，取得了很好的去噪效果，但是该变分算法容易产生阶梯状人造纹理。NLM 去噪算法利用图像的非局部相似性进行去噪，对低水平噪声可以达到良好的去噪效果。由于 NLM 优异的去噪性能，其在图像去噪领域获得了广泛的认可，基于 NLM 的去噪算法也迅速地扩展到相干斑噪声抑制领域。其中，DELEDALLE 等人[4]提出了基于最大似然概率的块分配迭代算法，该算法可以有效地抑制相干斑噪声。在高水平噪声下 NLM 的性能将会衰退，而且 NLM 去噪算法易受搜索窗口大小和块大小的影响，易出现块抖动或稀少块效应。

低秩矩阵理论的发展和完善给图像去噪带来了新的动力。基于低秩矩阵的噪声抑制问题通常可以转化为低秩矩阵的逼近问题。其中，NNM 算法是应用最广泛的一种低秩矩阵逼近算法。在进行图像去噪时，NNM 算法默认每个奇异值的贡献是一样，对所有的奇异值使用相同的阈值处理，这显然不符合奇异值本身的物理意义。因此，在文献[5]中作者提出了加权核范数最小化（Weighted Nuclear Norm Minimization，WNNM）的思路，即对每个奇异值赋予不同权重，则优化问题的解即转化为对不同奇异值采用不同的阈值进行处理，从而提升了图像的去噪效果。WNNM 极大地扩大了低秩矩阵在图像处理中的应用。考虑到 SAR 图像的冗余性及自相似性，其图像中往往存在诸多规则的几何纹理及细节结构特征，这使得 SAR 图像呈现出局部低秩性。因此，可以将低秩矩阵去噪算法推广到 SAR 图像去噪中。例如，在文献[6]中作者结合灰色理论提出了一种基于 WNNM 的相干斑噪声抑制算法，不仅获得了很好的去噪效果，而且还提升了去噪效率。然而这仅是一个小的开端，有许多更深入的问题需要继续研究。例如，在 SAR 图像去噪中，WNNM 算法对图像块的相似性计算和解的收敛性还需要继续进行研究。

随着空域滤波去噪算法的进一步发展，结合多种图像先验的空域滤波去噪算法被提出来，并且在 SAR 图像去噪中取得了突出的效果，但是 SAR 图像的先验知识较难获取，并且空域滤波去噪算法不能充分地利用图像的时频特性和多尺度先验特性。

1.2.2　基于变换域的去噪算法研究现状

变换域去噪算法主要包括基于小波变换的 SAR 图像去噪算法和基于多尺度几何变换的 SAR 图像去噪算法，如小波域贝叶斯去噪、Contourlet（轮廓波）域 SAR 图像去噪和 Shearlet（剪切波）域 SAR 图像去噪等。基于变换域的去噪算法，主要通过对噪声图像的高频系数进行阈值收缩，从而达到噪声抑制的目的[7]。在变换域去噪算法中，由于小波变换具有多分辨率、稀疏性、去相关性和较好的时频特性等优点，因此被广泛应用于 SAR

图像去噪研究中。然而，小波不能最优地表示包含奇异点的线或曲面，也不能很好地捕捉图像的方向信息。为了更好地表示具有线或面奇异性的二维图像，克服传统小波的局限性，研究者们提出了多尺度几何变换，如双树复小波变换、Curvelet、Contourlet 和 Shearlet 等[7]。其中，Curvelet 和 Contourlet 是两种有效的多分辨率分析工具，Curvelet 的离散化较难，Contourlet 的提出克服了这个缺点，其基函数具有奇异性和方向敏感性，能够有效地捕获图像的几何特征。Contourlet 的缺点是不能很好地适用多分辨率分析理论，为了更好地表示图像，EASLEY 等人提出了 Shearlet 变换[8]。

Shearlet 是一种由复合膨胀仿射系统构建的可近似最优地表示图像的新变换，其兼具 Contourlet 和 Curvelet 的优点[8]，具有灵活的方向选择性，易于实现。但是 Shearlet 依旧缺乏平移不变性，会导致频率混淆，容易在去噪图像中引入 Gibbs 伪影。非下采样 Shearlet 变换（Non-subsample Shearlet transform，NSST）克服了上述缺点，它不仅可以有效地表示图像的几何结构特征，而且在分解时不受分解方向的限制，计算复杂度较低，因此 NSST 一经提出就引起了众多学者的关注，并被广泛应用于 SAR 图像去噪中。例如，在文献[8]中作者提出了一种基于 NSST 域的多尺度局部阈值收缩 SAR 图像去噪算法，在文献[9]中作者提出了一种基于块排序的 NSST 域 SAR 图像去噪算法，该算法对变换域中按照一定规则排序的图像块进行去噪，可以在有效抑制散斑的同时更好地保留图像的纹理信息。NSST 变换具有冗余性，因此去噪模型的解空间与原信号空间不匹配，这往往会导致去噪图像含有人造纹理，视觉效果相对较差。为了将去噪后的系数一一映射回原信号空间，KAMILOV 等人[10]提出了连续循环平移算法，解决了小波域去噪算法信号失真的问题，抑制了人造纹理的产生。随后，GRIBONVAL 等人[11]结合梯度散度给出了稀疏表示域连续循环平移理论更一般的求解算法。

多尺度几何分析与稀疏表示理论密切相关，稀疏表示理论的发展引起了国内外学者们的关注，随之展开了基于稀疏表示的 SAR 图像处理的研究。例如，在文献[12]中作者提出了一种用于 SAR 图像分析的多特征加权稀疏图。由于多尺度变换能够很好地表示图像，因此基于稀疏表示的多尺度变换域 SAR 图像去噪算法逐渐兴起，该类算法不仅可以利用多尺度变换的稀疏表示能力，还可以结合图像的先验知识获得更好的图像去噪效果。例如：在文献[13]中，作者将 BM3D 框架应用到小波域相干斑噪声抑制中，提出了适用于相干斑噪声抑制的 SAR-BM3D 算法；在文献[14]中，作者结合图像的非局部先验和主成分分析提出了一种基于稀疏表示的复小波域 SAR 图像去噪算法；在文献[15]中，作者提出了一种基于非局部先验性的稀疏域相干斑噪声抑制算法，克服了基于稀疏表示去噪算法易过于平滑的问题，取得了良好的噪声抑制效果。

1.2.3 基于深度学习的去噪算法研究现状

2006 年，加拿大多伦多大学教授 HINTON 在 *Science* 上发表了多层神经网络数据降维的文章，揭开了深度学习的序幕。随着 HINTON、BENGIO 和 LECUN 等人的不断研究和扩展，深度学习逐渐被人们所关注。深度学习类似生物神经大脑的工作原理，通过将多层组织连接在一起并进行海量的数据训练，形成神经网络“大脑”，从而进行精准、复杂的处理[16]。深度学习模型有很多种，如 CNN、自动编码器和生成对抗网络等，根据它们的特点与优势，在语音、图像和自然语言等领域得到了广泛的应用[17]。

目前的图像去噪算法大多是利用图像先验进行去噪。在过去的几十年里，各种模型被用来对图像先验进行建模，其中包括局部滤波、非局部自相似模型、稀疏模型、Markov 随机场模型和梯度模型等，然而这种基于先验模型的图像去噪算法通常涉及复杂的优化问题，而且需要事先知道图像的先验知识。为克服上述问题，基于 CNN 的算法被广泛应用于图像去噪中，其去噪效果不依赖于图像的先验知识，可以充分地利用 CNN 的能力去探索图像，打破了基于先验知识方法的限制，有利于提升去噪算法的去噪效果[18]。从 2017 年开始，CNN 也被逐渐应用于 SAR 图像去噪中，CHIERCHIA 等人[19]利用残差学习和批量归一化，首次将 CNN 用于 SAR 图像去噪。WANG 等人[20]提出了用除法残差卷积神经网络进行 SAR 图像去噪，该方法将分量除法残差层结合到网络中，使得卷积层在训练过程中学习相干斑噪声，从而通过输入的 SAR 图像除以估计的相干斑噪声来获得去噪图像。COZZOLINO 等人[21]结合非局部相似性提出了一种非局部 CNN 的 SAR 图像去噪算法，并取得了很好的视觉效果。在文献[22]中作者结合向导滤波提出了一种基于 CNN 的 SAR 图像去噪算法。SHEN 等人[23]则进一步结合模型法提出了一种基于递归 CNN 先验的 SAR 图像去噪模型，在定性和定量分析方面取得了更好的噪声抑制效果。由此可知，将 CNN 应用到 SAR 图像去噪中具有重要的研究意义与较大的发展空间。

CNN 是深度学习中常用的模型之一，它在图像去噪领域取得巨大成功的原因在于它强大的建模能力及其在网络训练和设计上的自主学习能力，然而现有基于 CNN 的去噪算法在灵活性和效率方面非常受限，所学习的降噪模型只能针对特定的噪声水平或在预设范围内的噪声水平时才有效，并不能灵活处理空间变化的噪声。为了克服目前的 CNN 去噪算法的缺点，张凯等人提出了快速灵活去噪 CNN [24]，他们提出的网络将可调噪声水平图和下采样噪声子图像作为 CNN 的输入进行训练和去噪。张凯等人提出的去噪模型可以通过指定非均匀噪声水平图来处理空间变化噪声，因此实现了单个网络处理不同水平及空间变化的噪声的目的，使去噪模型更具有灵活性，并在模拟图像去噪和真实图像去噪方面取得了较好的效果。但是上述网络模型在去噪时的图像采样可能会产生图像细节纹理丢失的问题。在图像去噪问题中，CNN 感受野的大小与图像去噪效果密切相关，感受野越大，CNN 就能够提取图像更多的全局信息从而有利于噪声抑制，而扩大感受野需要的网络深度比较大，使网络的训练和运行比较困难。因此，如何在去噪模型中扩大 CNN 感受野也是一个非常值得研究的问题。

1.3 本章小结

本章对 SAR 图像去噪模型及去噪算法的研究背景和意义进行了介绍。通过以上分析不难看出，SAR 图像去噪一直是图像处理领域的研究热点和难点。而基于传统模型的 SAR 图像去噪和基于 CNN 模型的 SAR 图像去噪也有很多不足。其中涉及的问题包括：SAR 图像噪声模型如何能适应深度学习框架；基于多尺度几何变换的模型去噪算法怎样才能将去噪信号一一映射回原始信号空间；CNN 怎样结合图像的非局部和多尺度先验信息以获得更好的去噪效果等。另外，如何评价 SAR 图像质量并建立一个有效的 SAR 图像训练集也是非常值得研究的问题。因此，深入分析 SAR 图像噪声模型，对 SAR 图像去噪模型及算法的深入研究非常重要。

参 考 文 献

[1] PAINAM R K，MANIKANDAN S．A comprehensive review of SAR image filtering techniques：Systematic survey and future directions[J]．Arabian Journal of Geosciences，2021，14(1)：1-15．

[2] 刘帅奇，扈琪，刘彤，等．合成孔径雷达图像去噪算法研究综述[J]．兵器装备工程学报，2018，39 (12)：106-112．

[3] SUN Y，LEI L，GUAN D，et al．SAR image speckle reduction based on nonconvex hybrid total variation model[J]．IEEE Transactions on Geoscience and Remote Sensing，2021，59(2)：1231-1249．

[4] DELEDALLE C A，DENIS L，TUPIN F．Iterative weighted maximum likelihood denoising with probabilistic patch-based weights[J]．IEEE Transactions on Image Processing，2009，18(12)：2661-2672．

[5] GU S，ZHANG L，ZUO W，et al．Weighted nuclear norm minimization with application to image denoising[C]//2014 IEEE Conference on Computer Vision and Pattern Recognition．Columbus，OH，USA：IEEE，2014：2862-2869．

[6] LIU S，HU Q，LI P，et al．Speckle suppression based on weighted nuclear norm minimization and grey theory[J]．IEEE Transactions on Geoscience and Remote Sensing，2019，57(5)：2700-2708．

[7] GOYAL B，DOGRA A，AGRAWAL S，et al．Image denoising review：From classical to state-of-the-art approaches[J]．Information Fusion，2020，55：220-244．

[8] HOU B，ZHANG X，BU X，et al．SAR image despeckling based on nonsubsampled shearlet transform[J]．IEEE Journal of selected topics in applied earth observations and remote sensing，2012，5(3)：809-823．

[9] 刘帅奇，扈琪，李喆，等．基于相似性验证与子块排序的 NSST 域 SAR 图像去噪[J]．北京理工大学学报：自然科学版，2018，38 (7)：744-751．

[10] KAZEROUNI A，KAMILOV U，BOSTAN E，et al．Bayesiandenoising：From MAP to

MMSE using consistent cycle spinning[J]. IEEE Signal Processing Letters，2013，20(3)：249-252.

[11] RÉMI GRIBONVAL，NIKOLOVA M. On Bayesian estimation and proximity operators[J]. Applied and Computational Harmonic Analysis，2021，50：49-72.

[12] GU J，JIAO L，LIU F，et al. Multi-feature weighted sparse graph for SAR image analysis[J]. IEEE Transactions on Geoscience and Remote Sensing，2020，58(2)：881-891.

[13] PARRILLI S，PODERICO M，ANGELINO C V，et al. A nonlocal SAR image denoising algorithm based on LLMMSE wavelet shrinkage[J]. IEEE Transactions on Geoscience and Remote Sensing，2011，50(2)：606-616.

[14] FARHADIANI R，HOMAYOUNI S，SAFARI A. Hybrid SAR speckle reduction using complex wavelet shrinkage and non-local PCA-based filtering[J]. IEEE Journal of Selected Topics in Applied Earth Observations and Remote Sensing，2019，12(5)：1489-1496.

[15] LIU S，HU Q，LI P，et al. Speckle suppression based on sparse representation with non-local priors[J]. Remote Sensing，2018，10(3)：439-458.

[16] 高晗，田育龙，许封元，等. 深度学习模型压缩与加速综述[J]. 软件学报，2021，32(1)：68-92.

[17] 林景栋，吴欣怡，柴毅，等. 卷积神经网络结构优化综述[J]. 自动化学报，2020，46(1)：24-37.

[18] TIAN C，FEI L，ZHENG W，et al. Deep learning on image denoising：An overview[J]. Neural Networks，2020，131：251-275.

[19] CHIERCHIA G，COZZOLINO D，POGGI G，et al. SAR image despeckling through convolutional neural networks[C]//2017 IEEE International Geoscience and Remote Sensing Symposium (IGARSS). Fort，Worth，TX，USA：IEEE，2017：5438-5441.

[20] WANG P，ZHANGH，PATEL V M. SAR image despeckling using a convolutional neural network[J]. IEEE Signal Processing Letters，2017，24(12)：1763-1767.

[21] COZZOLINO D，VERDOLIVA L，SCARPA G，et al. Nonlocal SAR image despeckling by convolutional neural networks[C]//IGARSS 2019 - 2019 IEEE International Geoscience and Remote Sensing Symposium. Yokohama Japan：IEEE，2019：5117-5120.

[22] LIU S，LIU T，GAO L，et al. Convolutional neural network and guided filtering for SAR image denoising[J]. Remote Sensing，2019，11(6)：702-720.

[23] SHEN H，ZHOU C，LI J，et al. SAR image despeckling employing a recursive deep CNN prior[J]. IEEE Transactions on Geoscience and Remote Sensing，2020，59(1)：273-286.

[24] ZHANG K，ZUO W，ZHANG L. FFDNet：Toward a fast and flexible solution for CNN based image denoising[J]. IEEE Transactions on Image Processing，2018，27(9)：4608-4622.

第 2 章　SAR 成像基础

遥感图像的种类繁多，从航拍图像到天文图像，从毫米波雷达成像到 SAR 图像都属于遥感图像的范畴。本书主要介绍雷达图像的相关内容，因此本章首先介绍雷达成像的原理，然后介绍 SAR 的成像原理及一些常见的 SAR 图像处理算法。

2.1　基 础 知 识

雷达主要由天线、发射机、接收机（包括信号处理机）和显示器等部分组成。它的基本任务是探测感兴趣的目标，测定有关目标的距离、方向和速度等状态参数。雷达发射机可以产生足够的电磁能量，经过收发转换开关传送给天线。天线将这些电磁能量辐射至大气中，集中在某一个很窄的方向上形成波束向前传播。电磁波遇到波束内的目标后，将沿着各个方向产生反射，其中的一部分电磁能量反射回雷达的方向被雷达天线获取。天线获取的能量经过收发转换开关发送给接收机，从而形成雷达的回波信号。在传播过程中电磁波会随着传播距离而衰减，雷达回波信号非常微弱，几乎被噪声所淹没。接收机放大微弱的回波信号，经过信号处理机的处理，提取出回波中包含的信息并发送给显示器，显示出目标的距离、方向和速度等。

为了测定目标的距离，雷达会准确测量从电磁波发射时刻到收到回波时刻的延迟时间，这个延迟时间是电磁波从发射机到目标，再由目标返回雷达接收机的传播时间。根据电磁波的传播速度，可以确定目标的距离为：

$$S = \frac{cT}{2} \tag{2-1}$$

其中，S 表示目标距离，T 表示电磁波从雷达到目标的往返传播时间，c 表示光速。

雷达的战术指标主要包括作用距离、威力范围、测距分辨力与精度、测角分辨力与精度、测速分辨力与精度、系统机动性等。

雷达系统通常使用调制的波形和定向天线向空间中的特定空域发射电磁波来搜寻目标，空域内的物体或者目标将雷达波反射回来，然后雷达接收机对这些回波进行匹配和滤波，从而得到要检测的物体的相关信息。其信号可表示为：

$$s(r) = \sum_i \sigma_i \operatorname{sinc}\left[\frac{2\pi\gamma T_p}{c}(r - R_i)\right] \exp\left(-\mathrm{j}\frac{4\pi}{\lambda}R_i\right) \tag{2-2}$$

其中，c 为光速，λ 为发射信号的波长，R_i 为散射点距雷达的距离，σ_i 为第 i 个散射点的后向散射系数，T_p 和 γ 分别为发射信号的脉冲宽度和调频率，其乘积 γT_p 可近似表示为雷达信号的带宽。sinc()表示辛格函数。

早期在研究雷达成像系统时采用的是真实孔径雷达成像系统。真实孔径雷达成像系统及处理设备较为简单，它存在一个难以解决的问题，就是其方位分辨率受天线尺寸的限制。因此，要想用真实孔径雷达成像系统获得较高的分辨率，就需要用较长的天线，但是所采用天线的长短往往又受制于雷达系统被载平台的大小，不可能为了提高分辨率无休止地增加天线的长度。幸运的是，随着雷达成像理论、天线设计理论、信号处理、计算机软件和硬件体系的不断完善和发展，SAR 的概念被提出来了。

2.2　SAR 成像原理

SAR 是利用合成孔径原理，实现高分辨的微波成像。利用雷达与目标的相对运动，采用数据处理的方法，将尺寸较小的真实天线孔径合成较大的等效天线孔径。作为一种主动式微波传感器，SAR 不受光照和气候条件等限制，可实现全天时、全天候对地观测，甚至能透过地表或植被获取掩盖信息，因此被广泛应用于城建勘测、农业普查、海洋监测和立体测绘等领域。最初主要用在机载和星载平台上，随着技术的发展，出现了弹载、地基 SAR、无人机 SAR、临近空间平台 SAR 和手持式设备等多种形式和平台搭载的 SAR，广泛用于军事和民用领域。

SAR 系统的成像原理简单来说就是利用目标与雷达的相对运动，通过单阵元来完成空间采样，以单阵元在不同相对空间位置上所接收的回波时间采样序列去取代由阵列天线所获取的波前空间采样集合。只要目标被发射能量波瓣照射到或位于波束宽度之内，该目标就会被采样并成像。SAR 利用目标－雷达相对运动形成的轨迹来构成一个合成孔径以取代庞大的阵列实孔径，从而保持优异的角分辨率，所得到的高方位分辨力相当于一个大孔径天线所能提供的方位分辨力。SAR 首次使用在 20 世纪 50 年代后期，其被装载在 RB-47A 和 RB-57D 战略侦察飞机上。经过近 70 年的发展，SAR 技术已经比较成熟，各国都制定了自己的 SAR 发展计划，各种新型体制的 SAR 应运而生，在民用与军用领域发挥了重要的作用。SAR 的方位分辨率与波长和斜距无关，是雷达成像技术的一个飞跃，因而具有巨大的吸引力，特别是对于军事和地理遥感的应用更是如此。因此，SAR 已经成为雷达成像技术的主流方向。

SAR 是 20 世纪的高新科技产物，是利用合成孔径原理、脉冲压缩技术和信号处理方法，以真实的小孔径天线获得距离向和方位向双向高分辨率遥感成像的雷达系统，在成像雷达中占有绝对重要的地位。SAR 用一个小天线作为单个辐射单元，将此单元沿一条直线不断移动，在不同位置上接收同一地物的回波信号并进行相关解调压缩处理。一个小天线通过“运动”方式就合成一个等效的“大天线”，这样可以得到较高的方位向分辨率，同时方位向分辨率与距离无关，这样 SAR 就可以安装在卫星平台上以获取较高分辨率的 SAR 图像。近年来，由于超大规模数字集成电路的发展，以及高速数字芯片的出现和先进的数字信号处理算法的发展，使 SAR 具备全天候、全天时工作和实时处理信号的能力。SAR 在不同频段、不同极化下可得到目标的高分辨率雷达图像，为人们提供非常有用的目标信息，已经被广泛应用于军事、经济和科技等众多领域，有着广泛的应用前景和发展潜力。国内外越来越多的科技研究者已投身于这一领域的研究。

SAR 按平台的运动航迹来测距和进行二维成像，其二维坐标信息分别为距离信息和垂直于距离的方位信息。SAR 的方位分辨率与波束宽度成正比，与天线尺寸成反比，就像光学系统需要大型透镜或反射镜来实现高精度一样，雷达在低频工作时也需要大的天线或孔径来获得清晰的图像。SAR 利用一个小天线沿着长线阵的轨迹等速移动并辐射相参信号，把在不同位置接收的回波进行相干处理，从而获得较高分辨率的成像雷达。与大多数雷达一样，SAR 通过发射电磁脉冲和接收目标回波之间的时间差来测定距离，其分辨率与脉冲宽度或脉冲持续时间有关，脉宽越窄，分辨率越高。

如今，雷达技术研究的热点问题之一就是雷达的高维成像。其中，合成孔径技术是目前增强雷达方位分辨能力的重要手段，也是雷达二维成像的重要手段之一。在机载或者星载雷达运动的过程中，雷达系统仍然以一定的脉冲重复频率连续发射雷达信号并接收目标回波，由雷达与探测目标的相对运动就可以得到目标上散射点距雷达的距离 R_i 随慢时间 t 变化的二维回波序列函数，记为 $R_i(t)$，然后对雷达回波序列进行距离向脉冲压缩，可得到雷达沿慢时间 t 方向的距离像序列，由此可知关于距离 r 和慢时间 t 的二维信号表达式为：

$$s(r,t)=\sum_i A_i(r,t)\exp\left[-\mathrm{j}\Phi_i(t)\right] \tag{2-3}$$

其中，$A_i(r,t)$为第 i 个散射点距离像的包络部分，表达式如下：

$$A_i(r,t)=\sigma_i \operatorname{sinc}\left\{\frac{2\pi\gamma T_p}{c}\left[r-R_i(t)\right]\right\} \tag{2-4}$$

而 $\Phi_i(t)$为相位部分，表达式如下：

$$\Phi_i(t)=\frac{4\pi}{\lambda}R_i(t) \tag{2-5}$$

由于每个散射中心的回波都有独立的相位和振幅，因此总的回波信号的幅度和相位也是随机变化的。因此，雷达在扫描本来均匀的地面区域时，得到的总的回波强度与子回波的平均强度之间存在偏差，在 SAR 图像中就出现了巨大的灰度变化，有的分辨单元呈暗点，有的分辨单元呈亮点并呈现颗粒状起伏。这些斑点根源于雷达波的相干叠加，因此称为相干斑噪声。在理想的情况下，同相分量 $z_i=A\cos(\phi)$和正交分量 $z_q=A\sin(\phi)$相互独立，并且服从零均值高斯分布 $N(0,\sigma^2)$。相位 ϕ 则服从 $[-\pi,\pi]$ 上的均匀分布，幅度 A 服从瑞利分布 $P_A(A)=\dfrac{2A}{\sigma}\exp(-\dfrac{A^2}{\sigma})(A\geqslant 0)$，幅度 A 的均值为 $\sqrt{\pi\sigma}/2$，标准差为 $\sqrt{(1-\pi/4)\sigma}$。斑点噪声的强度变量 I 服从负指数分布 $P_I(I)=\dfrac{1}{\sigma}\exp(-\dfrac{I}{\sigma})(I>0)$，噪声强度和噪声幅度的关系

为 $I = A^2$ 。

以上分析说明单幅 SAR 图像的强度值服从指数分布，但是工程实际获得的 SAR 图像往往是 L 幅相同场景的叠加，即通过方位向多幅平均处理完成初步去噪。一般认为该情况下的相干斑点噪声是完全发育的[1]，GOODMAN 证明了完全发育的相干斑噪声是一种乘性噪声，其乘性模型通常表示为：

$$I(x,y) = R(x,y) \cdot F(x,y) \tag{2-6}$$

其中，(x,y) 表示分辨单元中心像素方位向和距离向的坐标，$I(x,y)$ 表示被相干斑噪声污染的图像强度，$R(x,y)$ 表示随机地面目标的雷达散射特性，即实际上应该观察到的真实的地貌场景，$F(x,y)$ 表示由于衰落过程所引起的相干斑噪声过程。随机过程 $R(x,y)$ 和 $F(x,y)$ 是相互独立的，并且 $F(x,y)$ 是一个 Γ 分布，它具有二阶平稳性，均值为 1 且方差与等效视数（Equivalent Numbers of Looks，ENL）成反比。

倪伟博士对式（2-6）所给出的噪声模型的统计进行了详细的描述，这里不再赘述。在变换域进行 SAR 图像去噪，最流行的算法是采用对数化（同态变换）使式（2-6）中的相干斑噪声转换为加性高斯噪声，然后再采用传统的变换域去噪算法。倪伟博士在文献[2]中也对相干斑噪声分布经过同态变换以后近似服从高斯分布的过程进行了详细描述，这里不再赘述。图像的高斯噪声在频域上可以很好地与图像信息分离，即大部分的图像信息集中在低频部分，而大部分的噪声则分布在高频部分，因此一般在变换域进行图像去噪时，总是对变换域的高频进行系数萎缩以截断噪声信号，只保留有用的图像高频信息。

因此，图像高频系数的模型就显得很重要了，本书后面的章节也介绍了基于变换域的去噪算法，目的是寻找一种好的变换和变换域高频系数萎缩算法。图 2-1（a）是一幅模拟不含噪声的 SAR 图像，给图 2-1（a）添加等效视数为 2 的相干斑噪声后得到图 2-1（b）。

（a）　　　　（b）

图 2-1　模拟 SAR 图像

（a）模拟图像；（b）添加视数为 2 的噪声图像

这里设 Shearlet 的分解尺度为[3 3 4 4 5]，图 2-2 给出了图 2-1（b）分解的垂直锥和水平锥的系数图像。

由于小波域和 Contourlet 域的噪声模型已经被学者们深入地分析过，所以这里仅给出在 Shearlet 域不含噪声的 SAR 图像系数的直方图和含乘性噪声对数化后的直方图。对比图 2-3（a）和图 2-3（b）可知，采用类高斯分布可以很好地模拟对数化后的噪声分布，具

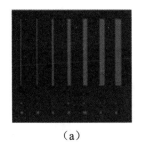

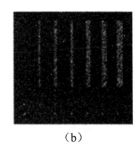

体算法就是本书的主要内容。我们仅给出对第一个高频尺度中第一个方向的直方图对比。

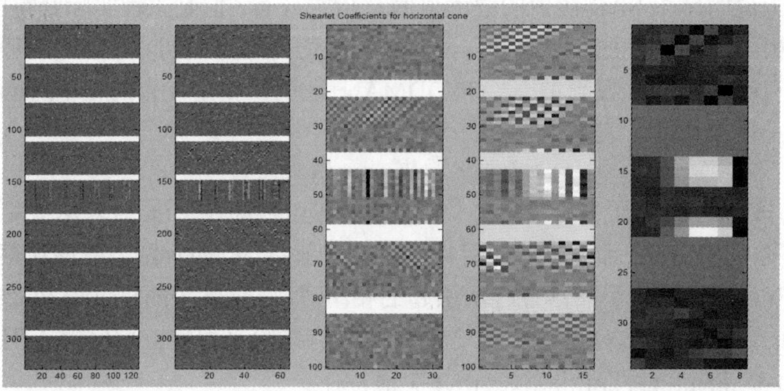

（a）

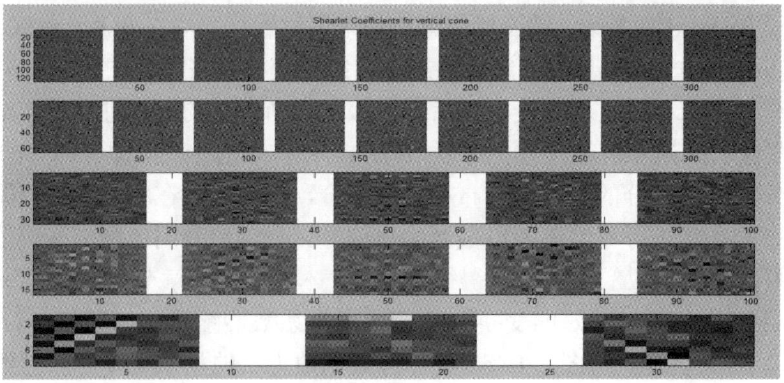

（b）

图 2-2　Shearlet 系数图像

（a）水平锥系数图像；（b）垂直锥系数图像

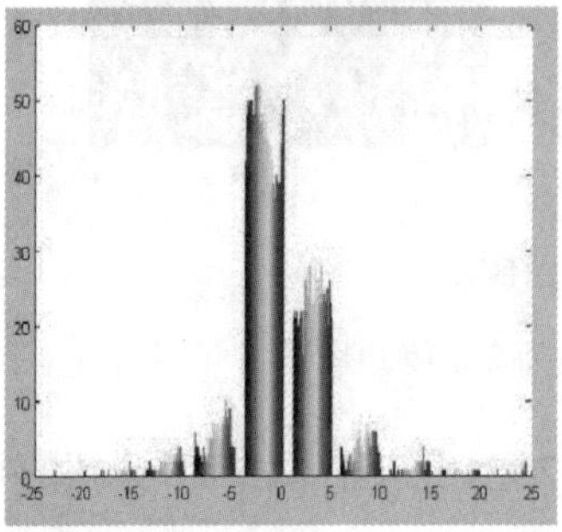

（a）

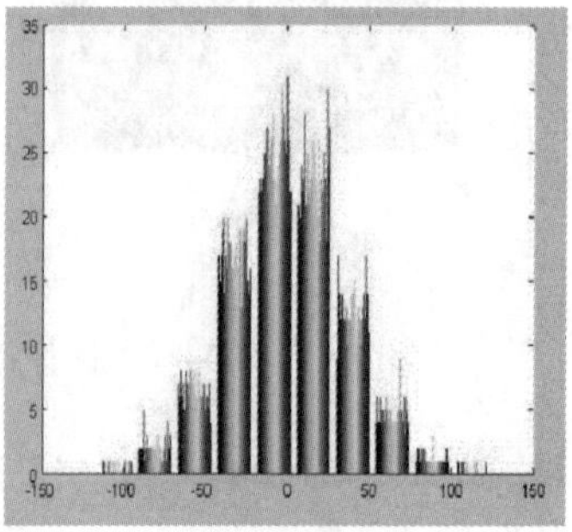

（b）

图 2-3　噪声前后的直方图对比

（a）不含噪声图像的直方图；（b）含噪声图像的直方图

不论对雷达成像后的图像做何种处理，首先进行的操作便是对雷达图像噪声的抑制。然而，由于相干成像机制，相干斑的存在会严重地影响解译图像的复杂性，会降低图像分割、目标分类及其他信息提取的有效性。因此，SAR 图像去噪算法的主要着眼点在于抑制或者消除相干斑噪声。由于雷达图像噪声的特殊性，所以不能按照传统的图像处理方法来处理雷达图像。在对雷达成像原理理解不够深刻的年代，工程师和各国学者常常将对自然图像的处理算法不加修改地直接应用到雷达图像处理中，虽然这样做取得了一定的效果，但是由于噪声的模型差异，在大多数情况下的表现并不尽如人意。

随着人们对相干斑噪声的理解，为了简单而准确地处理雷达图像，往往采用对雷达图像进行对数化的方法，将乘性噪声转换为人们熟知的加性类高斯噪声进行处理，这样可以将大多数对自然图像的处理算法简单地移植过来，但是这种方法存在着均值漂移，后期处理起来琐碎且容易产生人造纹理。因此，许多学者研究了将雷达图像相干斑噪声变成加性噪声的其他算法，本书介绍的一些算法也采用了这种同态变换，将乘性噪声转换为常见的类高斯噪声，然后在多尺度几何变换域进行相干斑去噪。去噪完成以后即可对雷达图像进行边缘检测、异物识别、纹理分析和图像融合等操作。

2.3　SAR 去噪基础框架

SAR 图像斑点噪声处理方法有两大类，一类是在成像过程中进行多视平滑性处理，另一类是对成像后的图像采用图像滤波处理。前一种方法最直接，在早期的 SAR 图像去噪中发挥了很大的作用，并且具有良好的去噪效果，因此该方法一经提出就得到了广泛应用，但是该算法在抑制噪声的同时降低了去噪图像的空间分辨率。

随着小波技术的广泛应用，有的学者提出了基于小波的斑点滤波方法。最直接的方法就是将图像利用小波变换分解为不同尺度的成分，去掉由于斑点引起的高频成分，重建图像以完成对 SAR 图像的去噪。目前还有很多学者正在研究斑点对小波系数的影响，以得到更好的去噪算法。由于小波技术相对傅里叶分析而言具有更好的时频特性，去除斑点的同时能够在一定程度上保持边缘，所以得到了学者们的广泛关注。虽然小波变换对一维分段光滑函数有良好的非线性近似效果，但是小波的支撑区间为不同尺寸大小的正方形，随着分辨率变细，小波只能用点来逼近奇异曲线，不能最优地表示含线或者面的高维函数，这就意味着二维小波不能更稀疏地表示高维函数。而且，二维小波只有有限个方向，不能有效地“捕获”图像的方向信息。

为了克服小波变换的上述缺点，各国学者提出了各种各样的多尺度几何变换。其中，在 SAR 图像去噪中使用最多的为 DTCWT、Contourlet 和 Shearlet 变换。但是 DTCWT 并不是最优稀疏表示变换，Contourlet 不具有移不变性，并且基于 Shearlet 变换的 SAR 图像去噪刚刚起步，使用的模型较为简单，因此本书在构造具有优良时频特性的多尺度几何变换和 SAR 去噪算法方面进行了深入剖析。

多尺度几何变换是为了克服小波变换不能最优地逼近高维空间中信号的缺点而提出的新的高维信号表示方法。本书主要关注的是几种可以最优表示图像（二维信号）的多尺度几何变换，以及它们在遥感图像中的应用。

十多年前，小波变换在许多学者的共同努力下迅速地完成了从工程实践到理论构建的过程，它的应用领域也从石油工程扩展到数学和信号处理等众多学科中，并且可以处理从一维信号到二维甚至更高维的信号。小波变换与生俱来对高维信号表示的不稀疏性促进了另一类分析工具（即多尺度几何变换）的诞生和发展。多尺度几何变换可利用高维空间的某个低维子集很好地刻画其所在的高维信号（例如，对于二维图像边缘，多尺度几何变换可以很好地刻画其主要特征）。也就是说，多尺度几何变换可以更好地表示其中的高维信号。

虽然信号的时频关系尤其是周期现象可以由傅里叶变换进行很好的阐述，但是其频域是全时间段的，因此对于不具有周期现象的非平稳信号，傅里叶变换的信号分析能力有很大的缺陷。而小波变换则以牺牲部分频域定位性能来换取时频局部性的折中，因此小波变换既能较精确地完成时域定位，又能较精确地完成频域定位。因此小波变换对自然信号的处理效果非常好。含线或者面奇异的高维函数不能被由一维小波张成的可分离二维小波“最优”地表示，这是因为它只有有限个方向。这也说明小波变换的优势并不能从一维信号平移到二维或者高维信号上。

根据自然图像的统计建模和生理学家对人类视觉系统的研究结果，学者们提出了具有以下特点的表示方法，称为“最优”图像表示方法。

- 多分辨：即带通性，在分辨率上可对图像从粗分到细分进行连续逼近。
- 局域性：无论是在空域还是频域中，表示方法的小波基应该具有紧支性。
- 方向性：表示方法的小波基应该具有方向性，即表示方法的方向数应远大于二维可分离小波的方向数。

符合上述标准的变换即称为多尺度几何变换。根据上述 3 个特点，以及 Contourlet、Curvelet 和 Shearlet 变换的构造过程可以得出多尺度几何变换框架由以下几步组成：

（1）实现多尺度变换框架。

（2）实现多方向性带通滤波。

（3）满足框架理论，即不仅可以实现信号的分解，并且可以由此重构信号。

图像去噪是一项很重要的传统图像处理算法，而雷达图像去噪也是一个很重要的遥感图像处理课题。本书主要探讨 SAR 图像去噪和机场雷达图像去噪算法。早在多尺度几何变换兴起以前，小波变换就已经广泛地应用于 SAR 图像去噪。为了克服小波变换的上述缺点，随着多尺度几何变换的逐渐推广，小波变换也在 SAR 图像去噪中得到了广泛的应用。

一般而言，基于多尺度几何变换的 SAR 图像去噪框架的实现步骤如下：

（1）使用表现较好的多尺度几何变换算法进行 SAR 图像分解。

（2）将 SAR 图像的多尺度几何变换系数按照一定的噪声模型和去噪规则去噪。

（3）去噪后的 SAR 图像可由去噪后多尺度几何变换系数进行多尺度几何变换逆变换得到。

在现有的基于变换域的 SAR 图像去噪算法中，上述去噪步骤还有一些不完善的地方，因此本书针对这三大方面对现有的算法进行了改进。

机场雷达图像去噪算法则着重于工程实施。因此，根据机场雷达图像成像机制，研究者提出了一种成像前的去噪算法，可以快速、有效地完成去噪。

近年来，各种类型的深度神经网络已成功地应用于 SAR 图像去噪。与传统的浅层网络结构滤波算法相比，深度神经网络利用复杂非线性分析问题的处理优势，在基于深度 CNN 的 SAR 图像去噪算法中表现出了优异的性能。下面对三种基础的 SAR 图像去噪网络模型进行简单的介绍。

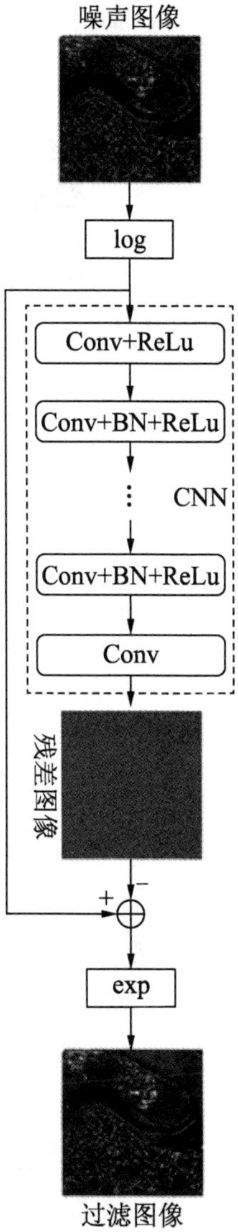

图 2-4 SAR-CNN 框架

图 2-4 表示由 CHIERCHIA 等人在 2017 年提出的 SAR-CNN 框架[3]，他们在 DnCNN 的基础上进行了改进，成功地将加性模型应用于乘性噪声图像中进行去噪。

SAR-CNN 首先需要进行 log 变换，将乘性噪声转为加性，网络部分由 17 个完整的卷积层组成，没有池化层。每一层提取 64 个特征图，使用大小为 3×3×64 的滤波器得到残差图像，通过将噪声图像减去残差图像，再经过 exp 变换，得到最终的输出图像。该网络相比传统算法在运行速度上有明显提升且去噪能力增强，其缺点是不能进行端对端处理。

图 2-5 表示由 WANG 等人提出的端对端 SAR 去噪网络 ID-CNN[4]，它克服了 SAR-CNN 的缺点。

ID-CNN 的噪声估计部分由 8 个卷积层（以及批归一化和 ReLu 激活函数）组成，包含适当的 0 填充，以确保每层的输出与输入图像具有相同的维数。除最后一个卷积层外，其他卷积层由 64 个滤波器组成，步长为 1。具有跳跃连接的层将输入图像除以估计的散斑，将一个双曲切线层堆叠在网络的末端，作为一个非线性函数。网络训练的损失函数用 $L1$ 表示。

图 2-6 表示由 GUI 等人[5]提出的 SAR 去噪网络 SAR-DDCN，他们将膨胀卷积和密集连接相结合来构造网络模型。该网络中的密集连接能够提取前一部分特征图的特征信息，从而丰富图像细节，膨胀卷积能够扩大感受野，二者相结合，使去噪后的图像在细节保存能力上有所提升。

SAR-DDCN 框架如图 2-6 所示，其中，c、Conv、2D-Conv、BN 和 ReLU 分别代表级联层、标准卷积、膨胀卷积、批归一化和修正线性单元。该框架基于残差学习策略，尝试学习从噪声图像到估计纯噪声的映射，然后从噪声图像中减去纯噪声得到去噪后的图像。

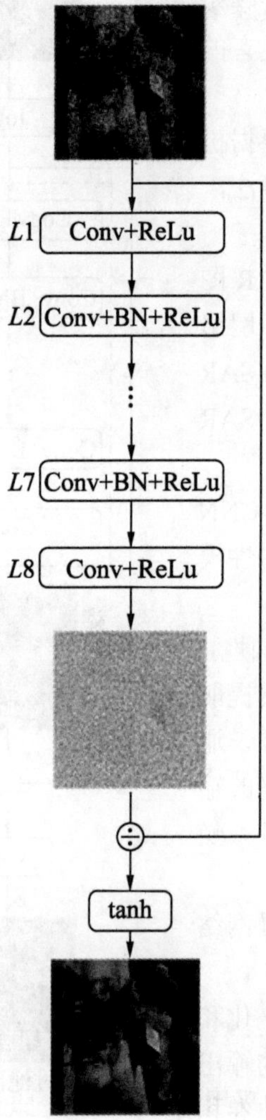

图 2-5　ID-CNN 框架

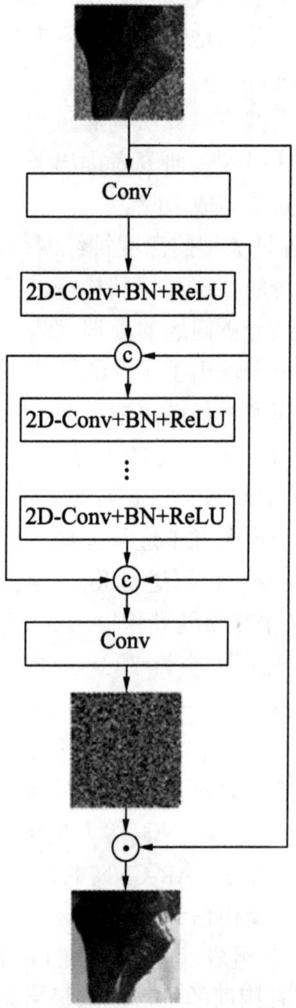

图 2-6　SAR-DDCN 框架

2.4　SAR 图像去噪评价

通常，学者们通过评价指标来更好地认识去噪算法中的优点与不足。评价去噪后的图像主要从包含噪声数量的多少、边缘保留的完整性和区域平滑程度三方面进行考虑。用一种好的去噪算法去噪后，图像中的噪声数量应最大程度地减少，图像边缘尽可能完整，区域尽可能平滑。常用的图像评价准则主要有两个：主观评价准则和客观评价准则。主观评价准则具有简单、直观的优点，通过个体的主观感知进行评价；客观评价准则主要通过定量评价方法对图像去噪算法的性能给出客观的评价。

2.4.1　主观评价准则

主观评价准则主要个体从视觉感官上对图像进行一种直观感受的描述并进行评价。主观评价准则主要分为相对评价和绝对评价。相对评价指将去噪后的图像和原图像进行对比来评价去噪效果的优劣；绝对评价指将图像按照视觉感受分级评分，观察者对图像直接进行判断。常用的 5 分制主观评价方法如表 2-1 所示。

表 2-1　绝对评价尺度

分　值	妨 碍 尺 度	质 量 尺 度
5分	非常好	完全看不出图像质量发生了变化
4分	好	能看出图像质量发生了变化但不妨碍观看
3分	一般	能清楚地看出图像质量发生了变化，对观看稍有妨碍
2分	差	对观看有妨碍
1分	非常差	严重妨碍观看

主观评价方法在一定程度上能够反映图像去噪的性能，但这种评价方法受个体的视觉感受影响，因此需要综合考虑主观评价准则和客观评价准则，对图像去噪性能给出客观、科学的评价。

2.4.2　客观评价准则

客观评价准则主要通过能反映图像特性的数字值，如均值、峰值信噪比等进行去噪效果的量化。本书针对模拟图像一般采用 3 种客观评价准则，对于真实图像，一般采用 4 种客观评价准则。除此之外，对于模拟图像和真实图像，均采用算法的运行时间来评价不同去噪算法的计算复杂度。

（1）峰值信噪比

峰值信噪比（Peak Signal-to-noise Ratio，PSNR）[6]需要提供干净的图像作为参考。PSNR 值反映的是相干斑噪声抑制算法的抑制能力或去除相干斑噪声的能力，其值越大，表明算法去除相干斑噪声的能力越强，它常利用均方误差进行定义。设两幅单色图像 X 和 $\hat{X}$ 的大小为 $H\times W$，X 表示噪声图像，$\hat{X}$ 表示去噪后的图像，则均方误差定义如下：

$$\mathrm{MSE}=\frac{1}{HW}\sum_{i=1}^{H}\sum_{j=1}^{W}\left|X(i,j)-\hat{X}(i,j)\right|^{2} \tag{2-7}$$

峰值信噪比的计算公式定义如下：

$$\mathrm{PSNR}=10\lg\left(\frac{\mathrm{MAX}_X^2}{\mathrm{MSE}}\right)=20\lg\left(\frac{\mathrm{MAX}_X}{\mathrm{MSE}}\right) \tag{2-8}$$

其中，$X(i, j)$表示图像 X 在(i, j)位置的像素值，$\hat{X}(i,j)$ 表示图像 $\hat{X}$ 在(i, j)位置的像素值，MAX_X表示图像颜色的最大数值。

（2）结构相似性指数

结构相似性指数（Structural Similarity Index Measure，SSIM）[6]是衡量两幅图像相似度的指标。其取值范围为(0, 1)，其值越大，表明两幅图像的相似程度越高。SSIM 将图像均值、标准差和协方差分别作为亮度、图像对比度和结构相似度的值，将图像失真通过亮度、对比度和结构进行表示。

SSIM 的计算公式如下：

$$\mathrm{SSIM}=\frac{\left(2E(X)E(\hat{X})\right)\times\left(2\sigma_{X\hat{X}}\right)}{\left(\left(E(X)\right)^2+\left(E(\hat{X})\right)^2\right)\left(\sigma_X^2+\sigma_{\hat{X}}^2\right)} \tag{2-9}$$

其中，$E(X)$和 $E(\hat{X})$ 分别表示图像 X 和图像 $\hat{X}$ 的均值，σ_X^2 和 $\sigma_{\hat{X}}^2$ 分别表示图像 X 和图像 $\hat{X}$ 的方差，$\sigma_{X\hat{X}}$ 表示图像 X 和图像 $\hat{X}$ 的协方差。

（3）等效视数

等效视数（Equivalent Numbers of Looks，ENL）[6]是衡量图像均匀区域平滑度的指标。ENL 值越大，表示去噪后图像的视觉效果越好，并且可以在无参考图像的情况下进行计算，其数学表达式如下：

$$\mathrm{ENL}=\frac{1}{H}\sum_{h=1}^{H}\frac{(E(\hat{X}_h))^2}{\sigma_{\hat{X}_h}^2} \tag{2-10}$$

其中，$E(\hat{X}_h)$ 表示图像均值，$\sigma_{\hat{X}_h}^2$ 表示图像方差，H 为感兴趣区域的数量。

（4）无辅助量化指标

无辅助量化指标（Unassisted Measure of Quality，UMQ）[6]是一种新的能够客观评价去噪算法性能的指标。UMQ 值越接近 0，说明去噪算法的去噪效果越好。它将比率图像的残差结构和统计特性的标准差相结合进行去噪性能评估，其计算方式如下：

$$M=r_{\hat{\mathrm{ENL}},\hat{\mu}}+\delta h \tag{2-11}$$

其中，$r_{\hat{\mathrm{ENL}},\hat{\mu}}$ 表示 n 个均匀区域的一阶残差，可以表示为：

$$r_{\hat{\mathrm{ENL}},\hat{\mu}}=\frac{1}{2}\sum_{i=1}^{n}\left(r_{\hat{\mathrm{ENL}}}(i)+r_{\hat{\mu}}(i)\right) \tag{2-12}$$

其中，$r_{\hat{\mathrm{ENL}}}(i)=\dfrac{\left|\hat{\mathrm{ENL}}_{\mathrm{noisy}}(i)-\hat{\mathrm{ENL}}_{\mathrm{ratio}}(i)\right|}{\hat{\mathrm{ENL}}_{\mathrm{noisy}}(i)}$，$i$ 表示均匀区域，$\hat{\mathrm{ENL}}_{\mathrm{noisy}}(i)$ 表示噪声区域的等效

视数，$\hat{\text{ENL}}_{\text{ratio}}(i)$ 表示比例图像相同区域的等效视数，$r_{\hat{\mu}}(i)=\left|1-\hat{\mu}_{\text{ratio}}(i)\right|$，其中，$\hat{\mu}_{\text{ratio}}(i)$ 表示比例图像区域的均值。对于 δh 而言有：

$$\delta h=100\left|h_0-\overline{h_g}\right|/h_0 \tag{2-13}$$

h 可表示为：

$$h=\sum_i\sum_j\frac{1}{1+(i-j)^2}\boldsymbol{\cdot}\boldsymbol{p}(i,j) \tag{2-14}$$

其中，$\boldsymbol{p}(i,j)$ 表示(i, j)位置处的归一化协方差矩阵，h_0 表示原始比例图像匀质区域所有值的平均值，$\overline{h_g}$ 表示随机排列比例图像的匀质区域所有值的平均值。

（5）平均比率的边缘保留程度

平均比率的边缘保留程度（Edge Preservation Degree Based on the Ratio of Average，EPD-ROA）[6]是衡量去噪算法保留图像边缘能力的指标。它主要从水平和垂直两个方向进行计算，沿不同方向上的 EPD-ROA 值越接近 1，说明去噪算法越能够完整地保留图像的边缘信息，抑制或去除相干斑噪声的能力越强。EPD-ROA 的数学表达式如下：

$$\text{EPD}-\text{ROA}=\frac{\sum_{i=1}^{m}\left|I_{\hat{X}1}(i)/I_{\hat{X}2}(i)\right|}{\sum_{i=1}^{m}\left|I_{X1}(i)/I_{X2}(i)\right|} \tag{2-15}$$

其中，$I_{\hat{X}1}(i)$ 和 $I_{\hat{X}2}(i)$ 表示去噪图像中相邻的像素值，$I_{X1}(i)$ 和 $I_{X2}(i)$ 表示含噪图像中相邻的像素值，m 表示所选区域像素的数量。

（6）比率图像的均值

比率图像[7]是由含噪图像和去噪后的图像逐像素相除得到的，它的统计特征能够反映去噪算法的性能。在理想情况下，比率图像中只包含相干斑噪声，均值是 1。反之，去噪算法不仅去除了相干斑噪声，还去除了一部分有用的细节或信息。比率图像的均值（Mean of Ratio，MoR）越接近 1，表明去噪算法的辐射保留程度越好。

此外，为了更好地评价相干斑噪声抑制算法的性能，本书还使用了 GEERARDO 等人[7]提出的公开数据集来衡量所提算法的健壮性，这个数据集考虑了 SAR 图像中最常见和相关的基本场景，如平坦区域、放置在均匀背景上的角反射器、同质背景上的隔离建筑物等，共包含 5 幅图像，分别为 Homogeneous、Squares、DEM、Corner 和 Building。其中，Homogeneous 是具有恒定电磁参数的单一平坦区域，Squares 和 Homogeneous 具有相同的微波粗糙程度，但通过笔直的轮廓分割并赋予不同的电磁参数，因此该图像呈现出具有不同平均强度值的 4 部分。DEM 是具有恒定电磁参数但非平坦区域的单一区域，其模拟器的输入是使用 Weierstrass-Mandelbrot 分形函数生成的人工规范分形 DEM。Corner 主要考虑的是均匀区域的中心放置角反射器，使用与 Homogeneous 图像相同的设置，但中心像素值会被模拟的反射器修改。Building 是在均匀背景下放置孤立的建筑物，该建筑物的模型是平行六面体，其中一面墙与传感器的力线平行，并将观察到的表面建模为粗糙的平面。为了更好地评价相干斑噪声抑制算法的性能，文献[7]针对数据集里的每幅图像提出了特定的评价指标，下面进行介绍。

1）比率图像的方差

对于 Homogeneous 图像，除了采用上述的 ENL 和 MoR 两种指标之外，还采用了比率图像方差（Variance of Ratio，VoR）的评价指标。比率图像的方差用于衡量去噪算法的平滑程度，当 VoR＜1 时，表明去噪后图像出现平滑不足的现象，当 VoR＞1 时，表明去噪后图像出现过平滑的现象，即去噪算法去除了图像的细节。

2）边缘模糊和品质因子

对于 Squares 图像，本书采用边缘模糊（Edge Smearing，ES）和品质因子（Figure of Merit，FOM）两种指标来评价边缘的退化程度。边缘模糊和品质因子[7]是衡量图像在去噪之后图像边缘退化程度的指标。边缘模糊表示待评价图像的边缘轮廓（Edge Profiles，EPs）和参考图像的边缘曲线之间的加权均方误差，其定义如下：

$$\mathrm{ES}=\int g\left(t-t_0\right)\left(\mathrm{EP}_{\hat{X}}\left(t\right)-\mathrm{EP}_X\left(t\right)\right)^2\mathrm{d}t \tag{2-16}$$

其中，$g(t-t_0)$表示高斯核，能够为边缘位置 t_0 邻近位置发生的误差分配较大的权重，同时可以防止平滑区域受相干斑噪声影响出现边缘退化现象。

与边缘模糊不同，品质因子仅通过边缘像素计算，其定义如下：

$$\mathrm{FOM}=\frac{1}{\max\left(n_d,n_r\right)}\sum_{i=1}^{n_d}\frac{1}{1+\gamma d_i^2} \tag{2-17}$$

其中，n_d 和 n_r 分别表示待评价图像和参考图像中检测到的边缘像素的数量；d_i 表示待评价图像中第 i 个检测的边缘像素和邻近参考像素之间的欧氏距离；参数 γ 设为 1/9，其取值范围是[0,1]。FOM 值越接近 1，表明去噪算法的边缘保留能力越好。

3）变分系数和降噪增益

对于 DEM 图像，本书采用两种指标对去噪算法进行评价。其中，变分系数（Coefficient of Variation，C_X）[7]是衡量图像纹理保留的指标，去噪图像的变分系数值越接近参考图像的变分系数值，说明去噪算法保留纹理的能力越强，其定义如下：

$$C_X=\sigma_X/E\left(X\right) \tag{2-18}$$

其中，σ_X 表示图像的标准差。

降噪增益（Despeckling Gain，DG）[7]的定义如下：

$$\mathrm{DG}=10\lg\left(\frac{\mathrm{MSE}\left(Z,X\right)}{\mathrm{MSE}\left(Z,\hat{X}\right)}\right) \tag{2-19}$$

其中，Z 表示所参考的干净图像。DG 值越大，表明去噪算法的去噪能力越强。

4）强度对比

对于 Corner 图像，本书采用两种强度对比指标。强度对比（Intensity Contrast：C_{NN}

和 C_{BG}）[73]是衡量去噪算法辐射保留强度的指标，其定义如下：

$$C_{\mathrm{NN}}=10\lg\frac{X_{\mathrm{CF}}}{X_{\mathrm{NN}}} \tag{2-20}$$

$$C_{\mathrm{BG}}=10\lg\frac{X_{\mathrm{CF}}}{X_{\mathrm{BG}}} \tag{2-21}$$

其中，X_{CF} 表示在角反射位置观察到的强度，X_{NN} 表示由 8 个连接最近邻域形成的周围区域的平均强度，X_{BG} 表示背景的平均强度。C_{NN} 和 C_{BG} 值越接近在参考图像上计算的相应值，表明去噪算法的辐射保留能力越强。

5）对比度指数和 Building 模糊

对于 Building 图像，本书主要从辐射强度保留和轮廓保留两个方面来评价。对比度指数（Contrast Figure，C_{DR}）[7]是衡量去噪算法在 Building 图像上辐射保留的指标，其定义如下：

$$C_{\mathrm{DR}}=10\lg\frac{X_{\mathrm{DR}}}{X_{\mathrm{BG}}} \tag{2-22}$$

其中，X_{DR} 表示雷达图像返回的辐射平均强度。C_{DR} 值越接近通过参考图像计算的值，表明去噪算法越好。

Building 模糊（Building Smearing，BS）[9]是量化 Building 轮廓的保留，其定义为：

$$\mathrm{BS}=\int\prod\left(\frac{t-t_0}{T}\right)\left|\lg\left(\mathrm{BP}_{\hat{X}}(t)+\varepsilon\right)-\lg\left(\mathrm{BP}_X(t)+\varepsilon\right)\right|\mathrm{d}t \tag{2-23}$$

其中，ε 是较小的正值，它用来衡量 Building 轮廓的扭曲程度。

6）边缘保持指数

边缘保持指数（Edge Preservation Index，EPI）表示处理后滤波器对图像水平或垂直方向边缘的保存能力[6]，它用来衡量对原始图像的边缘保持能力。EPI 值越高，表示其保存能力越强。EPI 的计算公式如下：

$$\mathrm{EPI}=\frac{\sum_{i}^{M}\sum_{j}^{N}\left|K(i,j)-8*E(K_{(i,j)\in\Omega})\right|}{\sum_{i}^{M}\sum_{j}^{N}\left|I(i,j)-8*E(I_{(i,j)\in\Omega})\right|} \tag{2-24}$$

其中，$I(i,j)$是图像 I 位置(i,j)处的像素值，$K(i,j)$是图像 K 位置(i,j)处的像素值，Ω 表示像素中心为(i,j)的大小为 3×3 的窗口区域，$E(I_{(i,j)\in\Omega})$ 代表 Ω 区域的像素均值大小。边缘保持指数的取值范围为(0,1)，越接近 1 越好。

7）平均保持指数

SSI 用于测量 SAR 图像中噪声的强度[8]，其公式如下：

$$\mathrm{SSI}=\frac{\sigma_{M''}\mu_I}{\mu_{M''}\sigma_I} \tag{2-25}$$

其中，$\sigma_{M''}$ 表示去噪图像的标准偏差，μ_I 表示噪声图像的均值，$\mu_{M''}$ 表示去噪图像的均值，σ_I 表示噪声图像的标准偏差。SSI 的值小于 1，其值越小，表明去噪算法散斑噪声的抑制能力越好。

平均保持指数（Speckle Suppression and Mean Preservation Index，SMPI）用于估计散斑抑制能力和平均保持能力，SMPI 的值越小越好，其表达式如下：

$$\mathrm{SMPI} = Q \cdot \frac{\sigma_{M''}}{\sigma_I} \tag{2-26}$$

其中，$\sigma_{M''}$ 表示去噪图像的标准偏差，σ_I 表示噪声图像的标准偏差，$Q = 1 + |\mu_I - \mu_{M''}|$，$\mu_I$ 表示噪声图像的均值，$\mu_{M''}$ 表示去噪图像的均值。

2.5 本章小结

本章介绍了 SAR 的相关基础知识。本章首先从雷达基础知识深入介绍 SAR 的成像原理，然后介绍了 3 种基础的 SAR 图像去噪模型结构，最后介绍了模拟和真实的 SAR 图像去噪后的常用客观指标，使读者对 SAR 图像及其去噪应用有了初步认识。

参考文献

[1] GOODMAN J W. Some fundamental properties of speckle [J]. Journal Optical Society America，1976，6(11)：1145-l150.

[2] 倪伟. 基于多尺度几何分析的图像处理技术研究 [D]. 西安：西安电子科技大学，2008.

[3] CHIERCHIA G，COZZOLINO D，POGGI G，et al. SAR image despeckling through convolutional neural networks [C]//2017 IEEE International Geoscience and Remote Sensing Symposium (IGARSS). Fort，Worth，TX，USA：IEEE，2017：5438-5441.

[4] WANG P，ZHANG H，PATEL V M. SAR Image Despeckling Using a Convolutional Neural Network [J]. IEEE Signal Processing Letters，2017，24(12)：1763-1767.

[5] GUI Y，XUE L，LI X. SAR image despeckling using a dilated densely connected network [J]. Remote Sensing Letters，2018，9(9)：857-866.

[6] 高乐乐. 基于多尺度卷积神经网络的 SAR 图像相干斑噪声抑制算法研究 [D]. 保定：河北大学，2021.

[7] DI MARTINO G，PODERICO M，POGGI G，et al. Benchmarking framework for SAR despeckling [J]. IEEE Transactions on Geoscience & Remote Sensing，2013，52(3)：1596-1615.

[8] SHAMSODDINI A，TRINDER J C. Image texture preservation in speckle noise suppression [C]. ISPRS TC VII Symposium - 100 Years ISPR，Vienna，Austria，2010：239-244.

第 3 章　多尺度几何变换基础理论

许多图像处理任务的核心问题都可以归结为如何有效地表示图像中的视觉信息，如图像去噪和边缘提取，以及图像的几何分离和图像融合等。如果图像的重要特征可以用少量的数学表达式来表示，则称该图像被有效地进行了表示。对应到图像表示的变换方法中，问题转化为能否找到一种变换，可以使用最少的基表示出自然图像的显著性区域。这就意味着在设计变换的时候需要选择变换的基，以有效地表示在自然图像中人眼视觉系统感兴趣的部分，这也是图像处理一直追求的目标。

虽然小波变换克服了傅里叶变换不能随频率改变时频窗口的缺点，提供了时间和频率局部化分析，为非平稳信号的分析提供了有力的帮助。但是，对于高维信号，小波变换的基并不是最优的。也就是说，对高维信号中我们感兴趣的奇异曲线或者奇异曲面并不能用最少的小波基来表示，即小波变换不能对自然图像进行稀疏表示。为了寻找更好的图像表示方法，许多学者研究了人眼视觉系统，从而提出了与人眼视觉系统类似的高维信号表示方法——多尺度几何变换。

多尺度几何变换是在充分地融合数学逼近、数值代数、模式识别、计算机视觉和统计学等基础知识的基础上创造出来的。它不仅继承了小波变换优良的时频特性，还克服了小波变换不能对自然图像进行稀疏表示的缺点。多尺度几何变换首先利用其对图像进行尺度分解，然后采用方向滤波器对各尺度的高频系数进行方向分解，从而可以最优表示含有奇异曲线或奇异曲面的自然图像。这种构造方法是在人类视觉感知特性的基础上提出的，因此能够很好地逼近自然图像。这使得能够自适应地跟踪图像边缘的几何正则方向的变换得到了广泛的应用，其中包括 Curvelet 变换、Contourlet 变换、DTCWT 变换、Bandelet 变换和 Shearlet 变换。

本章将简单介绍其中的几种变换并对它们进行改进，主要从稀疏性、平移不变性和方向选择性几个方面对这几种变换进行介绍，以利于后续的遥感图像处理算法研究。

3.1　Contourlet 变换及其改进

3.1.1　Contourlet 变换

虽然小波变换对一维有界变差函数类具有最优逼近性能，但是它由一维小波通过张量积得到的二维小波变换方向选择性不足（仅具有 3 个方向）从而导致该变换不能很好地表征图像的几何正则性，也就不能很好地表示其中的奇异曲线，无法对图像进行稀疏表示。而且小波变换的基是各向同性，即小波变换的支撑区间为不同尺寸大小的正方形，随着分辨率变细，小波只能用点来逼近奇异曲线，小波变换在尺度 j 上的支撑区域边长近似为 2^{-j}，则幅值大于 2^{-j} 的系数的个数至少为 $O(2^{j})$，随着 j 的增大，非零小波系数将呈现指数阶的增长，即不能最优地表示含线或者面的高维函数，意味着二维小波不能更稀疏地表示原图像函数。因此 Contourlet 变换被提出，用于更好地捕获图像方向信息。Contourlet 变换的主要组成成分为塔形方向滤波器组（Pyramidal directional filter bank，PDFB），它主要是为了获得含有奇异曲线和奇异曲面的图像的稀疏表示。Contourlet 不但有足够的方向性，还保持了小波的多尺度特性、时频局部特性。此外，Contourlet 具有非常好的非线性逼近性能，能将更多的系数集中到更少的 Contourlet 系数中，因此能够更稀疏地表示图像，如图 3-1 所示。

Contourlet 变换是由塔形方向滤波器组把图像分解成各个尺度上的方向子带，如图 3-2 所示。该变换分两大部分实现：第一部分用拉普拉斯金字塔（Laplacian pyramid，LP）变换对图像进行多尺度分解以捕获奇异点，称为子带分解部分，详细原理见图 3-3；第二部分由方向滤波器组（Directional filter bank，DFB）将分布在同方向上的奇异点合成为一个系数，称为方向变换部分，详细原理见图 3-4。

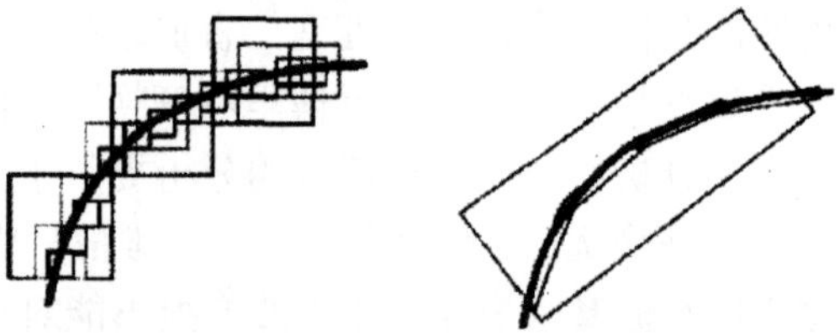

图 3-1　小波和 Contourlet 对曲线的描述

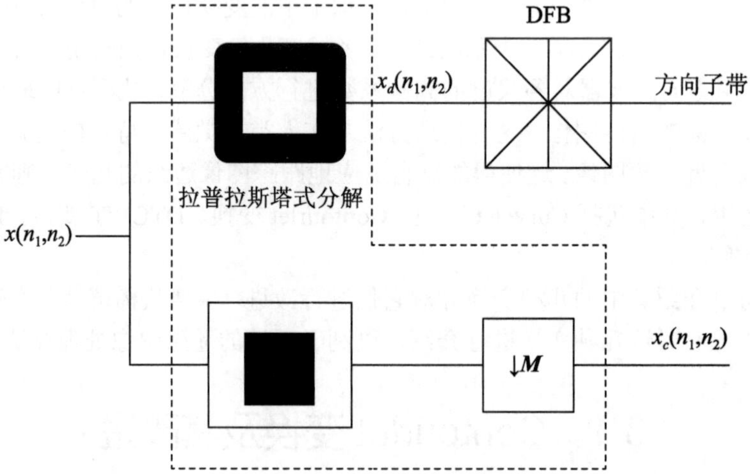

M为抽样矩阵 M=diag(2,2)

图 3-2　Contourlet 变换示意

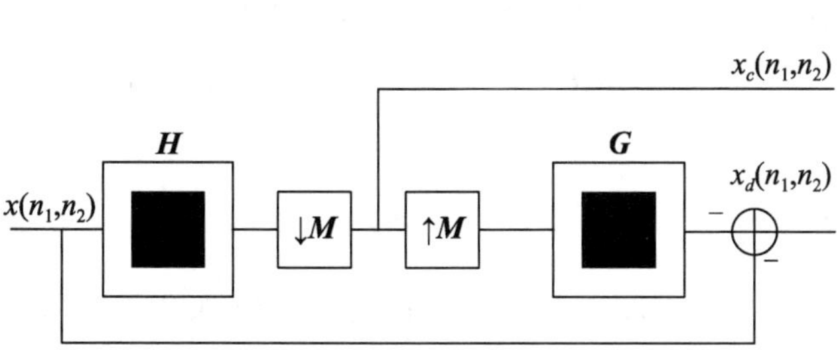

图 3-3　LP 变换示意

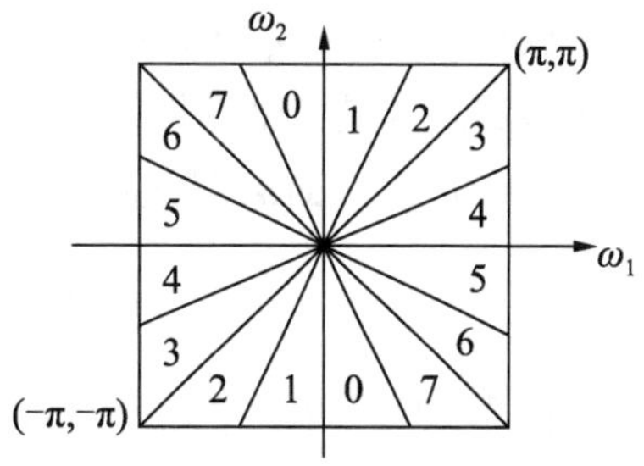

图 3-4　DFB 变换示意

Contourlet 变换的最终结果是用类似线段的基结构来逼近原图像。LP 分解和 DFB 都具有完全重构性，因此能由变换系数得到完整的图像。

由于在离散 Contourlet 变换中多尺度分解和方向分解是分离的，所以 Contourlet 变换可以对图像进行不同数目方向的分解，即其具有灵活的多尺度和多方向分解性。

3.1.2　小波-Contourlet 变换

虽然 Contourlet 变换是一种灵活的多分辨率、多方向性变换，允许在每个尺度上有不同数目的方向，但是它在 LP 和 DFB 两个阶段进行了下采样操作，使图像 Contourlet 系数的冗余度大大降低（冗余度仅为 1.33），使得该变换缺乏平移不变性，从而在图像去噪时出现明显的振铃效应，导致图像失真。于是，有学者结合小波和 Contourlet 的优点，提出了小波-Contourlet 变换理论，并在图像去噪和增强等领域取得了很好的效果。文献[1]利用该理论提出了一种 SAR 图像去噪算法，并详细地描述了小波-Contourlet 变换的构造，下面将其简单地重述一下。

为了克服 Contoulet 变换使频率混淆的缺点，小波-Contourlet 变换在 Contourlet 变换的基础上用小波变换代替 LP 变换进行子带分解。首先，小波变换的每一级都将上一级的低频分量再分解为低频 LL 和 3 个高频部分 LH、HL 和 HH；然后，方向滤波器将每个高频子带分解为 $2N$ 个方向子带，将分布在同方向子带上的奇异点合成一个系数。

下面介绍一下小波-Contourlet 滤波器的构造。首先来看一下 DFB 的构造情况。对于 l 级的方向滤波器组，有 2^l 个传递函数，分别是等价分析滤波器传递函数 $\boldsymbol{H}_k^{(l)}(\boldsymbol{Z})$ 和综合滤波器传递函数 $\boldsymbol{G}_k^{(l)}(\boldsymbol{Z})$（其中，$0 \leqslant k < 2^l, \boldsymbol{Z} = (z_1, z_2)^{\mathrm{T}}$），以及下采样矩阵 $\boldsymbol{S}_k^{(l)}(0 \leqslant k < 2^l)$，其中，$\boldsymbol{S}_k^{(l)}$ 的定义见文献[2]。

$$\boldsymbol{S}_k^{(l)} = \begin{cases} \begin{pmatrix} 2 & 0 \\ 0 & 2^{l-1} \end{pmatrix}, & 0 \leqslant k < 2^{l-1} \\ \begin{pmatrix} 2^{l-1} & 0 \\ 0 & 2 \end{pmatrix}, & 2^{l-1} \leqslant k < 2^l \end{cases} \tag{3-1}$$

假设 $\{\boldsymbol{g}_k^{(l)}(\boldsymbol{n}-\boldsymbol{S}_k^{(l)}\boldsymbol{m})\}(0 \leqslant k < 2^l, \boldsymbol{m} \in \mathbb{Z}^2, \boldsymbol{n} \in \mathbb{Z}^2)$ 是综合滤波器 $\boldsymbol{G}_k^{(l)}(\boldsymbol{Z})$ 的脉冲响应函数。由于该滤波器是完全重构的，所以二维输入信号 $\boldsymbol{x}(\boldsymbol{n})$（其中 $\boldsymbol{n}=(n_1,n_2)^{\mathrm{T}}$）和输出信号（其中 $\boldsymbol{n}=(n_1,n_2)^{\mathrm{T}}$）$\hat{\boldsymbol{x}}(\boldsymbol{n})$ 满足如下关系：

$$\hat{\boldsymbol{x}}(\boldsymbol{n}) = \boldsymbol{x}(\boldsymbol{n}) = \sum_{k=0}^{2^l-1} \sum_{\boldsymbol{m} \in \mathbb{Z}^2} \boldsymbol{y}_k(\boldsymbol{m}) \boldsymbol{g}_k^{(l)}(\boldsymbol{n}-\boldsymbol{S}_k^{(l)}\boldsymbol{m}) \tag{3-2}$$

在式（3-2）中，$\boldsymbol{y}_k(\boldsymbol{m}) = \left\langle \boldsymbol{x}(\boldsymbol{n}), \boldsymbol{h}_k^{(l)}(\boldsymbol{S}_k^{(l)}\boldsymbol{m}-\boldsymbol{n}) \right\rangle$，其中，$\boldsymbol{h}_k^{(l)}(\boldsymbol{n})$ 是分解滤波器 $\boldsymbol{H}_k^{(l)}(\boldsymbol{Z})$ 的脉冲响应函数，$\boldsymbol{g}_k^{(l)}$ 是滤波器 $\boldsymbol{G}_k^{(l)}(\boldsymbol{Z})$ 的脉冲响应函数，$\langle \cdot \rangle$ 表示信号的内积运算。

注意： 实际上，$\boldsymbol{y}_k(\boldsymbol{m})$ 为 $l(k)$ 子带做 DFB 分解后的信号。

在小波-Contourlet 变换中，先进行小波分解，然后再进行方向滤波器分解。假设在尺度 j 下，分解二维信号得到的高频部分的小波空间分别为 $\boldsymbol{W}_{j,\mathrm{HL}}$、$\boldsymbol{W}_{j,\mathrm{HH}}$ 和 $\boldsymbol{W}_{j,\mathrm{LH}}$，并且它们的基函数分别为 $\boldsymbol{\varPsi}_{j,\mathrm{HL}}(\boldsymbol{n})$、$\boldsymbol{\varPsi}_{j,\mathrm{HH}}(\boldsymbol{n})$ 和 $\boldsymbol{\varPsi}_{j,\mathrm{LH}}(\boldsymbol{n})$，则尺度空间 $\boldsymbol{V}_j$ 与小波空间 $\boldsymbol{W}_j$ 的关系式如下：

$$\boldsymbol{V}_{j-1} = \boldsymbol{V}_j \oplus \boldsymbol{W}_j \tag{3-3}$$

$$\boldsymbol{W}_j = \boldsymbol{W}_{j,\mathrm{HL}} \oplus \boldsymbol{W}_{j,\mathrm{HH}} \oplus \boldsymbol{W}_{j,\mathrm{LH}} \tag{3-4}$$

式（3-3）和（3-4）中的 $\oplus$ 表示空间直和。然后对此小波空间采用 l_j 级的方向滤波，由此得到第 k 个方向子带空间，分别记为 $\boldsymbol{W}_{j,\mathrm{HL},k}^{(l_j)}$、$\boldsymbol{W}_{j,\mathrm{HH},k}^{(l_j)}$ 和 $\boldsymbol{W}_{j,\mathrm{LH},k}^{(l_j)}$ $(0 \leqslant k < 2^l)$，则被 DFB 分解前的小波空间可以表示为：

$$\begin{cases} \boldsymbol{W}_{j,\mathrm{HL}} = \bigoplus\limits_{k=0}^{2^{l_j}-1} \boldsymbol{W}_{j,\mathrm{HL},k}^{(l_j)} \\ \boldsymbol{W}_{j,\mathrm{HH}} = \bigoplus\limits_{k=0}^{2^{l_j}-1} \boldsymbol{W}_{j,\mathrm{HH},k}^{(l_j)} \\ \boldsymbol{W}_{j,\mathrm{LH}} = \bigoplus\limits_{k=0}^{2^{l_j}-1} \boldsymbol{W}_{j,\mathrm{LH},k}^{(l_j)} \end{cases} \tag{3-5}$$

由此，经过小波-Contourlet 变换，再经过尺度 j 的小波滤波和 DFB 方向滤波后，方向子带空间 $\boldsymbol{W}_{j,\mathrm{HL},k}^{(l_j)}$、$\boldsymbol{W}_{j,\mathrm{HH},k}^{(l_j)}$ 和 $\boldsymbol{W}_{j,\mathrm{LH},k}^{(l_j)}$ 的基函数分别如下：

$$\begin{cases} \boldsymbol{\eta}_{j,\mathrm{HL},k}^{(l_j)}(\boldsymbol{n}) = \sum\limits_{\boldsymbol{m} \in \mathbb{Z}^2} \boldsymbol{g}_k^{(l_j)}(\boldsymbol{n}-S_k^{(l_j)}\boldsymbol{m}) \boldsymbol{\varPsi}_{j,\mathrm{HL}}(\boldsymbol{m}) \\ \boldsymbol{\eta}_{j,\mathrm{HH},k}^{(l_j)}(\boldsymbol{n}) = \sum\limits_{\boldsymbol{m} \in \mathbb{Z}^2} \boldsymbol{g}_k^{(l_j)}(\boldsymbol{n}-S_k^{(l_j)}\boldsymbol{m}) \boldsymbol{\varPsi}_{j,\mathrm{HH}}(\boldsymbol{m}) \\ \boldsymbol{\eta}_{j,\mathrm{LH},k}^{(l_j)}(\boldsymbol{n}) = \sum\limits_{\boldsymbol{m} \in \mathbb{Z}^2} \boldsymbol{g}_k^{(l_j)}(\boldsymbol{n}-S_k^{(l_j)}\boldsymbol{m}) \boldsymbol{\varPsi}_{j,\mathrm{LH}}(\boldsymbol{m}) \end{cases} \tag{3-6}$$

可以看到，小波-Contourlet 变换的方向选择性增加了，因此小波-Contourlet 变换比小波变换和 Contourlet 变换更能稀疏地表达图像并获得图像的结构特征。

3.1.3　非下采样方向滤波器

Contourlet 变换的金字塔结构具有很小的冗余度，这对于压缩应用非常重要。然而，为 Contourlet 变换设计性能良好的滤波器是很困难的。另外，由于在拉普拉斯金字塔和方向滤波器组中均使用了下采样和上采样操作，所以 Contourlet 变换是移变且有混叠的。非下采样 Contourlet 变换有多尺度、多方向移不变的特点，易于设计和实现。相对于基本 Contourlet 变换而言，非下采样 Contourlet 变换的滤波器设计约束较少，可以使所设计的滤波器具有更好的频率选择性，从而获得更好的子带分解。实验表明，非下采样 Contourlet 变换在图像去噪和增强方面更有效。本小节着重介绍非下采样 Contourlet 变换中的非下采样方向滤波器。

我们使用的非下采样方向滤波器是基于文献[2]设计的。本小节考虑的非下采样方向滤波器组类似于传统的方向滤波器组，但是它利用等效易位原理去除了传统方向滤波器的下采样操作，其滤波器组构造是以互补扇形滤波器为基本模块，在此基础上进行相应的上采样和线性变换，从而得到不同方向的支撑特性。双通道互补扇形滤波器 U_0 和 U_1 如图 3-5 所示。

当扇形滤波器组满足下列条件时：

$$U_0(\omega_1,\omega_2)V_0(\omega_1,\omega_2)+U_1(\omega_1,\omega_2)V_1(\omega_1,\omega_2)=1 \tag{3-7}$$

扇形滤波器分解后就能够完全重构。

以一维分数阶样条正交滤波器为原型，在 McClellan 变换中利用映射函数 $P(\omega_1,\omega_2)=(\cos\omega_2-\cos\omega_1)/2$ 设计式 (3-7) 中的 $U_0(\omega_1,\omega_2)$和$U_1(\omega_1,\omega_2)$，然后对扇形滤波器进行 Quincunx 矩阵 $\boldsymbol{Q}$ 和幺矩阵 $\boldsymbol{R}_i(i=0,1,2,3)$ 上采样操作，这样即可得到棋盘滤波器和平行四边形滤波器。矩阵 $\boldsymbol{Q}$ 和 $\boldsymbol{R}_i(i=0,1,2,3)$ 分别如下：

$$\begin{aligned}&\boldsymbol{Q}=\begin{pmatrix}1 & 1\\ -1 & 1\end{pmatrix},\boldsymbol{R}_0=\begin{pmatrix}1 & -1\\ 0 & 1\end{pmatrix},\boldsymbol{R}_1=\begin{pmatrix}1 & 1\\ 0 & 1\end{pmatrix}\\ &\boldsymbol{R}_2=\begin{pmatrix}1 & 0\\ -1 & 1\end{pmatrix},\boldsymbol{R}_3=\begin{pmatrix}1 & 0\\ 1 & 1\end{pmatrix}\end{aligned} \tag{3-8}$$

多方向非下采样滤波器组可由扇形滤波器、棋盘滤波器和平行四边形滤波器级联而成。非下采样四方向滤波器组是利用扇形滤波器与棋盘滤波器级联而成的，如图 3-6 所示。

利用平行四边形变换滤波器组和四方向滤波器组级联可以构造出八方向的非下采样滤波器组。同理不难构造出十六方向或更多方向的滤波器组。

由式（3-7）可知，扇形滤波器的构造满足重构条件，因此可以很容易地构造出重构滤波器组，有助于对 Contourlet 移不变性的改进。

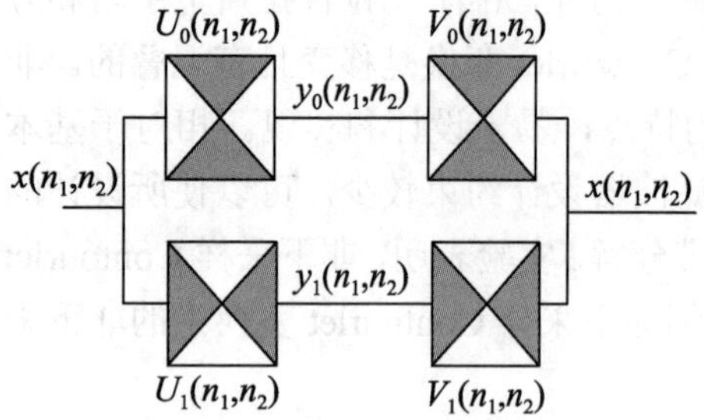

图 3-5　双通道互补扇形滤波器

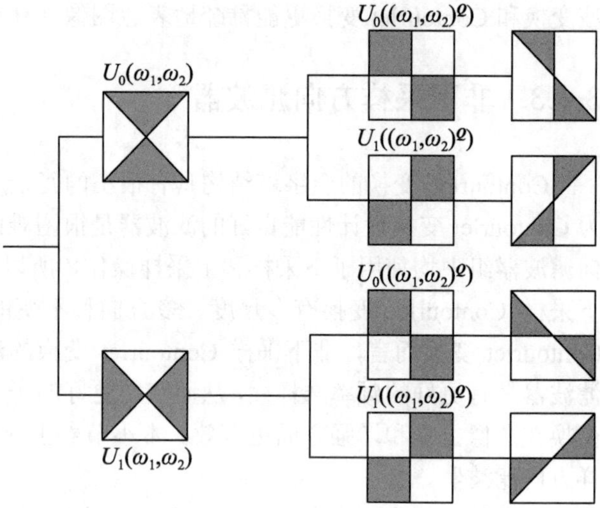

图 3-6　非下采样四方向滤波器组

3.1.4　复 Contourlet 变换

Contourlet 变换具有非常好的非线性逼近性能，能将更多的系数集中到更少的 Contourlet 变换系数中，因此能够更稀疏地表示图像。但是 Contourlet 变换的多尺度分解 LP 变换和方向滤波器 DFB 变换进行了下采样操作，这使得 Contourlet 变换出现了频率混淆和缺乏平移不变性的缺点。基于此，RAMIN ESLAMI 和 HAYDER RADHA 在 Contourlet 变换的基础上使用小波变换代替 LP 变换做子带分解，从而提出了小波-Contourlet 变换。虽然小波-Contourlet 变换比 Contourlet 变换能更稀疏地表示图像，并且解决了频率混淆的问题，但是小波变换缺乏平移不变性，因此小波-Contourlet 变换也是缺乏平移不变性的，这导致在处理信号的不连续点的过程中会产生伪吉布斯现象。为了解决这个问题，文献[3]引入了一种新的多尺度几何变换——复 Contourlet 变换（Complex Contourlet Transform，CCT）。复 Contourlet 变换主要采用 DTCWT 级联 NSDFB 的方法进行构造。由于 DTCWT 具有平移不变性，并且 NSDFB 没有下采样操作，所以复 Contourlet 变换也是具有平移不变性的。

下面来构造 CCT。对图像进行 DTCWT 变换，DTCWT 独立地使用 2 棵实滤波器树来生成小波系数的实部和虚部，这样既能保证完全重构性，又能保持复小波的良好性质。二维双树复小波则由 4 个可分离的二维的离散小波变换（Discrete Wavelet Transform，DWT）并行实现，其中，行和列使用不同的过滤子集。通过 4 个分树子带图像的和与差可以获得 6 个方向的小波系数，使得二维双树复小波兼具平移不变性和方向选择性。即图像经过二维双树复小波变换以后会生成 2 个低频子带和 6 个高频子带，因此图像 $f(x,y)$ 的二维 DTCWT 变换的高频子带可以表示为其与复小波函数 $\boldsymbol{\psi}_{j,m}^{\theta}$ 的内积：

$$\mathrm{DTCWT}[f(x,y)] = < f(x,y), \psi_{j,\boldsymbol{m}}^{\theta} > \tag{3-9}$$

在式（3-9）中，$\theta \in \{\pm 15^{\circ}, \pm 45^{\circ}, \pm 75^{\circ}\}$，$\boldsymbol{m} \in \mathbb{Z}^2$。在构造双树复小波金字塔时常将两个低频子带合并为一个低频子带，以方便下一级的分解。

同小波-Contourlet 变换的构造一样，我们直接采用二维 DTCWT 级联 NSDFB 的方法来构造 CCT 变换，在图像经过 DTCWT 后再对图像的高频系数进行 NSDFB 滤波。这里采用上一节描述的 NSDFB 变换，其利用等效易位原理去除了传统 DFB 的下采样操作[2]。为了简单起见，设非下采样方向滤波器的第 l 方向子带的基函数为 $\boldsymbol{g}_d^{(l)}(\boldsymbol{n} - \boldsymbol{S}_d^{(l)}\boldsymbol{m})$，其中，$\boldsymbol{S}_d^{(l)}$ 为上采样矩阵，由式（3-9）可以得到第 j 尺度上 CCT 变换方向子带空间的基函数如下：

$$\boldsymbol{\eta}_{j,\theta,k}^{(l_j)}(n) = \sum_{\boldsymbol{m} \in \mathbb{Z}^2} \boldsymbol{g}_d^{(l_j)}(\boldsymbol{n} - \boldsymbol{S}_d^{(l_j)}\boldsymbol{m}) \boldsymbol{\psi}_{j,\boldsymbol{m}}^{\theta} \tag{3-10}$$

其中，$0 \leqslant k < 2^l, \boldsymbol{m} \in \mathbb{Z}^2, \boldsymbol{n} \in \mathbb{Z}^2$。

由于 DTCWT 是平移不变的，由式（3-10）可知，高频子带经过 NSDFB 的方向分解以后并没有改变 DTCWT 的平移不变性，因此我们所构造的 CCT 变换是具有平移不变性的。而且，DTCWT 本身会分解出 6 个高频的子带，在对每个高频系数进行方向滤波器分解后，所获得的图像的表示系数更稀疏。下面将标准图像 Lena 的 CT 变换和 CCT 变换后子图像的直方图进行比较。如图 3-7 所示，其中，CT 变换和 CCT 变换的层数为 4，DFB 的分解数为 2、4、16 和 16，横坐标为变换系数绝对值，纵坐标为系数出现的频率数。从图 3-7 中可以看到，CT 变换和 CCT 变换在 0 周围的系数比较多，但 CCT 变换的非零系数更少，而且从两者的纵坐标来看，CCT 变换后系数接近 0 的个数远远大于 CT 变换。从稀疏角度来讲，CCT 变换比 CT 变换更有优越性，能更稀疏地表示原图像，因此这种新的变换之后被应用到了遥感图像处理中并且效果很好。

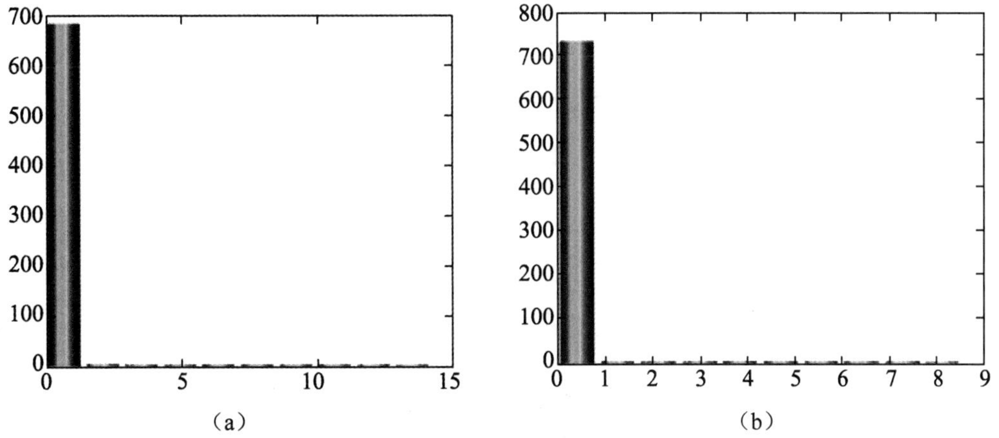

图 3-7　CCT 变换和 CT 变换后系数直方图比较

（a）CT 变换系数直方图；（b）CCT 变换系数直方图

3.1.5 NSDFB-DTCWT 构造

在前面小节对多尺度几何变换改进的过程中，没有考虑到具体的应用场景，在文献[4]中作者提出了一种 SAR 图像去噪的应用场景，即在 SAR 图像变换域去噪时，不仅应该考虑高频部分的去噪，更应该考虑低频部分的噪声抑制，为此需要构造一种有多个低频子带的多尺度几何变换，因此我们构造了 NSDFB-DTCWT 变换。同小波-Contourlet 变换的构造相似，在文献[4]中作者直接采用非下采样方向滤波器级联二维双树复小波的方法来构造 NSDFB- DTCWT 变换，如图 3-8 所示。

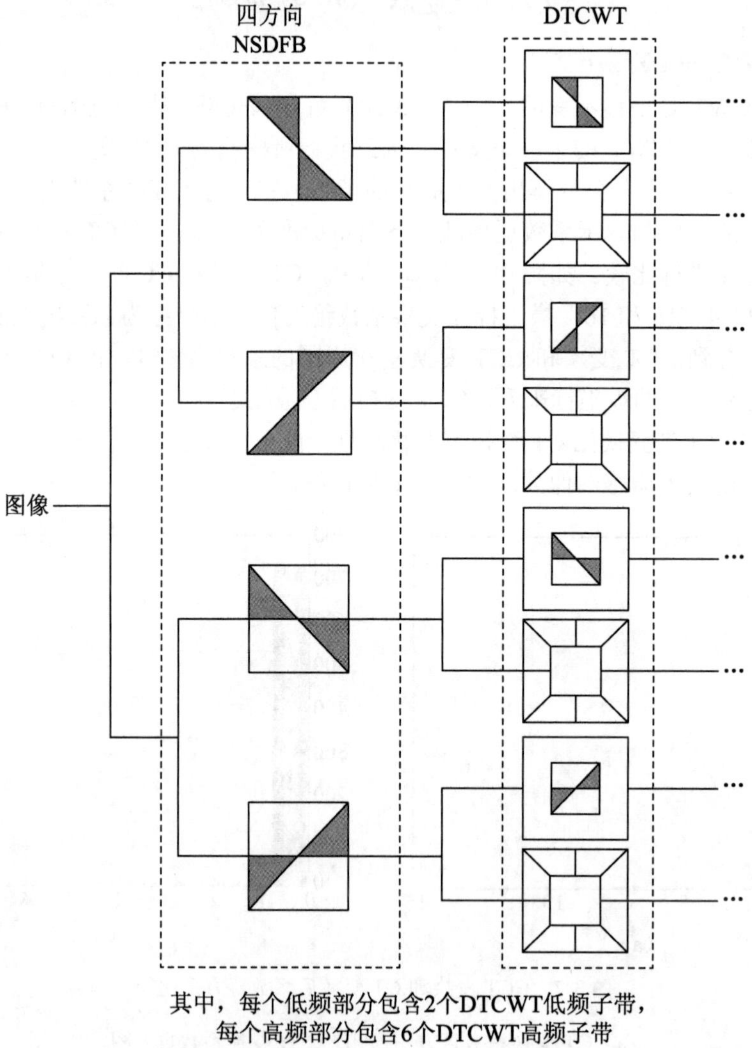

图 3-8 NSDFB-DTCWT 变换示意

构造 NSDFB-DTCWT 变换需要先对图像进行非下采样滤波，得到 4 个方向子带，然后对每个方向子带进行双树复小波变换，得到两个低频子带和六个高频的方向子带，最后依次对低频子带分解就可以完成整个变换。重构算法的顺序与构造 NSDFB-DTCWT 变换的顺序正好相反。

在 SAR 图像去噪过程中，不仅要对 SAR 图像变换后的高频系数进行相应处理，而且还应当对变换后的低频系数进行去噪处理。图像经过 NSDFB-DTCWT 变换以后得到的高频子带信号虽然比复 Contourlet 算法少 6 个高频子带，但是其已具有足够的方向性；图像经过 NSDFB-DTCWT 变换以后得到的低频子带信号会比复 Contourlet 算法多出 6 个低频子带，非常有益于对低频子带系数进行去噪处理。也就是说，NSDFB-DTCWT 变换采用 6 个高频子带换取 6 个低频子带的方法来实现增加低频子带的数目，可以更好地实现信号低频部分的去噪。

在 NSDFB-DTCWT 变换中，第 l 级的非下采样方向滤波器，有 2^l 个等价分析滤波器传递函数 $H_k^{(l)}(\boldsymbol{Z})$ 和综合滤波器传递函数 $G_k^{(l)}(\boldsymbol{Z})$（其中，$0 \leqslant k < 2^l, \boldsymbol{Z} = (z_1, z_2)^{\mathrm{T}}$），设其采样矩阵为 $\boldsymbol{S}_k^{(l)} (0 \leqslant k < 2^l)$，那么，$\{\boldsymbol{g}_k^{(l)}(\boldsymbol{n} - \boldsymbol{S}_k^{(l)}\boldsymbol{m})\}(0 \leqslant k < 2^l, \boldsymbol{m} \in \mathbb{Z}^2, \boldsymbol{n} \in \mathbb{Z}^2)$ 是综合滤波器 $G_k^{(l)}(\boldsymbol{Z})$ 的脉冲响应函数，而 $h_k^{(l)}(\boldsymbol{S}_k^{(l)}\boldsymbol{m} - \boldsymbol{n})$ 为分析滤波器传递函数 $\boldsymbol{H}_k^{(l)}(\boldsymbol{Z})$ 脉冲响应函数。设在尺度 2^j 上的细节空间中，小波函数的基函数为 $\boldsymbol{\varPsi}_{j,\theta}(\boldsymbol{m})$，其中，$\theta \in \{\pm 15^\circ, \pm 45^\circ, \pm 75^\circ\}$ 表示方向，则可得到尺度 2^j 上的 NSDFB-DTCWT 变换的解析基函数和方向基函数分别如下：

$$\gamma_{j,k}^{(l_j)}(\boldsymbol{n}) = \sum_{\boldsymbol{m} \in \mathbb{Z}^2} h_k^{(l_j)}(\boldsymbol{S}_k^{(l_j)}\boldsymbol{m} - \boldsymbol{n}) \boldsymbol{\varPsi}_{j,\theta}(\boldsymbol{m}) \tag{3-11}$$

$$\eta_{j,\theta,k}^{(l_j)}(\boldsymbol{n}) = \sum_{\boldsymbol{m} \in \mathbb{Z}^2} g_k^{(l_j)}(\boldsymbol{n} - S_k^{(l_j)}\boldsymbol{m}) \boldsymbol{\varPsi}_{j,\theta}(\boldsymbol{m}) \tag{3-12}$$

由于 DTCWT 具有平移不变性，而 NSDFB 无下采样操作且具有平移不变性，因此 NSDFB-DTCWT 也是具有平移不变性的，从而在应用该算法进行 SAR 图像去噪时可抑制人造纹理（由频率混叠造成）的产生。

3.2　Shearlet 变换及其改进

虽然 Contourlet 具有易操作和可有效稀疏地表示图像的特点，但是 Contourlet 变换理论并不符合多分辨分析，因此文献[5]的作者通过具有合成膨胀的仿射系统构造了 Shearlet 波。该 Shearlet 波既能对图像进行稀疏表示并能产生最优逼近，又具有与 Curvelet 变换一样的灵活的方向选择性且更易于实现。这些优点显然是其他多尺度几何变换不具备的，因此 Shearlet 变换很快地被应用于各个领域。例如：将 Shearlet 应用于红外图像处理，以抑制红外图像的背景，从而可以保留和检测到弱小的红外目标；将 Shearlet 应用于 SAR 图像水域的边缘检测。本节主要介绍 Shearlet 变换在遥感图像处理中的应用，下面首先介绍 Shearlet 变换。

3.2.1 Shearlet 变换

图像的表示问题一直是图像处理领域研究的重点，从一开始的小波变换、脊波变换到后来的 Curvelet 和 Contourlet 变换，图像的表示形式越来越稀疏。Curvelet 并不是对一个单一函数进行一组有限地运算而得到的，因此其构造方法并不适合 MRA，从而使离散化变得具有挑战性；Contourlet 虽然不是 Curvelet 的离散形式，但是 Contourlet 表示方法能更好地描述 Curvelet 的离散形式。文献[5]的作者根据紧支撑框架构造理论，经过严格的数学逻辑推理得到了 Shearlet 变换。这种变换的图像逼近阶数与 Curvelet 相同，但实现更简单和灵活。

Shearlet 变换的理论基础是合成小波，当维数 n=2 时，Shearlet 函数的仿射变换系统如下：

$$A_{\mathrm{AB}}(\boldsymbol{\psi})=\left\{\boldsymbol{\psi}_{j,l,k}(\boldsymbol{x})=\left|\det \boldsymbol{A}\right|^{j/2}\boldsymbol{\psi}\left(\boldsymbol{B}^{l}\boldsymbol{A}^{j}x-k\right): j,l\in\mathbb{Z},k\in\mathbb{Z}^{2}\right\} \tag{3-13}$$

式中，$\boldsymbol{\psi}\in L^2(\mathbb{R}^2)$，$\boldsymbol{A},\boldsymbol{B}$ 为二维可逆方阵，且 $\left|\det \boldsymbol{B}\right|=1$。

如果对于任意的 $f\in\mathbb{R}^2$，$\boldsymbol{A}_{\mathrm{AB}}(\boldsymbol{\psi})$ 都构成一个 Parseval 框架，则称 $\boldsymbol{A}_{\mathrm{AB}}(\boldsymbol{\psi})$ 中的元素为合成小波。其中，矩阵 $\boldsymbol{A}^j$ 称为伸缩变换，矩阵 $\boldsymbol{B}^l$ 为保区域的几何变换。本小节使用的是一种特殊的 Shearlet 变换，即令式（3-13）中的 $\boldsymbol{A}=\boldsymbol{A}_0=\begin{pmatrix}4 & 0\\ 0 & 2\end{pmatrix}$ 为各向异性的膨胀矩阵，$\boldsymbol{B}=\boldsymbol{B}_0=\begin{pmatrix}1 & 1\\ 0 & 1\end{pmatrix}$ 为剪切矩阵，于是可以构造出一个如图 3-9 所示的频域剖分图。

文献[5]中给出的小波函数 $\boldsymbol{\psi}_{j,l,k}$ 频域支撑区间为：

$$\operatorname{supp}\hat{\boldsymbol{\psi}}_{j,l,k}^{(0)}\subset\left\{(\xi_1,\xi_2):\xi_1\in\left[-2^{2j-1},-2^{2j-4}\right]\cup\left[2^{2j-4},2^{2j-1}\right],\left|\frac{\xi_2}{\xi_1}+l2^{-j}\right|\leqslant 2^{-j}\right\} \tag{3-14}$$

即 $\hat{\boldsymbol{\psi}}_{j,l,k}^{(0)}$ 的支撑区域是一对梯形区域，大小约为 $2^{2j}\times 2^{j}$，斜率为 $l2^{-j}$，如图 3-10 所示。

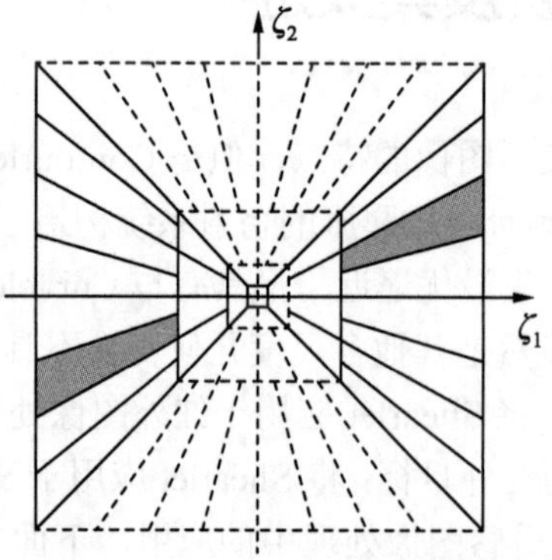

图 3-9 Shearlet 变换频谱剖分

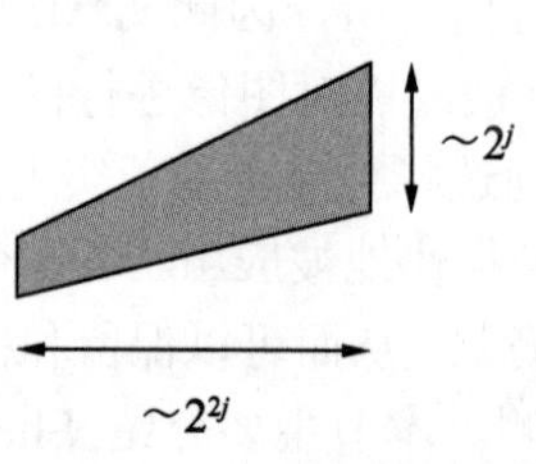

图 3-10 $\psi_{j,l,k}$ 在 D_0 区域的频域支撑区间

设 $D_0=\left\{(\xi_1,\xi_2)\in\hat{R}^2:|\xi_1|\geqslant\frac{1}{8},\left|\frac{\xi_1}{\xi_2}\right|\leqslant 1\right\}$，可知：对于 $\forall(\xi_1,\xi_2)\in D_0$，函数组 $\left\{\hat{\psi}^{(0)}\left(\xi\mathbf{A}_0^{-j}\mathbf{B}_0^{-l}\right)\right\}$ 形成一个由 D_0 张成的贴图，如图 3-9 所示。注意，D_0 是实线部分，且可知下面的集合是 $L^2(D_0)$ 上的一个 Parseval 框架，即：

$$\left\{\boldsymbol{\psi}_{j,l,k}^{(0)}(x)=2^{\frac{3j}{2}}\boldsymbol{\psi}^{(0)}\left(\boldsymbol{B}_0^l\boldsymbol{A}_0^j x-k\right):j\geqslant 0,-2^j\leqslant l\leqslant 2^j-1,k\in\mathbb{Z}^2\right\} \tag{3-15}$$

类似地可以构造出图 3-9 中的另一半，即由 D_1 张成的虚线部分。其中 D_1 为：

$$D_1=\left\{(\xi_1,\xi_2)\in\hat{R}^2:|\xi_2|\geqslant\frac{1}{8},\left|\frac{\xi_1}{\xi_2}\right|\leqslant 1\right\} \tag{3-16}$$

令 $\boldsymbol{A}_1=\begin{pmatrix}2&0\\0&4\end{pmatrix}$，$\boldsymbol{B}_1=\begin{pmatrix}1&0\\1&1\end{pmatrix}$ 就可以得到 $L^2(D_1)$ 上的一个 Parseval 框架：

$$\left\{\boldsymbol{\psi}_{j,l,k}^{(1)}(x)=2^{\frac{3j}{2}}\boldsymbol{\psi}^{(1)}\left(\boldsymbol{B}_1^l\boldsymbol{A}_1^j x-k\right):j\geqslant 0,-2^j\leqslant l\leqslant 2^j-1,k\in\mathbb{Z}^2\right\} \tag{3-17}$$

因此，f 的连续 Shearlet 变换的定义为：

$$SH_\psi=\left\langle f,\psi_{j,l,k}^{(d)}\right\rangle \tag{3-18}$$

其中，$j\geqslant 0$，$l=-2^j,2^j-1$，$k\in\mathbb{Z}^2$，$d=0,1$。

3.2.2　离散 Shearlet 变换

对于 $\forall(\xi_1,\xi_2)\in\hat{\mathbb{R}}^2$，$j\geqslant 0$，$l=-2^j,2^j-1$，$k\in\mathbb{Z}^2$，$d=0,1$，Shearlet 傅里叶变换可表示为：

$$\hat{\varphi}_{j,l,k}^{(d)}(\xi)=2^{\frac{3j}{2}}V\left(2^{-2j}\xi\right)W_{j,l}^{(d)}\left(\xi\right)\mathrm{e}^{-2\pi i\xi A^{-j}B^{-l}k} \tag{3-19}$$

其中，$W_{j,l}^{(d)}$，$d=0,1$ 是 Shearlet 局部剖分窗函数，V 代表的是多尺度多分辨率变换，W 代表的是方向变换[5]。由此 $f\in L^2(\mathbb{R}^2)$ 的 Shearlet 变换可以用式（3-20）来计算：

$$\left\langle f,\psi_{j,l,k}^{(d)}\right\rangle=2^{\frac{3j}{2}}\int\hat{f}\left(\xi\right)\overline{V\left(2^{-2j}\xi\right)W_{j,l}^{(d)}}\mathrm{e}^{2\pi i\xi A^{-j}B^{-l}k}\mathrm{d}\xi \tag{3-20}$$

具体的实现方法有两种，我们采用文献[6]中已经证明的对去噪效果比较好的一种方法来构造 Shearlet 变换，唯一不同的是笔者使用小波变换来替代文献[6]中的拉普拉斯变换进行多尺度分解。这样做有两个优点：一是计算的时间大大缩短，二是增加了 Shearlet 的方向选择性，使新构造的 Shearlet 更适于图像去噪。

设任一图像 $f\in L^2\left(\mathbb{R}^2\right)$ 的 2DDFT 变换为 $\hat{f}$，关于 $\hat{f}\left(\xi_1,\xi_2\right)\overline{V\left(2^{-2j}\xi_1,2^{-2j}\xi_2\right)}$ 的计算，在

尺度 j 上为了进一步减小频率混淆增加方向性，采用小波变换代替拉普拉斯塔式分解，于是将上一级的系数 $f_a^{j-1}[n_1,n_2]$ 分解成一个为 $f_a^{j-1}[n_1,n_2]$ 四分之一的低频系数 $f_a^j[n_1,n_2]$ 以及 3 个高频系数 $f_{d(\gamma)}^j[n_1,n_2],\gamma=0,1,2$，代表不同方向。这里 $0\leqslant n_1,n_2\leqslant N_j-1$，并且 $N_j=2^{-2j}N$ 为第 j 尺度上 $f_a^j[n_1,n_2]$ 的尺寸，即可得：

$$\hat{f}_{d(\gamma)}^j(\xi_1,\xi_2)=\hat{f}(\xi_1,\xi_2)\overline{V\left(2^{-2j}\xi_1,2^{-2j}\xi_2\right)} \tag{3-21}$$

下面来实现窗口函数，也就是对分解后的高频系数进行剪切变换，从而得到各个方向的系数。

首先，定义伪极坐标系 (u,v)，将 (ξ_1,ξ_2) 与 (u,v) 建立映射关系，设 $\hat{\delta}_p$ 为伪极坐标上的脉冲响应函数 δ 的离散傅里叶变换，φ_p 为伪极坐标系到笛卡儿坐标系的映射，它可以描述为矩阵的形式 $\boldsymbol{S}$，其中，元素 $s_{i,j}$ 满足 ${s_{i,j}}^2=s_{i,j}$，于是可以在笛卡儿坐标系下计算 $\hat{f}_{d(\gamma)}^j[n_1,n_2]\hat{w}_{j,l}^s[n_1,n_2]$，其中：

$$\hat{w}_{j,l}^s[n_1,n_2]=\varphi_p^{-1}\left(\hat{\delta}_p[n_1,n_2]\tilde{W}\left[2^j n_2-l\right]\right) \tag{3-22}$$

其中，$\tilde{W}$ 为窗函数在频域上的表示。本小节选用 Meyer 窗，求得 $\hat{f}_{d(\gamma)}^j[n_1,n_2]\hat{w}_{j,l}^s[n_1,n_2]$ 以后，再经过逆离散傅里叶变换就可以得到 Shearlet 变换的系数 $w_{j,l}^s$，则有如下公式成立：

$$f_{d(\gamma)}^j=\sum_{i=1}^{n}f_{d(\gamma)}^j\bullet w_{j,l}^s \tag{3-23}$$

由式（3-23）可知，只要通过加法就可以重构被分解的信号，从而大大减少了变换的运算量，即有如下的 Shearlet 变换公式：

$$\mathrm{DST}_\psi(f)=f_a^N+\sum_{j=0}^{N}\sum_{l=-2^j}^{2^j-1}f_{d(\gamma)}^j\bullet w_{j,l}^s \tag{3-24}$$

图 3-11 给出了离散 Shearlet 变换（DST）分解的过程，其中，f_d^j 为 3 个高频子带的集合。

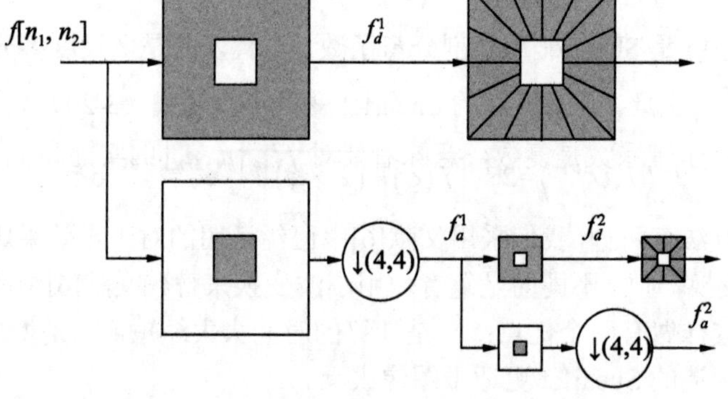

图 3-11　离散 Shearlet 变换的分解过程

3.2.3 复 Shearlet 变换

文献[6]中给出的 Shearlet 变换在实现多分辨率时采用了 Laplace 金字塔，使得 Shearlet 变换缺少移不变的性质，之后，GUO 和 LABATE 提出将 Laplace 金字塔改为非下采样 Laplace 金字塔变换来实现多尺度分解，从而使 Shearlet 具有移不变特性，但是，非下采样 Shearlet 的冗余度大大增加（对分解尺度 J 来说，其冗余度为 2^J），因此导致计算速度很慢。而 DTCWT 仅仅引入有限的冗余度就实现了平移不变性，而且其冗余度不会随着分解尺度的增加而增加（其冗余度一直为 4），从而使得算法的实现速度得到了提升，后面的实验将会证明这一点。因此在文献[7]中，作者在 DTCWT 和 Shearlet 变换的优点的基础上总结出了一种新的图像表示方法——复 Shearlet 变换。下面将给出复 Shearlet 变换的构造。

对于 $\forall(\xi_1,\xi_2)\in\hat{\mathbb{R}}^2$，$j\geqslant 0, l=-2^j\sim 2^j-1$，且 $k\in\mathbb{Z}^2, d=0,1$，Shearlet 变换系数的傅里叶变换可以表示如下：

$$\hat{\varphi}_{j,l,k}^{(d)}(\xi)=2\frac{3j}{2}V\left(2^{-2j}\xi\right)W_{j,l}^{(d)}(\xi)\mathrm{e}^{-2\pi i\xi A^{-j}B^{-l}k} \tag{3-25}$$

其中，$V\left(2^{-2j}\xi\right)$ 表示多尺度分解，而 $W_{j,l}^{(d)}, d=0,1$ 是 Shearlet 局部剖分窗函数，表示多方向分解。因此 $f=L^2\left(\mathbb{R}^2\right)$ 的 Shearlet 变换可以通过下式来计算：

$$\left\langle F,\psi_{j,l,k}^{(d)}\right\rangle=2\frac{3j}{2}\int\hat{f}(\xi)\overline{V\left(2^{-2j}\xi\right)W_{j,l}^{(d)}(\xi)}\mathrm{e}^{-2\pi i\xi A^{-j}B^{-l}k}d\xi \tag{3-26}$$

下面来实现复 Shearlet 变换，令 $\hat{f}[k_1,k_2]$ 为任一图像 $f=L^2\left(\mathbb{R}^2\right)$ 的二维离散傅里叶变换系数，其中 $-\dfrac{N}{2}\leqslant k_1,k_2\leqslant\dfrac{N}{2}$，这里采用 $[,]$ 表示离散下标集，使用 $(,)$ 表示函数值。对于计算 $\hat{f}(\xi_1,\xi_2)V\left(2^{-2j}\xi_1,2^{-2j}\xi_2\right)$，在 j 尺度上，采用 DTCWT 代替拉普拉斯变换或者非下采样拉普拉斯变换进行塔式分解，因此，上一级的系数 $f_a^{j-1}[n_1,n_2]$，可以分解成一个低频系数 $f_a^j[n_1,n_2]$ 和 6 个高频系数 $f_{d(\theta)}^j$，在低频系数中，$0\leqslant n_1,n_2\leqslant N_j^a-1$，并且 $N_j^a=2^{-j+1}$ 为第 j 尺度上 $f_a^j[n_1,n_2]$ 的尺寸，在高频系数中，θ=1～6 代表不同的方向，这里 $0\leqslant n_1,n_2\leqslant N_j^d-1$，并且 $N_j^d=2^{-j}N$ 为第 j 尺度上 $f_{d(\theta)}^j[n_1,n_2]$ 的尺寸。这里需要注意的是双树复小波的高频子带系数是复数，意味着要对 $f_{d(\theta)}^j[n_1,n_2]$ 的实部和虚部分开进行处理，即对其实部和虚部分别进行下面的剪切变换。

设 $\hat{\delta}_p$ 为伪极坐标上的脉冲响应函数 $\sigma_{w_B}^2$ 的离散傅里叶变换。设 $\sigma_{w_B}^2=\dfrac{\psi_j\mu_F^2+\sigma_{w_F}^2}{1+C_N^2}C_N^2$ 为伪极坐标系到笛卡儿坐标系的映射，以矩阵 $\boldsymbol{S}$ 表示，其中的元素 $\sigma_{w_F}^2$ 满足 $\boldsymbol{w}_F$，因此，就可以在笛卡儿坐标系下计算 $\hat{f}_{d(\theta)}^j[n_1,n_2]\hat{w}_{j,l}^s[n_1,n_2]$，其中：

$$\hat{w}_{j,l}^{s}[n_1,n_2]=\varphi_P^{-1}\left(\hat{\delta}[n_1,n_2]\tilde{W}\left[2^j n_2-l\right]\right) \tag{3-27}$$

这里的 $\tilde{W}$ 为窗函数在频域上的表示。本小节选用 Meyer 窗，求得 $\hat{\boldsymbol{f}}_{d(\theta)}^{j}[n_1,n_2]\hat{\boldsymbol{w}}_{j,l}^{s}[n_1,n_2]$ 以后，再经过逆离散傅里叶变换就可以得到复 Shearlet 变换方向上的系数 $\boldsymbol{w}_{j,l}^{s}$ 了。图 3-12 是 Meyer 窗函数的表示，显然易于证明复 Shearlet 变换是可以完美重构的。

图 3-12 剪切滤波 $\hat{\boldsymbol{w}}_{j,l}^{s}$ 实例

引理 3-1：如果 $\tilde{W}$ 为 Meyer 窗函数，并且 $\hat{\boldsymbol{w}}_{j,l}^{s}[n_1,n_2]$ 表示为式（3-27），则可得：

$$\sum_{l=-2^j}^{2^j-1}\hat{\boldsymbol{w}}_{j,l}^{s}[n_1,n_2]=1 \tag{3-28}$$

由文献[5]可知，我们可以通过对公式（3-28）进行 IDFT 得到 $\boldsymbol{w}_{j,l}^{s}$，因此可以得到如下的定理：

定理 3-1：令 $\boldsymbol{w}_l^s$ 表示支撑区域为 $L\times L$ 的剪切滤波器 $\boldsymbol{w}_{0,l}^{s}$，对任一函数 $\boldsymbol{f}\in l^2(\mathbb{Z}_N^2)$，可得如下公式：

$$\sum_{l=-2^j}^{2^j-1}\boldsymbol{f}\bullet\boldsymbol{w}_l^s=\boldsymbol{f} \tag{3-29}$$

定理 3-1 在文献[5]中有详细的证明过程。笔者通过定理 3-1 得到一个关于复 Shearlet 重构的定理。

定理 3-2：设 j 代表 DTCWT 的任一分解尺度，$\boldsymbol{f}_{d(\gamma)}^{j}$ 表示该尺度上的高频系数，这里 γ=1～6，代表 DTCWT 高频分解的 6 个不同方向，则对 $\forall\gamma$ 和 $\forall j$ 可得如下重构公式：

$$\boldsymbol{f}_{d(\gamma)}^{j}=\sum_{l=-2^j}^{2^j-1}\boldsymbol{f}_{d(\gamma)}^{j}\bullet\boldsymbol{w}_{j,l}^{s} \tag{3-30}$$

证明：令 $\psi_{d(\gamma)}^{j}$ 表示小波函数，j 代表 DTCWT 的任一分解尺度，γ=1～6 代表 DTCWT 高频分解的 6 个不同方向，则对于任一的 $\boldsymbol{f}\in l^2(\mathbb{Z}_N^2)$ 都有 $\boldsymbol{f}_{d(\gamma)}^{j}=\left\langle\boldsymbol{f},\psi_{d(\gamma)}^{j}\right\rangle\psi_{d(\gamma)}^{j}$，由定理 3-1 可知式（3-30）成立。

从式（3-30）中可以看到复 Shearlet 的重构是非常简单的，仅仅需要将各个方向滤波系数叠加就可以恢复原始的图像。这种实现方式大大地提高了变换的计算速度和计算效率。由定理 3-2 可以得到复 Shearlet 变换的形式如下：

$$\mathrm{CDST}_{\psi}(\boldsymbol{f})=\boldsymbol{f}_a^N+\sum_{j=0}^{N}\sum_{l=-2^j}^{2^j-1}\boldsymbol{f}_d^j\bullet\boldsymbol{w}_{j,l}^{s} \tag{3-31}$$

图 3-13 给出了复 Shearlet 变换分解的过程，其中，$\boldsymbol{f}_d^j$ 为 6 个高频子带的集合。

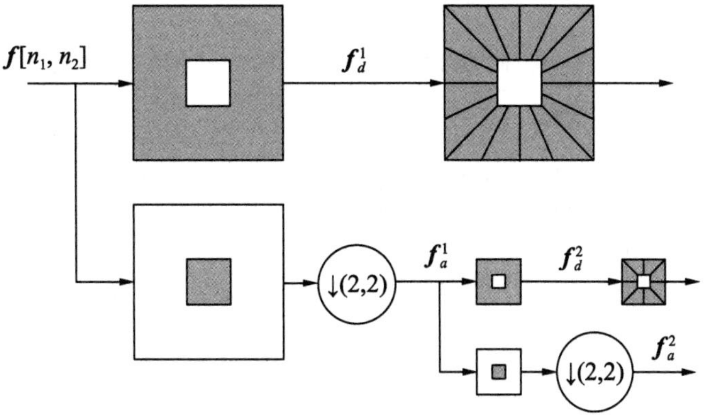

图 3-13　复 Shearlet 变换分解过程

由于复 Shearlet 变换具有抗混淆性和移不变性，因此将其应用到遥感图像处理的不同领域后取得了很好的效果。

3.2.4　剪切-双树复小波变换

虽然 Shearlet 的图像临近阶数与曲波一样，并且其应用更为简单，但是在实现图像的多分辨率的时候，Shearlet 变换由于采用了拉普拉斯金字塔模型，从而导致由 Shearlet 变换得到的图像缺乏移不变的性质。在此基础上，GUO 和 LABATE 提出了把拉普拉斯金字塔改成非下采样拉普拉斯金字塔变换，以此来实现多尺度分解，因此 Shearlet 变换具有移不变的特性。但是，非下采样 Shearlet 变换会增加很高的冗余度（就变换 J 而言，冗余度是 2^J），由此造成的后果是应用效率降低。对于双树复小波而言，只需要引入有限的冗余度就可以实现平移不变性，并且随着分解尺度的增加，冗余度一直不变（一直都是 4），从而使算法的速度得到了有效提高。结合 Shearlet 和双树复小波的优点，在此基础上学者们提出了新的剪切-双树复小波算法。

类似于小波-Contourlet 的架构方式，我们使用 Shearlet 级联复小波变换的方法构造剪切-双数复小波变换，如图 3-14 所示。

剪切-双树复小波变换的具体构造步骤如下：

（1）应用非下采样 Shearlet 变换，获取 4 个子带。

（2）对不同子带实行双数复小波方法，产生 2 个频率低的子带和 6 个频率高的子带。

（3）分别对子带分解解析，重构方法与之相反。

剪切-双树复小波变换算法的提出，克服了离散形式缺乏移不变的缺点，有效解决了 NSST 运算复杂及运算效率低的问题，而且可以提高图像变换的方向性，增加图像变换后的低频系数。

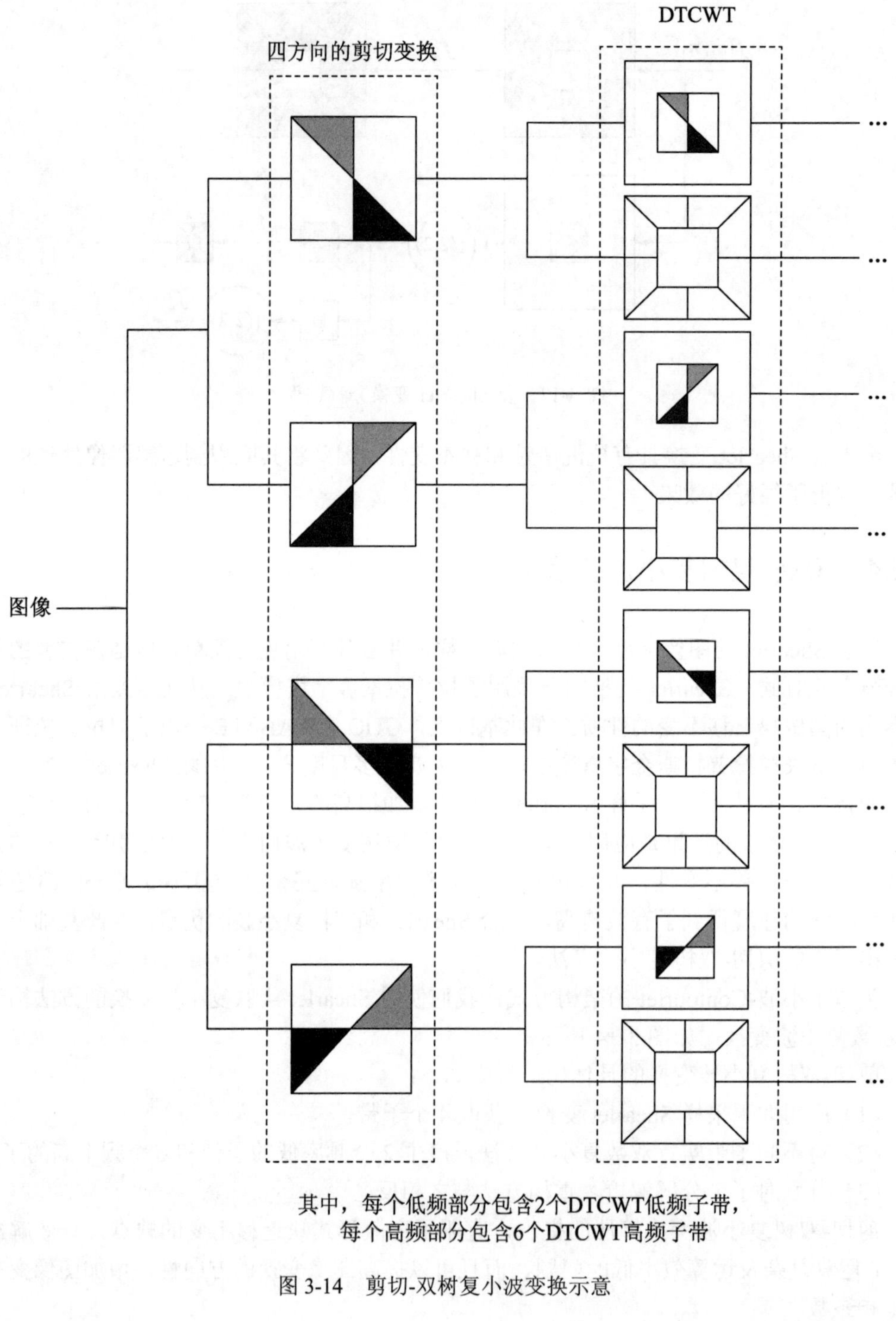

图 3-14　剪切-双树复小波变换示意

3.3　移不变二维混合变换

虽然离散小波变换（DWT）具有良好的局部化特性，但是其频率分辨率不足，不能很好地去除窄带频率噪声，而离散傅里叶变换（Discrete Fourier Transform，DFT）则可以有效地去除窄带频率噪声。因此，文献[8]的作者结合两者的优点提出了二维混合变换——2-D DFT-DWT，该变换具有两者的优点，在某一维度具有良好的局部化特点，在另一维度具有良好的频率分辨率，可很好地应用在超声和雷达图像去噪中。文献[8]给出了 2-D DFT-DWT 变换的数学定义。对于大小为 $N_1 \times N_2$ 的二维信号 $\boldsymbol{x}(n_1, n_2)$，其 2-D DFT-DWT 低频和高频系数分别定义如下：

$$\boldsymbol{X}_L(k_1,k_2,m)=\sum_{n_2=0}^{N_2-1}\sum_{n_1=0}^{N_1-1}\boldsymbol{x}(n_1,n_2)\boldsymbol{W}_{N_1}^{n_1k_1}\boldsymbol{\varphi}_{m,k_2}(n_2) \tag{3-32}$$

$$\boldsymbol{X}_H(k_1,k_2,m)=\sum_{n_2=0}^{N_1-1}\sum_{n_1=0}^{N_1-1}\boldsymbol{x}(n_1,n_2)\boldsymbol{W}_{N_1}^{n_1k_1}\boldsymbol{\psi}_{m,k_2}(n_2) \tag{3-33}$$

其中，(k_1, k_2)表示变换的位置，m 表示小波分解的尺度，而 $\boldsymbol{W}_{N_1}=\mathrm{e}^{-\mathrm{i}\frac{2\pi}{N_1}}$，$\boldsymbol{W}_{N_1}^{n_1k_1}=\mathrm{e}^{-\mathrm{i}\frac{2\pi n_1k_1}{N_1}}$。其中，$\varphi_{m,k_2}$ 表示小波尺度函数，$\{\boldsymbol{\psi}_{m,k_2},m,k_2\in\mathbb{Z}\}$ 表示小波函数。如果令 $\boldsymbol{W}_{n_1}$ 表示 n_1 方向的 DFT，令 F_{n_2} 表示 n_2 方向的 DWT，再令它们的逆变换为 $\boldsymbol{W}_{n_1}^{-1}$ 和 $\boldsymbol{F}_{n_2}^{-1}$，则 $\boldsymbol{x}(n_1, n_2)$的 2-D DFT-DWT 变换及其逆变换分别可以简单地表示如下：

$$\boldsymbol{X}(k_1,k_2,m)=\boldsymbol{F}_{n_2}\left\{\boldsymbol{W}_{n_1}\left\{\boldsymbol{x}\left(n_1,n_2\right)\right\}\right\} \tag{3-34}$$

$$\boldsymbol{x}(n_1,n_2)=\boldsymbol{W}_{n_1}^{-1}\left\{\boldsymbol{F}_{n_2}^{-1}\left\{\boldsymbol{X}(k_1,k_2,m)\right\}\right\} \tag{3-35}$$

通过上面的定义可以知道，混合变换互换 DFT 和 DWT 对变换的结果没有影响。因此可以根据具体的应用来调节二者的顺序。由于 DWT 缺乏移不变性，因此整个变换也缺乏移不变性。由于二维混合变换中的 DFT 具有移不变性，因此仅需要将 DWT 改进为移不变变换即可。在不计较计算成本的情况下，往往采用非下采样滤波器来计算小波变换，称之为非下采样小波变换（Nonsampled Wavelet Transform，NSWT），其冗余度为 2^j 且随着分解尺度的增加呈几何增长[7]，因此导致其计算速度很慢。为了减少冗余度，加快计算速度，在文献[7]中作者提出了一种双树复小波变换，其冗余度恒定为 4，理论设计上具有移不变性。但是 DTCWT 的构造非常复杂，而且其小波母函数的选择和设计也很复杂，因此文献[9]的作者根据四元代数理论提出了一种冗余度相同且构造简单的复小波变换超分析小波变换（Hyperanalytic Wavelet Transform，HWT），该变换可以选用常见的正交和双正交小波作为母函数，具有更好的移不变性。基于此，HWT 被广泛地应用于图像处理中，文献[9]的作者将其应用于图像去噪中也取得了很好的效果。本小节选用 HWT 代替 DWT，提出一种新的移不变二维混合变换 2-D DFT-HWT 用于雷达图像去噪。

HWT 采用 Hilbert 变换和软空间两步映射复小波的技术来实现移不变性，HWT 还增强了变换分解的方向性。令 H 表示 1D Hilbert 变换，$\psi(t)$ 表示小波母函数，则一维信号 $\boldsymbol{x}(t)$ 的 DWT 为：

$$\mathrm{DWT}\{x(t)\}=\langle x(t),\psi(t)\rangle \tag{3-36}$$

令 $\psi_a(t)$ 表示 $\psi(t)$ 的分析信号，$\boldsymbol{x}_a(t)$ 表示 $x(t)$ 分析信号，则有：

$$\psi_a(t)=\psi(t)+\mathrm{i}H\{\psi(t)\} \tag{3-37}$$

$$x_a(t)=x(t)+\mathrm{i}H\{\boldsymbol{x}(t)\} \tag{3-38}$$

结合式(3-36)至式(3-38)可得到一维信号 $x(t)$ 的 HWT 的定义如下：

$$\begin{aligned}\mathrm{HWT}\{x(t)\}&=\langle x(t),\psi_a(t)\rangle\\&=\mathrm{DWT}\{x(t)\}+\mathrm{iDWT}\{H\{x(t)\}\}\\&=\langle x_a(t),\psi(t)\rangle\\&=\mathrm{DWT}\{x_a(t)\}\end{aligned} \tag{3-39}$$

图 3-15 即为 HWT 的构造图。

由图 3-15 和公式（3-39）可知，HWT 可使用经典小波母函数(如 db 小波)构造，其比 DTCWT 更容易构造，并且其数值计算的移不变性更好。因此采用 HWT 代替 DWT 就可以构造出具有移不变性的二维混合变换，其表达式可表示如下：

$$X(k_1,k_2,m)=F_{n_2}\left\{H\left\{W_{n_1}\left\{x(n_1,n_2)\right\}\right\}\right\} \tag{3-40}$$

$$x(n_1,n_2)=W_{n_1}^{-1}\left\{H^{-1}\left\{F_{n_2}^{-1}\left\{X(k_1,k_2,m)\right\}\right\}\right\} \tag{3-41}$$

为了证明本小节提出的算法的平移不变性，我们对图 3-16 所示的圆形图像分别进行 2-D DFT-DWT 变换和 2-D DFT-HWT 变换，其低频图像和所有的高频图像分别如图 3-17（a）和图 3-17（b）所示。

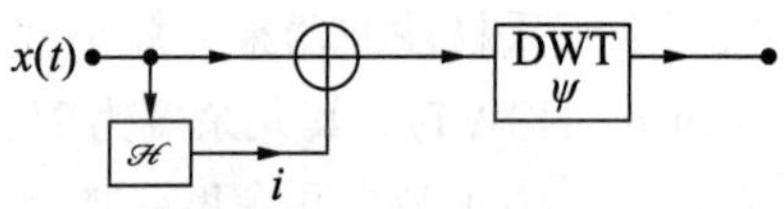

图 3-15　HWT 的构造示意

图 3-16　移不变测试圆盘

图 3-17（a）分别是图 3-16 经过 2-D DFT-DWT 和 2-D DFT-HWT 变换以后置所有的高频系数为 0 所得到的复原图像。图 3-17（b）分别是图 3-16 经过 2-D DFT-DWT 和 2-D DFT-HWT 变换以后置所有的低频系数为 0 所得到的复原图像。

如图 3-17（a）所示，我们提出的移不变混合变换得到的圆形图像没有发生变形，因此具有更好的轮廓保持能力，而本小节提出的移不变混合变换消除了伪吉布斯现象，很好地保持了图 3-16 所示的细节，如图 3-17（b）所示。使用相同的系数修改方法，新方法取得了更好的效果。

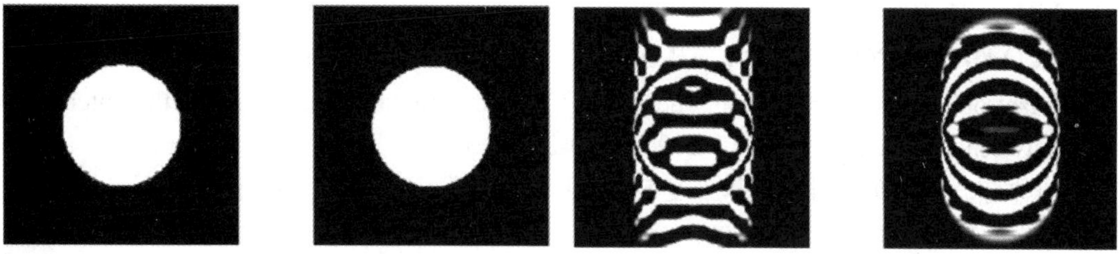

（a）　　　　　　　　　　　　（b）

图 3-17　经过两种混合变换后的低频和高频图像

（a）左侧 2-D DFT-DWT 变换低频图像 右侧 2-D DFT-HWT 变换低频图像；
（b）左侧 2-D DFT-DWT 变换高频图像 右侧 2-D DFT-HWT 变换高频图像

利用新构造的移不变二维混合变换，我们可以构造一种机场雷达成像前的去噪算法，该方法主要应用于机场雷达图像去噪中，工程实践证明该算法不仅具有很好的实时性，而且噪声抑制效果也很好。

3.4 本章小结

本章主要介绍了多尺度几何变换的构造及其原理，简单介绍了其中的几种变换，并从稀疏性、平移不变性和方向选择性几个方面对这几种变换进行了改进，然后通过实验验证等方式给出了改进算法的优势，为后续的遥感图像处理算法研究提供更好的平台。

参考文献

[1] 刘帅奇，胡绍海，肖扬. 基于小波-Contourlet 变换与 Cycle Spinning 相结合的 SAR 图像去噪 [J]. 信号处理，2011，27(6)：837-842.

[2] DA C，ARTHUR L，ZHOU J P，et al. The nonsubsampled contourlet transform：theory，design and application [J]. IEEE Transactions on Image Processing，2006，15(10)：3089-3101.

[3] 刘帅奇，胡绍海，肖扬. 基于复轮廓波域高斯比例混合模型 SAR 图像去噪 [J]. 北京交通大学学报：自然科学版，2012，36(2)：89-93.

[4] 刘帅奇，胡绍海，肖扬. 基于局部混合滤波的 SAR 图像去噪 [J]. 系统工程与电子技术，2012，34(2)：396-402.

[5] EASLEY G，LABATE D，LIM W Q．Sparse directional image representation using the discrete shearlets transform [J]．Applied and Computational Harmonic Analysis，2008，25(1)：25-46．

[6] GUO K，KUTYNIOK G，L AB ATE D．Sparse multidimensional representations using anisotropic dilation and shear operators [C]. International Conference on the Interaction Between Wavelets & Splines，2006：189-201．

[7] 刘帅奇，胡绍海，肖扬．基于复 Shearlet 域的高斯混合模型 SAR 图像去噪 [J]．航空学报，2013，34(1)：173-180．

[8] 肖扬，张超，胡绍海．应用二维混合变换的脂肪肝超声波图像特征提取 [J]．应用科学学报，2008，26(4)：362-369．

[9] FIROIU I，NAFORNITA C，BOUCHER J M，et al．Image denoising using a new implementation of the hyperanalytic wavelet transform [J]. IEEE Transactions on Instrumentation and Measurement，2009，58(8)：2410–2416．

第 4 章　稀疏表示及低秩矩阵重构理论

压缩感知理论的兴起带动了稀疏表示的蓬勃发展。根据稀疏表示的原理可知，如果信号是稀疏的或者经某种变换具有稀疏性，那么当对稀疏的信号进行随机采样后，通过非线性表示可以重构出原始信号。稀疏表示理论避开了奈奎斯特采样定理对信息重构的约束限制，降低了图像无失真重构的采样频率，在信号与信息处理领域引起了广泛重视并广泛应用于图像处理领域。自然图像往往具有低秩性质，观测矩阵可以看作由低秩矩阵和稀疏矩阵的和构成。利用观测矩阵的信息或者对观测矩阵进行压缩变换得到的信息准确重构低秩矩阵和稀疏矩阵都可以归为低秩重构问题。低秩重构问题在图像恢复中具有重要的应用，对具有低秩性质的图像如何进行成分分析、有效表示进而重构，是图像恢复、图像压缩、特征提取和逆问题求解等很多图像处理问题的前提。

4.1　稀 疏 表 示

广义的稀疏表示包括傅里叶变换、小波变换、多尺度几何变换和基于稀疏编码的稀疏表示等，以上变换都可以对信号进行稀疏表示。以图像为例，在对图像 $\boldsymbol{X} \in \mathbb{R}^{m\times n}$ 进行稀疏表示之前，需要将图像矩阵变换为列向量，然后用冗余字典和稀疏系数的近似线性关联来表示转换后的列向量，如图 4-1 所示。

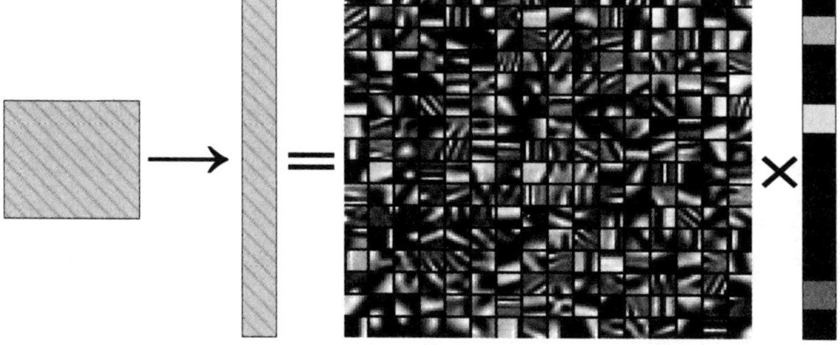

图 4-1　稀疏表示

稀疏表示模型可以用式（4-1）表示：

$$\boldsymbol{X} = \boldsymbol{D\alpha} = d_1\alpha_1 + d_2\alpha_2 + \cdots + d_N\alpha_N \tag{4-1}$$

其中：$\boldsymbol{D}\in\mathbb{R}^{M\times N}$ 表示冗余字典，它是一个 $\boldsymbol{M}=m\times n$ 行 N 列的矩阵；其列向量，即字典原子为 $d_1,d_2,\cdots,d_N$；$\boldsymbol{\alpha}\in\mathbb{R}^{N\times 1}$ 指的是稀疏系数，由 N 个元素组成，即 $\alpha_1,\alpha_2,\cdots,\alpha_N$。由于字典 $\boldsymbol{D}$ 是冗余的，因此稀疏模型可以用无数组关联来表示，对应的稀疏系数也有无数组解，其中，稀疏系数中非零元素越少，代表稀疏编码越稀疏，稀疏表示结果越好。l_0 范数表示列向量中非零元素的个数，通常用它进行稀疏度的衡量。因此，利用稀疏编码求解稀疏系数时，式（4-1）可以转化为式（4-2）：

$$\min_{\boldsymbol{\alpha}}\|\boldsymbol{\alpha}\|_0 \quad \text{s.t.} \quad \|\boldsymbol{X}-\boldsymbol{D\alpha}\|_F^2 \leqslant \boldsymbol{\varepsilon} \tag{4-2}$$

其中，$\min\limits_{\boldsymbol{\alpha}}\|\boldsymbol{\alpha}\|_0$ 对稀疏系数的稀疏度进行了限定，尽可能地保证求得最稀疏的系数；$\|\boldsymbol{X}-\boldsymbol{D\alpha}\|_F^2$ 表示重构图像 $\boldsymbol{D\alpha}$ 与原始图像 $\boldsymbol{X}$ 之间的误差，并保证将它们的最大误差限定在误差范围 $\boldsymbol{\varepsilon}$ 内。实际上，通过对系数的稀疏度进行限定来求解最小的重构误差也可以求得所需的稀疏系数，此时式（4-2）可以等价转换为式（4-3）。

$$\min\|\boldsymbol{X}-\boldsymbol{D\alpha}\|_F^2 \quad \text{s.t.} \quad \sum_i\|\boldsymbol{\alpha}_i\|\leqslant \boldsymbol{T}_0 \tag{4-3}$$

其中，$\boldsymbol{T}_0$ 表示最大稀疏度。

在稀疏表示模型中，最关键的两步是字典生成和稀疏编码。选择什么样的字典，以及采用什么样的方法进行稀疏编码求解系数对最终的稀疏表示至关重要。字典的生成是图像稀疏表示至关重要的一个环节，字典中的原子与图像中的特征信息越相似，就越容易得到稀疏的表示结果。通常情况下，字典的生成包括两种方法：基于数学模型的固定字典和基于信号本身的自适应学习字典。数学模型主要包括基于小波变换、DCT 变换和 Curvelet 等变换的字典，由于这些变换对应的数学理论已相对成熟，其字典实现也简单方便，因此得到了广泛的使用。

对于式（4-2）的求解，由于 l_0 范数是非凸的，对其直接求解将会使模型的计算复杂度较大，迭代搜索寻找最优解耗时长且其精度难以保证，因此通常采用贪婪算法和凸松弛算法进行求解。

贪婪算法通过迭代更新来求解最优表示，每更新一次便可以得到一个更优解，“贪婪”地追踪待求解模型中包含更少非零元素的系数，其主要包括匹配追踪算法（Matching Pursuit，MP）和正交匹配追踪算法（Orthogonal Matching Pursuit，OMP）等。

凸松弛算法是将关于 l_0 范数的非凸模型转化为凸模型的算法，如基于 l_1 范数的凸模型。凸松弛算法包括基追踪（Basis Pursuit，BP）算法和梯度投影稀疏重构（Gradient Projection for Sparse Reconstruction，GPSR）算法等。BP 算法首次通过求解 l_1 范数来逼近 l_0 范数，通过内点法和梯度投影法等得到最优解，其一经提出便受到了学术界众多学者的广泛关注。GPSR 算法计算简单且适合高维数据，因此受到了广泛的欢迎，该算法主要包括算子分离法和阈值迭代法等。

4.2　低秩矩阵分析

低秩矩阵逼近算法一般可以分为两类：低秩矩阵分解方法和核范数最小化方法（Nuclear norm minimization，NNM）。低秩矩阵理论的发展和完善给图像去噪带来了新的动力。基于低秩矩阵的噪声抑制问题通常都可以转化为低秩矩阵的逼近问题，其中，NNM 是应用最广泛的一种低秩矩阵逼近算法。在进行图像去噪时，NNM 算法默认每个奇异值的贡献是一样，因此对所有的奇异值使用相同的阈值进行处理，这显然不符合奇异值本身的物理意义。文献[1]的作者提出了加权核范数最小化（Weighted nuclear norm minimization，WNNM）的思路，即对每个奇异值赋予不同权重，则优化问题的解就转化为对不同奇异值采用不同的阈值进行处理，从而提升了图像的去噪效果。WNNM 极大地扩展了低秩矩阵在图像处理中的应用。考虑到 SAR 图像的冗余性及自相似性，其图像中往往存在诸多规则的几何纹理及细节结构特征，这使得 SAR 图像呈现出局部低秩性。因此，可以将低秩矩阵去噪算法推广到 SAR 图像去噪中。

矩阵低秩稀疏分解是将一个矩阵分解为一个低秩矩阵和一个稀疏矩阵的和。为了从观测矩阵 $\boldsymbol{X}$ 中恢复低秩矩阵 $\boldsymbol{X}_0$（$\boldsymbol{X}=\boldsymbol{X}_0+\boldsymbol{E}_0$），考虑低秩最小化问题：

$$\min_{\boldsymbol{D},\boldsymbol{E}} rank(\boldsymbol{D})+\lambda\|\boldsymbol{E}\|_l, \quad \text{s.t.} \quad \boldsymbol{X}=\boldsymbol{D}+\boldsymbol{E} \tag{4-4}$$

其中，参数 $\lambda>0$，$\|\cdot\|_l$ 表示某种正则化方法，如 F-平方范数、l_0 范数或 $l_{2,0}$ 范数。假设 D^* 是关于变量 $\boldsymbol{D}$ 的一个最小值，表示原始数据 $\boldsymbol{X}_0$ 的低秩恢复。式（4-4）被称为健壮主成分分析法（Robust Principal Component Analysis，RPCA）[2]，在一些应用中获得了较好的性能。然而，式（4-4）的隐含意义是数据结构为单一的低秩子空间。当数据由大量的子空间联合得到，如子空间定义为 $S_1,S_2,\cdots,S_k$，则 RPCA 将数据看作由 $S=\sum_{i=1}^{k}S_i$ 定义的子空间的样本。由于 $\sum_{i=1}^{k}S_i$ 比 $U_{i=1}^{k}S_i$ 大得多，没有很好地考虑每一个独立子空间的特性，因此恢复的矩阵可能不够准确。

为了更好地处理混合数据，考虑更一般的低秩最小化问题，式（4-4）进一步记作：

$$\min_{\boldsymbol{Z},\boldsymbol{E}} \mathrm{rank}(\boldsymbol{Z})+\lambda\|\boldsymbol{E}\|_l, \quad \text{s.t.} \quad \boldsymbol{X}=\boldsymbol{AZ}+\boldsymbol{E} \tag{4-5}$$

其中，A 表示线性张成数据空间的“字典”，称变量 $\boldsymbol{Z}$ 的最小化 $\boldsymbol{Z}^*$ 为数据 $\boldsymbol{X}$ 关于字典 $\boldsymbol{A}$ 的最低秩表示。如果求得最优解 $(\boldsymbol{Z}^*,\boldsymbol{E}^*)$，则可利用 $\boldsymbol{AZ}^*$（或 $\boldsymbol{X}-\boldsymbol{E}^*$）恢复原始信号。由于 $\mathrm{rank}(\boldsymbol{AZ}^*)\leqslant\mathrm{rank}(\boldsymbol{Z}^*)$，$\boldsymbol{AZ}^*$ 也是原始信号的一个低秩恢复。设 $\boldsymbol{A}=\boldsymbol{I}$，则式（4-5）退化成式（4-4）。因此，低秩表示可以看作 RPCA 的一般意义的表示。通过选择合适的字典 $\boldsymbol{A}$，最低秩表示可以恢复潜在的低秩空间从而将数据真正进行分离，因此，低秩表示可以很好地处理大量子空间联合的数据分离问题。

由于秩函数的离散性质，使得式（4-5）的最优化问题难以求解。为了使问题简化，首先考虑理想的情况，即数据是无污染的，此时秩最小化问题为：

$$\min_{\boldsymbol{Z}} \operatorname{rank}(\boldsymbol{Z}), \quad \text{s.t.} \quad \boldsymbol{X} = \boldsymbol{A}\boldsymbol{Z} \tag{4-6}$$

式（4-6）的解可能不唯一，常常用核范数代替秩函数，因此得到如下凸优化问题：

$$\min_{\boldsymbol{Z}} \|\boldsymbol{Z}\|_*, \quad \text{s.t.} \quad \boldsymbol{X} = \boldsymbol{A}\boldsymbol{Z} \tag{4-7}$$

式（4-7）的最小化问题具有一般性质，该公式也是低秩表示的基础。虽然核范数最小化是凸优化问题，不是强凸问题，但是可以证明式（4-8）的最小化问题总是存在一个闭合形式的唯一解。

假设 $\boldsymbol{X}$ 的紧致 SVD 分解为 $\boldsymbol{U}\sum\boldsymbol{V}^{\mathrm{T}}$，则式（4-7）描述的最小化问题可唯一定义如下：

$$\boldsymbol{Z}^* = \boldsymbol{W}^{\mathrm{T}} \tag{4-8}$$

式（4-8）表明，当观测数据 $\boldsymbol{X}$ 是干净的时候，$\boldsymbol{Z}^*$ 恰好恢复 $\boldsymbol{V}_0\boldsymbol{V}_0^{\mathrm{T}}$。通常情况下，主成分分析方法往往对异常值是难以处理的，而低秩表示方法却能从含有异常值的污染数据中恢复原始数据的行子空间。

低秩表示方法不但能够对干净数据精确恢复，而且对于异常值污染和样本特殊污染的数据恢复具有健壮性。假设数据样本的一部分偏离了子空间，这意味着误差项 $\boldsymbol{E}$ 具有稀疏的列支撑。因此，$l_{2,1}$ 范数用于表征 $\boldsymbol{E}$ 是合适的。令式（4-5）中的 $\boldsymbol{A}=\boldsymbol{X}$，得：

$$\min_{\boldsymbol{Z},\boldsymbol{E}} \|\boldsymbol{Z}\|_* + \lambda\|\boldsymbol{E}\|_{2,1}, \quad \text{s.t.} \quad \boldsymbol{X} = \boldsymbol{X}\boldsymbol{Z} + \boldsymbol{E} \tag{4-9}$$

在式（4-9）中，我们将观测矩阵作为字典，用于误差纠正，这对于一些特殊问题的求解是非常有效的。例如，当观测数据与子空间差别较大时，最极端的情况是样本取自其他模型而非子空间，此时称为异常值。在这种情况下，数据矩阵 $\boldsymbol{X}$ 包括两部分，一部分是由子空间得到的真正的样本集，表示为 $\boldsymbol{X}_0$，另一部分是不属于子空间的异常值，表示为 $\boldsymbol{E}_0$。为了准确描述，我们对 $\boldsymbol{X}_0$ 加上约束条件，即：

$$\boldsymbol{P}_{\vartheta}(\boldsymbol{X}_0) = 0 \tag{4-10}$$

其中，ϑ 表示异常值的索引，即 $\boldsymbol{E}_0$ 的列，$\boldsymbol{X}$ 中的数据样本的总数为 n，令 $\gamma \triangleq |\vartheta|/n$ 表示异常值的比例，$\boldsymbol{r}_0$ 表示 $\boldsymbol{X}_0$ 的秩。基于此，文献[3]的作者证明了存在常数 $\gamma^* > 0$，当 $\gamma \leqslant \gamma^*$ 时，低秩表示能恢复原始数据，即最优解 $(\boldsymbol{Z}^*, \boldsymbol{E}^*)$ 可以由式（4-11）得到：

$$\boldsymbol{U}^*(\boldsymbol{U}^*)^{\mathrm{T}} = \boldsymbol{V}_0\boldsymbol{V}_0^{\mathrm{T}} \quad \text{及} \quad \vartheta^* = \vartheta_0 \tag{4-11}$$

其中，$\boldsymbol{U}^*$ 是 $\boldsymbol{Z}^*$ 的列空间，ϑ^* 是 $\boldsymbol{E}^*$ 的列空间。低秩表示可以恢复 $\boldsymbol{X}_0$ 的行空间，同时标识出异常值的索引。

有时观测样本与子空间相距较远，或者观测样本是真正的子空间样本但是被严重污染，通常这种污染占数据样本的比例较小，因此称为样本特殊污染。此时数据恢复模型与异常值数据恢复模型相同，因为两种情况下 $\boldsymbol{E}_0$ 都具有系数列支撑，所以式（4-10）的模型仍成立。但约束条件式（4-11）不再成立，因此低秩表示不能准确地恢复行空间 $\boldsymbol{V}_0\boldsymbol{V}_0^{\mathrm{T}}$。考虑到结论 $\vartheta^* = \vartheta_0$ 仍成立，这说明 $\boldsymbol{E}^*$ 的列支撑集可以识别污染样本的索引值，这就进一步说明低秩表示不是积极利用错误来改变干净数据，而是自动纠正污染样本。

当使用同样的方法处理含有异常值和特殊污染的观测数据时，如何分辨被异常值严重污染的数据是数据恢复问题的难点。如果样本被严重污染，以至于独立于子空间，则被作为异常值对待。

当观测数据中含有噪声时，$\boldsymbol{E}_0$ 的列支撑集不是严格稀疏的，但式（4-10）仍然是适用的，因为 $l_{2,1}$ 范数能够很好地处理近似列稀疏的信号。由于所有的观测数据可能会被污染，因此从理论上讲，行空间 $\boldsymbol{V}_0\boldsymbol{V}_0^{\mathrm{T}}$ 被精确恢复不太可能，所以我们致力于寻找近似表示。利用矩阵范数的三角不等式，可以得到：

$$\left\|\boldsymbol{Z}^* - \boldsymbol{V}_0\boldsymbol{V}_0^{\mathrm{T}}\right\|_F \leqslant \min(d,n) + r_0 \tag{4-12}$$

其中，d 和 n 是矩阵 $\boldsymbol{X}$ 的行数和列数，r_0 是 X_0 的秩。因此式（4-9）的等效约束条件可以进一步松弛为：

$$\min_{Z,E}\|\boldsymbol{Z}\|_* + \lambda\|\boldsymbol{E}\|_{2,1}, \quad \text{s.t.} \quad \|\boldsymbol{X} - \boldsymbol{XZ} - \boldsymbol{E}\|_F \leqslant \xi \tag{4-13}$$

其中，ξ 是描述观测数据中噪声数量的参数。上述问题可以由交替迭代算法求解。

4.3 本章小结

本章主要介绍了稀疏表示和低秩矩阵重构的内容。首先介绍了稀疏表示的基本概念及其最关键的两部分，然后对低秩矩阵的相关理论进行了介绍，最后对模型的求解进行了介绍。本章为全书的理论知识奠定了基础，也是后续各章节以稀疏表示和低秩矩阵为基础的 SAR 图像去噪算法的理论依据。

参考文献

[1] GU S，ZHANG L，ZUO W，et al. Weighted nuclear norm minimization with application to image denoising[C]//2014 IEEE Conference on Computer Vision and Pattern Recognition. Columbus，OH，USA：IEEE，2014：2862-2869.

[2] 方敬. 基于低秩重构及成分分析理论的 SAR 图像去噪算法研究 [D]. 北京：北京交通大学，2019.

[3] SIMING W，ZHOUCHEN L. Analysis and improvement of low rank representation for subspace segmentation [J]. Preprint，2010.

第 5 章　深度学习基础知识

自 20 世纪 80 年代以来，无论是在理论层面还是在算法和应用层面，机器学习都取得了长足的发展。从 2006 年起，国内外学者对深度学习开始深入研究并取得了一定的成果。深度学习是机器学习的一个分支，随着计算机技术的发展，其逐步成为当下最受欢迎的数据学习模式。深度学习通过一系列的非线性网络结构来表征不同的数据分布结构。2006 年，HINTON 等人[1]提出了利用神经网络对数据进行降维的观点，由此激发了国内外学者对深度学习的思考和研究。

深度学习旨在模拟人脑机制来解释数据。典型的深度学习模型主要有 CNN、堆叠自编码网络和深度信念网络（也称为贝叶斯概率生成模型）。每种模型都有其各自的特点和优势，并被广泛应用于各个领域，如声音、文本、图像融合和图像去噪等[2-5]。

神经网络就是根据人类的大脑神经的激活或抑制的信号传输构建的模型，并通过大量数据集进行自我学习。神经网络学习算法主要分为 CNN、注意力神经网络、自编码神经网络、生成网络和时空网络。其中，CNN 是其他复杂网络的基础，得到了广泛的应用。

CNN 是一种常见的深度学习网络架构，受生物自然视觉认知机制启发而来。HUBEL 和 WIESEL[6]发现在视觉系统的信息处理中，可视皮层是分级的。LECUN 等人[7]确立了 CNN 的现代结构，后来又对其进行完善，设计了一种多层人工神经网络，称为 LeNet-5。近年来，CNN 随着深度学习的研究得到了迅速发展，被应用于各种领域。其中，基于 CNN 的图像去噪算法获得了很大的成功。

5.1　CNN

CNN 的结构是多样的，层数具有不确定性，每层均以上一层学习的特征信息作为样本，然后进行新的特征提取，然后再逐层完成各自的学习。层数越多，整个网络学习到的特征就更为抽象，同时会学习到输入的全局特征。CNN 通常采用卷积层、激活函数和池化（Pooling）层交叠堆积而成，接下来我们将对卷积层、激活函数和批量归一化进行简单介绍。

1．卷积层

卷积层的作用是提取特征，其实现过程是利用卷积核进行计算的过程。卷积核是整个网络的核心，训练 CNN 的过程即为卷积不断更新优化至最佳的过程。图 5-1 给出了卷积核大小为 3×3 的卷积实现过程。

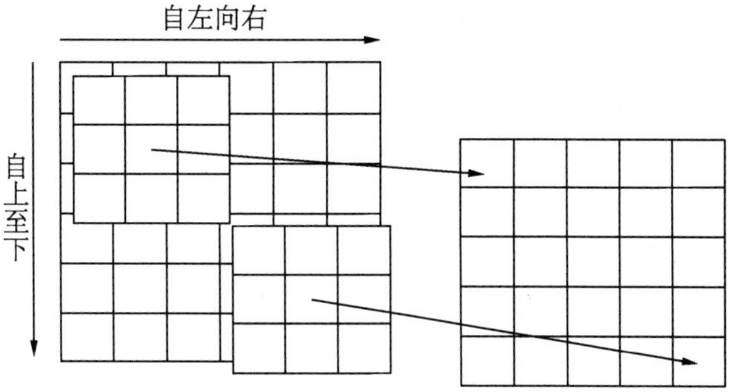

图 5-1　卷积核大小为 3×3 的卷积实现过程

图 5-1 显示了卷积核分别与其对应部分相乘并求和的卷积过程，对一个区域计算完成之后要进行滑动，滑动的距离称作步长，图 5-1 中所示的步长设置为 1。完成对整个输入区域的计算后，卷积操作就结束了，由此获得输出的特征图。

卷积层具有权值共享的特性，所谓权值共享是整个输入图像使用同一个卷积核进行操作，而卷积核中的数就是权重，因此权重是相同的，实现了共享。

2．激活函数

激活函数是 CNN 结构中的重要组成部分，通过加入非线性因素解决了线性模型表达力欠缺的问题。激活函数应该具有以下性质：

- 非线性。对于深层神经网络结构来说，线性激活函数是无效的。
- 连续可微。这是梯度下降法的要求。
- 范围最好是不饱和状态。如果某阶段范围内达到饱和，当优化到该段时，梯度为 0，学习就会停止。
- 单调性。当激活函数是单调函数的时候，单层神经网络的误差函数是凸的，易于优化。
- 在原点处接近线性。这样当权值初始化为近似 0 的随机值时，网络学习可以进行得较快，不用调节网络初始值。

目前还未出现能够具备以上性质的激活函数。

常见的激活函数有阶跃函数、Sigmoid 函数及线性整流单元（Rectified Linear Unit，ReLU）。阶跃函数的状态只有兴奋和抑制两种，只有将神经元看成理想状态下才可以使用，而实际中往往存在许多影响因素，因此其使用范围比较小。Sigmoid 函数解决了阶跃函数存在的部分问题，能够将变量映射到 0 至 1 的确定值范围内。但对于深层网络，Sigmoid 函数的计算量较大，容易出现梯度消失问题，因此逐渐被 ReLU 函数替代。ReLU 函数是近年来被广泛使用的激活函数，该函数的定义如下：

$$f(x)=\max(0,x) \tag{5-1}$$

其中，x 为输入值。ReLU 函数图像如图 5-2 所示。

ReLU 函数具有较多的优点，当 x 大于 0 时，梯度恒定为 1，无梯度消失问题，收敛速度快，网络的稀疏性增大。当 x 小于 0 时，梯度输出为 0，训练完成后为 0 的神经元越多，稀疏性越大，提取的特征就更具有代表性，泛化能力也越强，并且 ReLU 函数的运算量很小。鉴于以上优点，ReLU 函数得到了普遍应用，一般在网络训练实验中采用的也是 ReLU 函数。

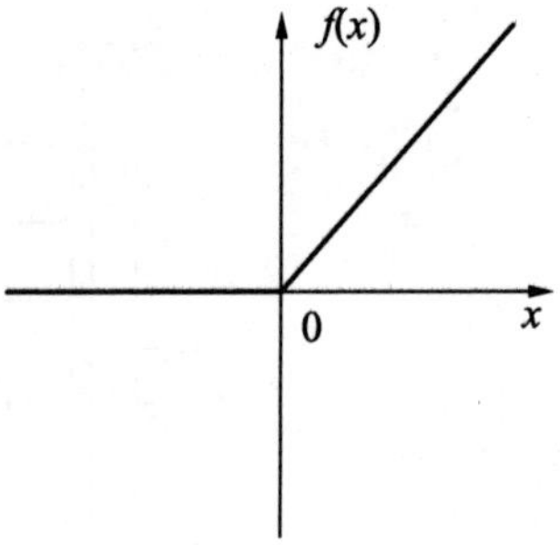

图 5-2　ReLU 函数

3．批量归一化

批量归一化（Batch Normalization，BN）与卷积层一样属于 CNN 的一层，近年来被广泛应用到神经网络模型中。浅层模型中训练每层参数更新时，接近输出层的输出较难发生巨大变化。而深层神经网络随着训练层数的增加，前一层参数的更新使得下一层输入数据的分布发生变化，导致需要不断改变每层的训练数据来适应新的参数分布。参数分布的不稳定性，不仅仅加大了训练的复杂度，使训练速度变慢，而且产生过拟合的风险更大，难以通过训练获得有效的深度模型。批量归一化的出现，有效地解决了上述问题。批量归一化要求实现参数均值和标准差的归一化，即均值为 0，标准差为 1，具体由式（5-2）进行预处理：

$$\hat{x}^{(k)}=\frac{x^{(k)}-E[x^{(k)}]}{\sqrt{\mathrm{Var}[x^{(k)}]}} \tag{5-2}$$

其中，$x^{(k)}$ 为训练参数，$E[x^{(k)}]$ 表示训练数据神经元的均值，$\mathrm{Var}[x^{(k)}]$ 代表训练数据神经元的方差。如果采用式（5-2）强制进行归一化，则会破坏本层学习到的特征分布。为解决这个问题，CNN 引入了可学习拉伸参数 γ 和偏移参数 β，表示如下：

$$y^{(k)}=\gamma^{(k)}\hat{x}^{(k)}+\beta^{(k)} \tag{5-3}$$

其中，$\gamma^{(k)}=\sqrt{\mathrm{Var}[x^{(k)}]}$，$\beta^{(k)}=E[x^{(k)}]$ 时，可恢复某一层所学习到的特征，网络可以学习恢复未添加两个参数时的特征分布，最后进行批量归一化操作如下：

$$\mu_B \leftarrow \frac{1}{m}\sum_{i=1}^{m}x_i \tag{5-4}$$

$$\sigma_B^2 \leftarrow \frac{1}{m}\sum_{i=1}^{m}(x_i-\mu_B)^2 \tag{5-5}$$

$$\hat{x}_i \leftarrow \frac{x_i - \mu_B}{\sqrt{\sigma_B^2 + \varepsilon}} \tag{5-6}$$

$$y_i \leftarrow \gamma \hat{x}_i + \beta \equiv \mathrm{BN}_{\gamma,\beta}(x_i) \tag{5-7}$$

其中，m 代表小批量尺寸，$B=\{x_{1\cdots m}\}$，μ_B 为小批量的均值，σ_B^2 表示小批量的方差，ε 为一个很小的常数且 $\varepsilon>0$，以保证分母不为 0。批量归一化的应用使得算法的收敛速度加快，提高了网络泛化能力，大大加快了模型训练速度。

5.2　注意力机制

5.2.1　简介

注意力机制（Attention Mechanism，AM）源于对人类视觉的研究。在认知科学中，由于信息处理的瓶颈，人类会选择性地关注所有信息的一部分，同时忽略其他可见的信息。上述机制通常被称为注意力机制。人类视网膜不同的部位具有不同程度的信息处理能力，即敏锐度，只有视网膜中央的凹陷部位具有最强的敏锐度。例如，人们在阅读时，通常只有少量要被读取的词会被关注和处理。综上，注意力机制主要有两个方面：决定需要关注输入的哪一部分；分配有限的信息处理资源给重要的部分。

在计算机视觉领域，注意力机制用于进行视觉信息的处理。注意力是一种机制或者方法论，并没有严格的数学定义。例如，传统的局部图像特征提取、显著性检测和滑动窗口方法等都可以看作一种注意力机制。在神经网络中，注意力模块通常是一个额外的神经网络，能够硬性选择输入的某些部分，或者给输入的不同部分分配不同的权重。在深度学习发展的今天，搭建能够具备注意力机制的神经网络则显得更加重要，一方面是这种神经网络能够自主学习注意力机制，另一方面则是注意力机制能够反过来帮助我们去理解神经网络看到的世界。神经网络中的注意力机制是在计算能力有限的情况下，将计算资源分配给更重要的任务，同时解决信息超载问题的一种资源分配方案。在神经网络学习中，一般而言，模型的参数越多，则模型的表达能力越强，模型所存储的信息量就越大，但这会带来信息过载的问题。通过引入注意力机制，在众多的输入信息中聚焦对当前任务而言更为关键的信息，降低对其他信息的关注度，甚至过滤掉无关信息，就可以解决信息过载问题，并提高任务处理的效率和准确性。这就类似于人类的视觉注意力机制，通过扫描全局图像来获取需要重点关注的目标区域，而后对这一区域投入更多的注意力资源，以获取更多与目标有关的细节信息，而忽视其他无关的信息。通过这种机制，可以利用有限的注意力资源从大量信息中快速筛选出高价值的信息。

近几年来，深度学习与视觉注意力机制结合的研究，基本是集中在使用掩码(Mask)

来形成注意力机制方面。掩码的原理在于通过另一层新的权重，将图片数据中关键的特征标识出来，通过学习训练，让深度神经网络学到每一张新图片中需要关注的区域，这样就形成了注意力。注意力机制是一种通用的思想和技术，不依赖于任何模型，换句话说，注意力机制可以用于任何模型。注意力机制借鉴了人类对注意力的理解。例如，我们在阅读过程中，会把注意力集中在重要的信息上。在训练过程中，输入的权重也是不同的，注意力机制就是学习这些权重。注意力机制最早是在 CV 领域被提出来的，后来广泛应用在 NLP 领域。为了合理利用有限的视觉信息处理资源，人类需要选择视觉区域的特定部分，然后集中关注它。

注意力机制最近几年在深度学习的各个领域被广泛使用，无论是在图像处理还是自然语言处理的各种不同类型的任务中，都可以看到注意力机制的应用。因此，了解注意力机制的工作原理，对于关注深度学习技术发展的技术人员来说有很大的必要性。

注意力机制最初被用于机器翻译，现在已成为神经网络领域的一个重要概念。在人工智能（Artificial Intelligence，AI）领域，注意力已成为神经网络结构的重要组成部分，并在自然语言处理、统计学习、语音处理等领域有了广泛的应用。

注意力机制可以利用人类视觉机制进行直观解释。例如，我们的视觉系统倾向于关注图像中辅助判断的部分信息，并忽略掉不相关的信息。同样，在涉及语言或视觉的问题中，输入的某部分信息可能会比其他部分对决策更有帮助。例如，在翻译和总结任务中，在输入序列中只有某些单词可能与预测下一个单词相关。同样，在图像描述问题中，输入图像中只有某些区域可能与生成描述的下一个单词更相关。注意力机制允许模型动态地关注有助于执行当前任务的某部分输入信息，从而将这种相关性信息结合起来。

在神经网络中，建模注意力的快速发展主要有以下 3 个原因：

- 注意力模型目前是解决多任务最先进的模型，如机器翻译、问题回答、情绪分析、词性标记和对话系统等。
- 除了在主要任务中可以提高性能外，注意力模型被广泛用于提高神经网络的可解释性，而神经网络之前常被视为黑盒模型。这是一个显著的优势，因为人们对影响人类生活的应用程序中的机器学习模型的公平性、问责制和透明度越来越感兴趣。
- 注意力模型有助于克服递归神经网络（Recursive Neural Network，RNN）中的一些挑战，如随着输入长度的增加，性能下降，以及输入顺序不合理导致的计算效率低下。

深度学习中的注意力机制从本质上讲和人类的选择性视觉注意力机制类似，核心目标也是从众多信息中选择对当前任务目标更关键的信息。

5.2.2 原理与优点

简单来说，注意力机制就是一种权重参数的分配机制，目标是协助模型捕捉重要信息，可以用 key-query-value 来描述。具体就是给定一组 <key,value> 及一个目标（查询）向量 query，注意力机制通过计算 query 与每一组 key 的相似性得到每个 key 的权重系数，再通过对 value 加权求和，得到最终的注意力数值。

注意力原理的 3 步分解如图 5-3 所示。

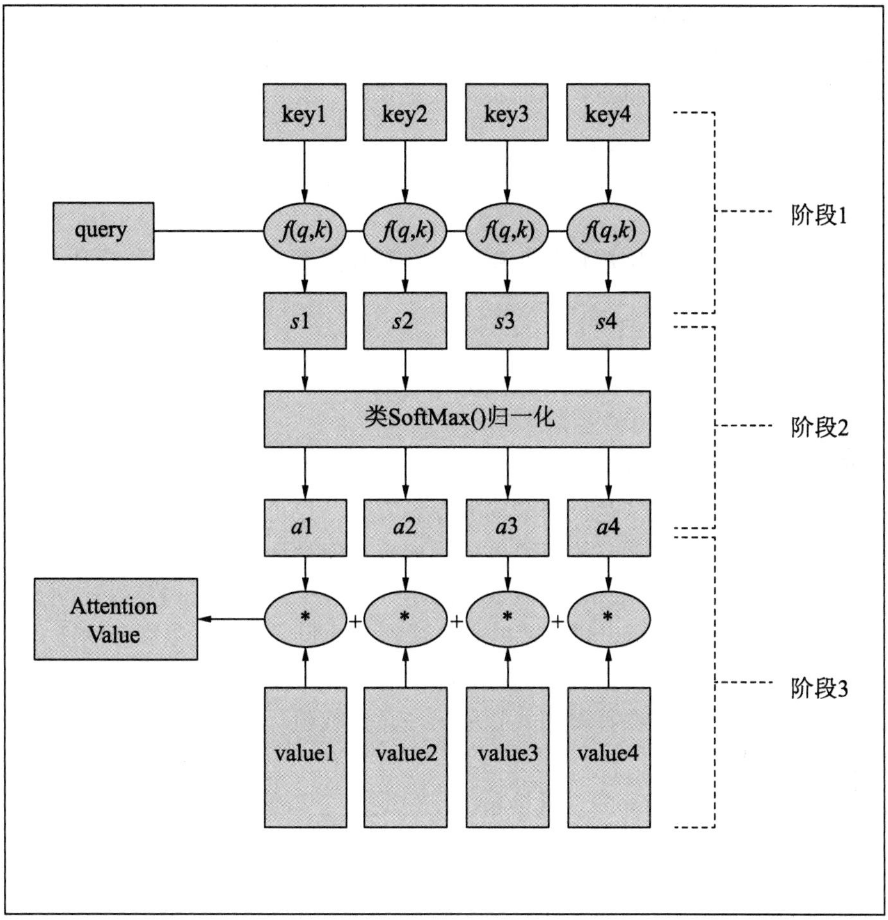

图 5-3　注意力原理分解

（1）query 和 key 进行相似度计算，得到权值。

（2）将权值进行归一化，得到直接可用的权重。

（3）将权重和 value 进行加权求和，即：

$$\text{Attention(Query,Sourse)} = \sum_{i=1}^{L_x} \text{Similarity}(\text{query}, \text{key}_i) \cdot \text{value}_i \tag{5-8}$$

注意力的思路很简单，用四个字“带权求和”就可以高度概括，大道至简。

之所以要引入注意力机制，主要有以下 3 个原因：

- 参数少。模型复杂度与 CNN 和 RNN 相比，复杂度更小，参数也更少，因此对算力的要求也更小。

- 速度快。注意力解决了 RNN 不能并行计算的问题。注意力机制每一步计算不依赖于上一步的计算结果，因此可以和 CNN 一样并行处理。
- 效果好。在注意力机制引入之前，有一个问题大家一直很苦恼：长距离的信息会被弱化，就像记忆力差的人记不住过去的事情一样。注意力是挑重点，就算文本比较长，也能从其中抓住重点，从而不丢失重要的信息。

5.2.3 分类

本小节将从计算区域、所用信息、结构层次和模型等方面对注意力的形式进行归类。

1. 计算区域

根据注意力的计算区域，可以将注意力分为以下几种。

（1）软注意力

软注意力（Soft Attention）是比较常见的注意力方式，其对所有 key 求权重概率，每个 key 都有一个对应的权重，是一种全局的计算方式（也可以叫 Global Attention）。这种方式比较理性，参考了所有 key 的内容再进行加权，但是计算量可能比较大。

软注意力的关键点是其更关注区域或者通道，而且软注意力是确定性的注意力，学习完成后可以直接通过网络生成，最重要的是软注意力是可微的。可以微分的注意力表示可以通过神经网络算出梯度，并且可以通过前向传播和后向反馈来学习到注意力的权重。软注意力会注意所有的数据，会计算出其相应的注意力权值，不会设置筛选条件。

（2）硬注意力

硬注意力（Hard Attention）是直接精准定位到某个 key，其余的 key 就不管了，相当于这个 key 的概率是 1，其余 key 的概率全部是 0。因此这种对齐方式要求很高，要求一步到位，如果没有正确对齐，则会带来很大的影响。另一方面，因为其不可导，一般需要用强化学习的方法进行训练。

硬注意力与软注意力的区别如下：

- 硬注意力更加关注点，也就是图像中的每个点都有可能延伸出注意力。
- 硬注意力是一个随机的预测过程，更强调动态变化。
- 硬注意力是一个不可微的注意力，其训练过程往往是通过增强学习（Reinforcement Learning）来完成的。硬注意力会在生成注意力权重后筛选掉一部分不符合条件的注意力，让它的注意力权值为 0，即可以理解为不再注意这些不符合条件的部分。

（3）局部注意力

局部注意力（Local Attention）其实是以上两种方式的折中。局部注意力方式是对一个窗口区域进行计算，先用硬注意力方式定位到某个地方，以这个点为中心可以得到一个窗口区域，在这个小区域计算软注意力。

2. 所用信息

以文本任务为例，假设我们要以一段文本为对象计算其注意力，注意力计算时所用的信息包括内部信息和外部信息，内部信息指该段文本本身的信息，而外部信息指除了该段文本以外的信息。根据注意力计算时所用的信息不同，注意力可分为一般注意力和局部注意力。

- 一般注意力：一般注意力需要使用外部信息，此时注意力所计算的 query 一般包含额外信息，根据外部 query 对该段文本进行对齐。一般注意力常用于构建两段文本关系的任务中。
- 局部注意力：局部注意力只使用内部信息，即注意力计算使用的 key、value 及 query 只与输入的文本有关。当 key=value=query 时可称为自注意力。由于计算时未使用外部信息，在该文本中的每个词与该文本中的所有词进行注意力计算时，局部注意力相当于寻找该段文本内部的关系。

3. 结构层次

注意力机制在结构方面根据是否划分层次关系，可以分为单层注意力、多层注意力和多头注意力。

- 单层注意力：用一个 query 对一段文本进行一次注意力计算。
- 多层注意力：一般用于具有层次关系的文本模型中。假设我们把一段文本划分成多个句子，在第一层中分别对每个句子使用注意力计算出一个句向量（也就是单层注意力）；在第二层中对所有句向量再进行注意力计算，由此得到一个文档向量（也是一个单层注意力），最后再用这个文档向量处理特定的任务。
- 多头注意力：是文献[8]中提到的多头注意力，其使用多个 query 对一段文本进行了多次注意力计算，每个 query 都关注到文本的不同部分，相当于重复多次进行单层注意力计算，公式如下：

$$\text{head}_i = \text{Attention}(q_i, K, V) \tag{5-9}$$

最后再把这些结果拼接起来：

$$\text{MultiHead}(Q, K, V) = \text{Concat}(\text{head}_1, \cdots, \text{head}_h) W^O \tag{5-10}$$

4. 模型方面

从模型上看，注意力（Attention）通常嵌入在 CNN 和 LSTM 这些基准模型中，此外也可以直接应用纯注意力模型。

（1）CNN+注意力

CNN 中的卷积操作可以提取重要特征，这也是注意力的思想，但是卷积的感受视野是局部的，需要通过叠加多层卷积区去扩大视野。另外，CNN 中的最大池化（Max Pooling）层直接提取数值最大的特征，这与硬注意力直接选中某个特征的思想类似。注意力在 CNN

模型上可以加在以下几个方面。

- 在卷积操作前进行注意力计算，如注意力 Attention-Based BCNN-1，其是面向文本蕴含任务，需要处理两段文本，同时对两段输入的序列向量进行注意力计算，由此先计算出特征向量，然后再将其拼接到原始向量中作为卷积层的输入。
- 在卷积操作后进行注意力计算，如注意力 Attention-Based BCNN-2，同样是面向文本蕴含任务，对两段文本卷积层的输出进行注意力计算，将注意力的输出作为池化层的输入。
- 在池化层进行注意力计算，代替最大池化。例如注意力池化，首先用 LSTM 学到一个比较好的句向量，将其作为 query，然后用 CNN 先学习到一个特征矩阵作为 key，再用 query 对 key 产生权重，进行注意力计算，最后得到句向量。

（2）LSTM+注意力

LSTM 模型的内部有门机制，其中，输入门选择将当前的哪些信息进行输入，遗忘门用于选择遗忘哪些过去的信息，这与在注意力中选择关注不同信息的思想一致，而且可以解决长期依赖问题，实际上，LSTM 需要一步一步地去捕捉序列信息，在长文本上的表现是随着输入序列长度增加而慢慢衰减，难以保留全部的有用信息。

LSTM 通常需要得到一个向量再去执行任务，常用的方式如下：

- 直接使用最后的隐藏阶段（可能会损失一定的前文信息，难以表达全文）。
- 对所有步骤中的隐藏阶段进行等权平均（对所有步骤一视同仁）。
- 注意力机制，对所有步骤的隐藏阶段进行加权，把注意力集中到整段文本比较重要的隐藏阶段信息中。该种方式的性能比前两种好一些，而且方便可视化观察哪些输入序列长度是重要的，但是容易使模型过拟合，而且该种方式会增加计算量。

（3）纯 Attention

在文献[8]中作者没有用到 CNN 和 RNN 这些基准模型，仅通过各种向量进行注意力计算。

5.2.4 模型结构介绍

为了更清晰地介绍计算机视觉中的注意力机制，本小节将从注意力域的角度来分析几种注意力的实现方法，其中主要是两种注意力域：通道域和空间域。

1. 通道注意力

对于输入二维图像的 CNN 来说，一个维度是图像的尺度空间，即长和宽，另一个维度就是通道，因此基于通道的注意力也是很常用的机制。

SENet（Sequeeze and Excitation Net）是 2017 届 ImageNet 分类比赛的冠军网络，本质上是一个基于通道的注意力模型，它通过建模各个特征通道的重要程度，然后针对不同的任务增强或者抑制不同的通道，原理如图 5-4 所示。

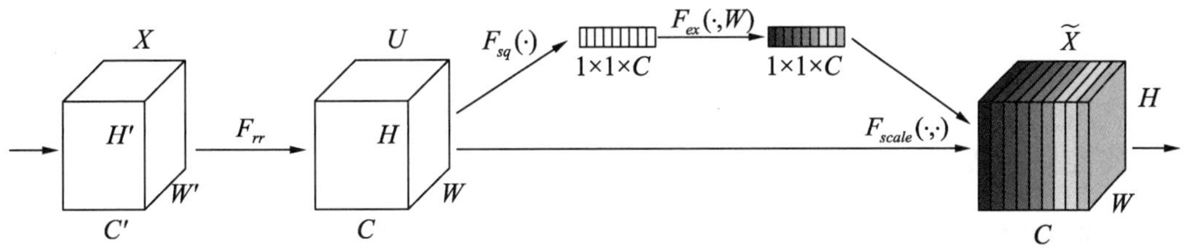

图 5-4　通道注意力原理

在正常的卷积操作后分出了一个旁路分支，首先进行挤压（Squeeze）操作（即图 5-4 中的 $F_{sq}()$），它将空间维度进行特征压缩，即每个二维特征图变成一个实数，相当于具有全局感受野的池化操作，特征通道数不变。

然后是激励（Excitation）操作（即图 5-4 中的 $F_{ex}()$），它通过参数 W 为每个特征通道生成权重，W 用来学习显式地建模特征通道间的相关性，使用一个两层瓶颈结构(先降维再升维)的全连接层+Sigmoid 函数来实现。当得到每一个特征通道的权重之后，就将该权重应用于原来的每个特征通道中，基于特定的任务就可以学习到不同通道的重要性。

将通道注意力机制应用于若干基准模型，在增加少量计算量的情况下，获得了更明显的性能提升。作为一种通用的设计思想，通道注意力可以用于任何现有网络，具有较强的实践意义。之后 SKNet 等方法将这样的通道加权的思想和 Inception 中的多分支网络结构进行结合，也实现了性能的提升。

通道注意力机制的本质是为各个特征之间的重要性建模，对于不同的任务，可以根据输入进行特征分配，简单而有效。如图 5-5 所示，输入特征的每个通道都代表一个专门的检测器，因此，通道注意力关注的是什么样的特征有意义。通道注意力机制采用全局平均池化和最大池化两种方式来获取不同的空间特征，然后将获得的空间特征进行汇总。

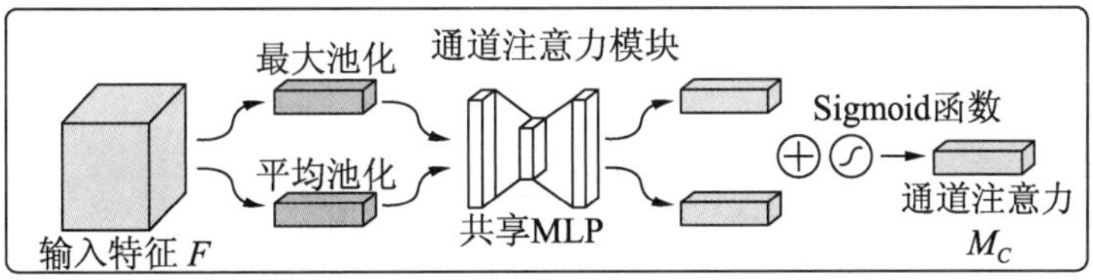

图 5-5　通道注意力网络框架

通道注意力网络的具体实现方式是：输入一个 $H \times W \times C$ 的特征 F($H \times W$ 代表像素大小)，先分别进行一个空间的全局最大池化和平均池化，得到两个 $1 \times 1 \times C$ 的通道描述。然后再将它们分别送入一个两层的神经网络，第一层神经元个数为 C/r，激活函数为 ReLU，第二层神经元个数为 C，这个两层的神经网络是共享的。然后再将得到的两个特征相加，经过一个 Sigmoid 激活函数得到权重系数 M_c。最后，M_c 与输入的特征 F 相乘即可得到缩放后的新特征，即

$$M_c(F)=\sigma(\text{MLP}(\text{AvgPool}(F))+\text{MLP}(\text{MaxPool}(F)))$$
$$=\sigma(W_1(W_0(F_{\text{avg}}^C))+(W_1(W_0(F_{\text{max}}^C)))\tag{5-11}$$

2．空间注意力

在通道注意力模块之后引入空间注意力模块，可以关注哪里的特征是有意义的。如图 5-6 所示，首先输入的是经过通道注意力模块的特征，同样利用了全局平均池化和全局最大池化，不同的是，这里是在通道这个维度上进行的操作，也就是说把所有输入通道池化成两个实数，由形状为 $H\times W\times C$ 的输入得到两个形状为 $H\times W\times 1$ 的特征图，其次是使用一个 7×1 的卷积核，卷积后形成新的形状为 $H\times W\times 1$ 的特征图；最后也是将注意力模块特征与得到的新特征图相乘，得到经过双重注意力调整的特征图。

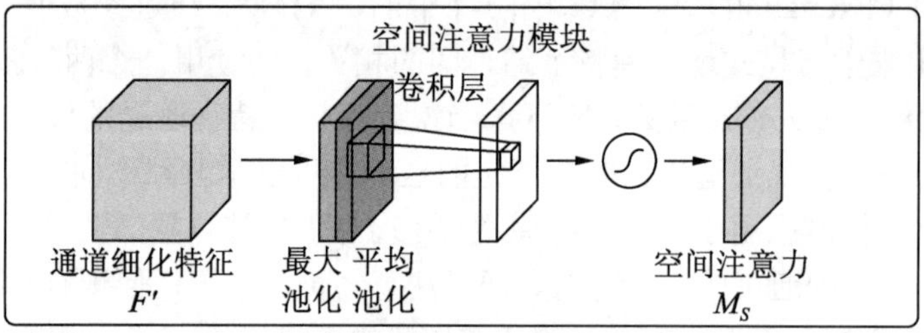

图 5-6　空间注意力网络框架

空间注意力的具体实现方式与通道注意力相似，给定一个 $H\times W\times C$ 的特征 F'，首先，分别进行通道维度的最大池化和平均池化，得到两个 $H\times W\times 1$ 的通道描述并将这两个描述按照通道拼接在一起。其次，经过卷积层和 Sigmoid 激活函数，得到权重系数 M_s。最后，将 M_s 与输入的特征 F'相乘即可得到缩放后的新特征，即：

$$M_s(F)=\sigma(f^{7\times 7}([\text{AvgPool}(F),\text{MaxPool}(F)]))=\sigma(f^{7\times 7}([(F_{\text{avg}}^S;F_{\text{max}}^S)))\tag{5-12}$$

5.3 本章小结

本章介绍了深度学习的基本原理和实现方式，并从不同角度（计算区域、所用信息、结构层次和模型）对常用的注意力进行了分类，此外还介绍了两种广泛应用的注意力网络，即通道注意力和空间注意力，使读者对卷积网络和注意力网络有一个初步的认识。

参考文献

[1] HINTON G，SALAKHUTDINOV R．Reducing the dimensionality of data with neural

networks [J]．Science，2006，313(5786)：504-507.
[2] BENGIOY．Learning deep architectures for AI [J]．Foundations & trends in machine learning，2009，2(1)：1-127.
[3] DIAN R，LI S，KANG X．Regularizing hyperspectral and multispectral image fusion by CNN denoiser [J]．IEEE Transactions on Neural Networks & Learning Systems，2020：1-12.
[4] MAFFEI A，HAUT J M，PAOLETTI M E，et al．A single model CNN for hyperspectral image denoising [J]．IEEE Transactions on Geoscience & Remote Sensing，2019，58(4)：2516-2529.
[5] 周飞燕，金林鹏，董军．卷积神经网络研究综述 [J]．计算机学报，2017，40(06)：1229-1251.
[6] HUBEL D H，WIESEL T N．Receptive fields of single neurons in the cat's striate cortex [J]．The Journal of Physiology，1959，148(3)：574-591.
[7] LECUN Y，BOTTOU L．Gradient-based learning applied to document recognition [J]．Proceedings of the IEEE，1998，86(11)：2278-2324.
[8] VASWANI A，SHAZEER N，PARMAR N，et al. Attention is all you need [C]//Proceedings of the 31st International Conference on Neural Information Processing Systems. 2017：6000-6010.

第 6 章　基于 Contourlet 变换的 SAR 图像去噪

由于多尺度几何变换优良的图像表示能力，其一经被提出就得到了广泛的应用。我们将在第 3 章介绍的多尺度几何变换的改进版本上提出几种基于多尺度几何变换的 SAR 图像去噪算法。这些算法按照不同的多尺度几何变换可以分为 3 类：基于改进的 Contourlet 变换的 SAR 图像去噪算法、基于改进的 Shearlet 变换的 SAR 图像去噪算法和基于混合变换的机场跑道雷达图像去噪算法。本章节主要对基于改进的 Contourlet 变换的 SAR 图像去噪算法进行阐述。

6.1　基于小波-Contourlet 变换和循环平移算法的 SAR 图像去噪

由第 3 章可知，小波-Contourlet 变换理论应用在图像去噪和增强等领域可以取得很好的效果。但是，由于小波-Contourlet 变换不具有平移不变性，因此去噪后的图像也含有人造纹理，视觉效果相对较差。因此在文献[1]中，作者结合小波-Contourlet 变换与循环平移（Cycle Spinning，CS）算法提出了一种新的基于小波-Contourlet 变换的 SAR 图像去噪算法。下面首先来介绍一下 Cycle Spinning 算法。

由于小波-Contourlet 缺乏平移不变性，信号中含有奇异点（不连续点）的区域在处理过程中会产生伪吉布斯现象，为了解决这个问题，ESLAMI COIFMAN 等人[2]提出了 Cycle Spinning 算法，对图像数据进行行和列的循环平移，然后将平移后的图像分别经过小波-Contourlet 变换去噪，再对去噪后的图像进行反平移，如式（6-1）所示，最后将多次平移处理后的结果取平均值得到去噪后的图像，该算法明显地抑制了伪吉布斯现象。

$$\hat{s}_{i,j} = S_{-i,-j}(T^{-1}(\theta(T(S_{i,j}(f(x,y)))))) \tag{6-1}$$

$$\hat{s} = \frac{1}{N_1 N_2}\sum_{i=1,j=1}^{N_1,N_2} \hat{s}_{i,j} \tag{6-2}$$

其中，$f(x, y)$表示图像在(x, y)位置的灰度值，N_1, N_2分别表示行和列方向上的最大平移量，S为循环平移算子，下标$-i$和$-j$以及i和j分别为行和列方向上的平移量，T为变换算子，T^{-1}为逆变换算子，θ为阈值算子。

6.1.1　算法描述

由文献[2]可知，对于大小为 $N\times N$ 的图像，其小波变换在行和列方向上的最大平移量 $N_1 = N_2 = K$，其中，$2^K = N$。对于由二通道多尺度几何变换实现的 Contourlet 变换，K 的取值与小波变换相同。

笔者结合小波-Contourlet 变换和 Cycle Spinning 的优点，对 SAR 图像进行去噪处理，所提出的算法思路如下：

（1）对原始图像成像模型进行对数变换。

（2）将对数化的图像按照式（6-1）和式（6-2）进行循环平移，然后再将行和列分别进行 K 次平移，得到 K^2 组图像。

（3）分别对每一幅图像做小波-Contourlet 变换，得到不同子带的不同方向上的变换系数。

（4）采用软阈值法进行去噪处理，去噪算法对每一个方向尺度上的系数采用自适应软阈值进行去噪处理。采用的自适应软阈值公式如下：

$$\hat{w}_{j,k}^{l_j} = \begin{cases} \operatorname{sign}(w_{j,k}^{l_j})(\left|w_{j,k}^{l_j}\right| - \lambda) & \left|w_{j,k}^{l_j}\right| \geqslant \lambda \\ 0 & \left|w_{j,k}^{l_j}\right| < \lambda \end{cases} \tag{6-3}$$

其中，$w_{j,k}^{l_j}$ 为第 j 尺度第 l_j 方向的小波-Contourlet 系数，$\hat{w}_{j,k}^{l_j}$ 为去噪后的系数，sign 为符号函数，$|\ |$为绝对值函数，而 $\lambda = \sigma\sqrt{2\lg(N)}$，这里的 σ 为 j 尺度第 l_j 方向小波-Contourlet 系数的方差，N 则为同一子带系数数目。

（5）对去噪后的图像进行反变换和反平移，得到 K^2 幅结果图像。

（6）取 K^2 幅图像的平均值，得到最终的去噪图像。

6.1.2　实验结果与分析

为了验证基于小波-Contourlet 变换的 SAR 图像去噪算法的可靠性与有效性，我们将对一幅原始图像加噪，分别对噪声图像进行小波变换软阈值去噪、Contourlet 变换软阈值去噪、小波-Contourlet 变换去噪、小波+Cycle Spinning 算法软阈值去噪、Contourlet+Cycle Spinning 算法软阈值去噪和本小节着重介绍的小波-Contourlet+Cycle Spinning 算法去噪，然后对去噪后的图像进行比较，在实验中选取的尺度数为 4，各尺度上的方向向量为[1 2 4 4]。我们利用中科院拍摄的济南市的 SAR 图像进行试验，图像的大小为 256×256，因此取 CS 的平移数 K=8。如图 6-1 所示为原始 SAR 图像及经过小波-Contourlet 变换以后的系数图。可以看到，图 6-1（a）是原始图像，图 6-1（b）是噪声图像，而图 6-1（c）则是噪声图像经过小波-Contourlet 分解以后的系数图，在高频部分存在着大量的噪声。

（a）

（b）

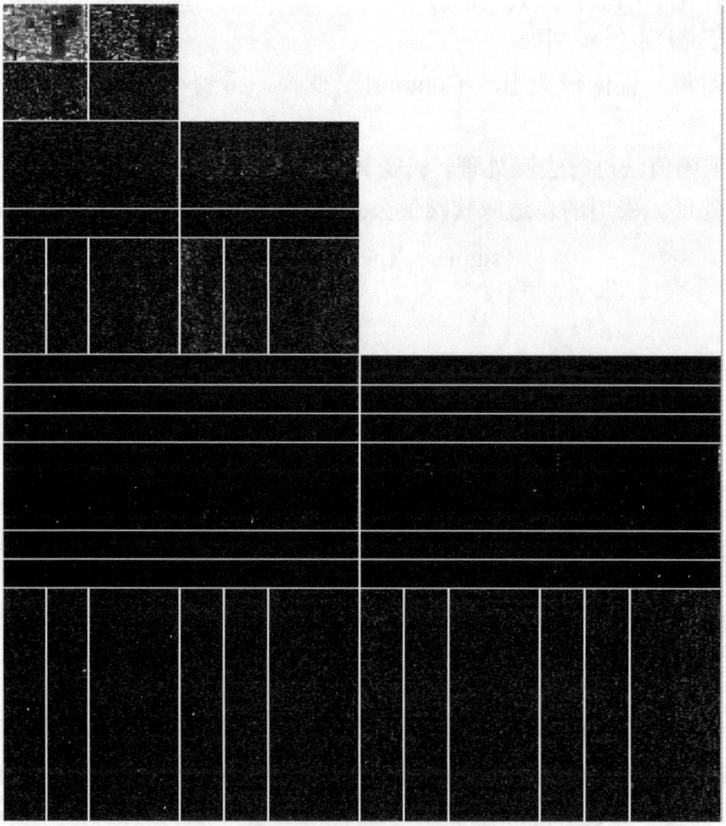

（c）

图 6-1　使用小波-Contourlet 分解噪声图像

（a）原始图像；（b）噪声图像；（c）噪声图像的小波-Contourlet 分解系数

图 6-2 为 CS 算法得到的子图，图 6-2（a）为噪声图像经过循环平移得到的子图，图 6-2（b）为图 6-2（a）中的子图经过去噪后的子图，图 6-2（c）为图 6-2（b）逆循环平移得到的子图。

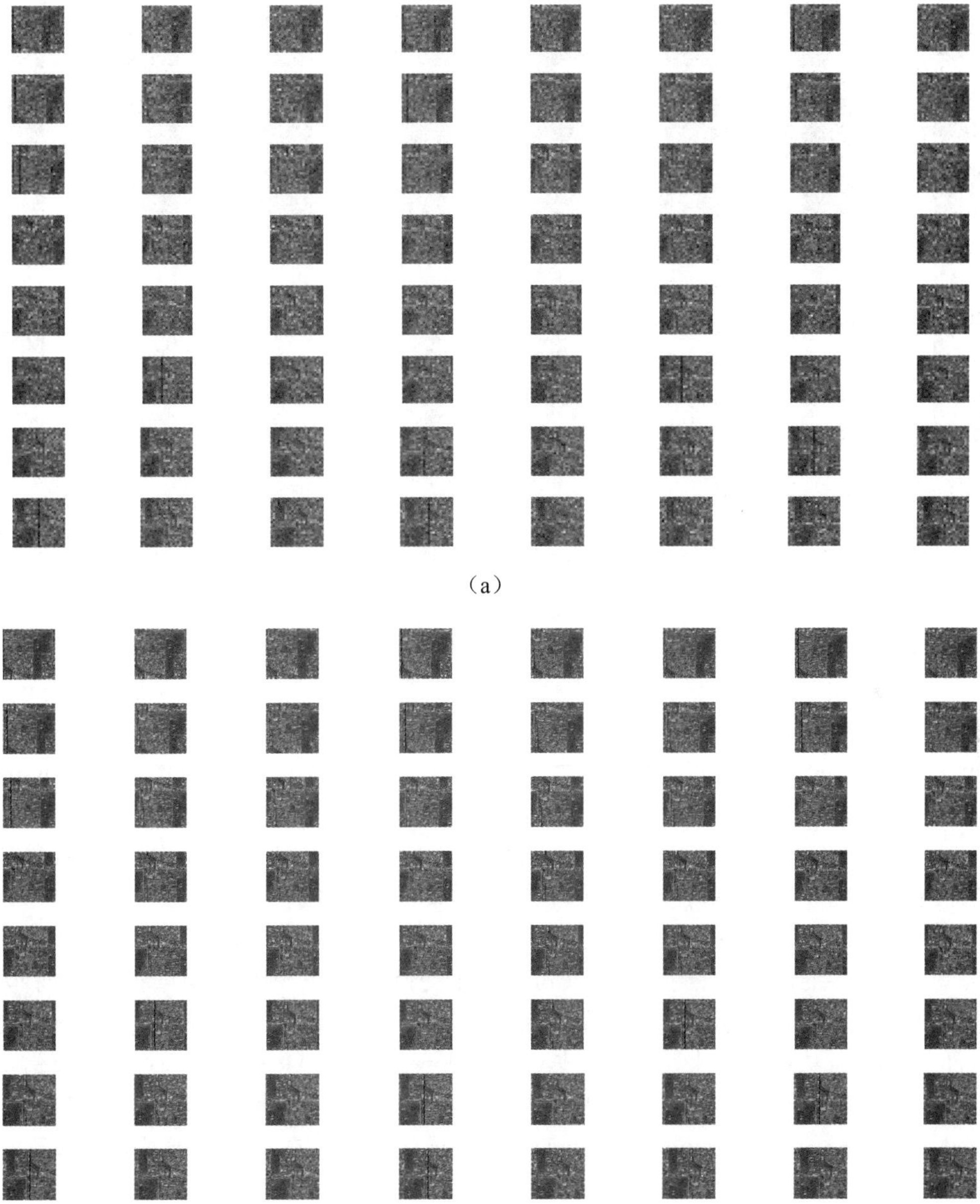

（a）

（b）

图 6-2　循环平移算法

（a）噪声图像循环平移子图；（b）去噪后的循环平移子图

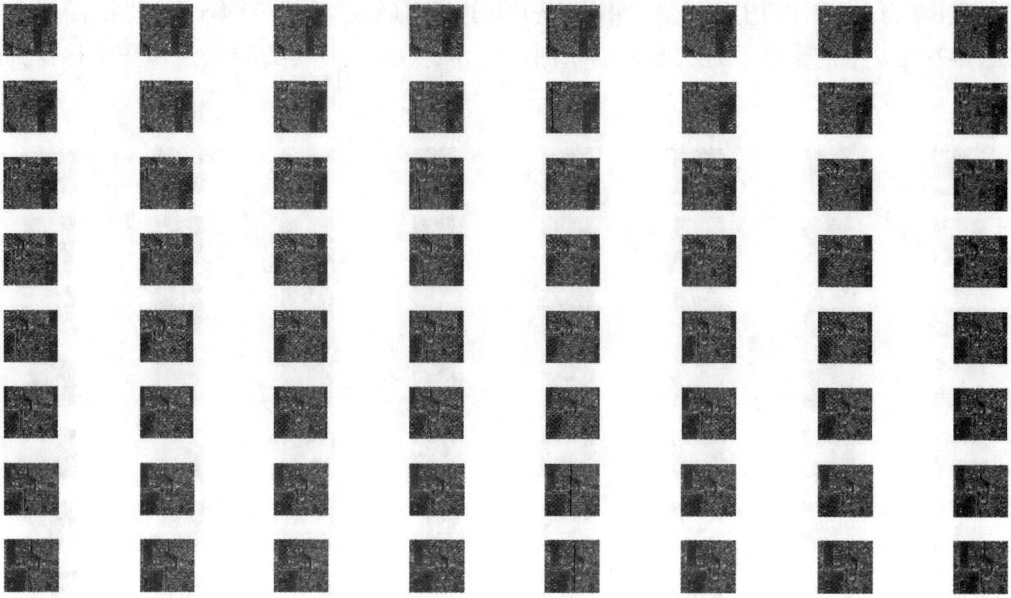

（c）

图 6-2　循环平移算法（续）

（c）逆循环平移子图

图 6-3 为经过各种图像去噪算法以后的图像去噪效果图，如表 6-1 所示为利用各去噪算法去噪后的图像的信噪比。图 6-3 中使用的方法依次是小波变换软阈值去噪、Contourlet 变换软阈值去噪、小波-Contourlet 变换去噪、小波+Cycle Spinning 算法软阈值去噪、Contourlet+Cycle Spinning 算法软阈值去噪和我们使用的小波-Contourlet+Cycle Spinning 算法软阈值去噪。

从图 6-3 的实验结果中可以看到，Contourlet 去噪后的图像具有更好的视觉效果和更高的信噪比，图 6-3（a）是用小波进行去噪的结果，可以看到，在图 6-3（a）中还有一些斑点噪声，细节也不如最后一幅图显示得清楚。比较图 6-3（e）和图 6-3（f）可以看到，在信噪比差不多的情况下，基于小波-Contourlet 变换的 SAR 图像去噪算法比前一种方法有更好的视觉效果，显示了更多的图像细节。而和小波-Contourlet 变换去噪、小波变换+Cycle Spinning 去噪比起来，基于小波-Contourlet 变换的 SAR 图像去噪算法不仅信噪比提高了，而且图像的分辨率也显著提高了，并且少了很多人造纹理。因此，可以得出结论，本小节提出的小波-Contourlet+Cycle Spinning 去噪算法在 SAR 图像去噪中表现得最为优秀。

表 6-1 为图 6-3 的各种去噪算法对图像进行去噪后的信噪比，由表 6-1 可知，基于小波-Contourlet 变换的 SAR 图像去噪算法也是一种优良的算法，因此基于小波-Contourlet 变换的 SAR 图像去噪算法是非常适用的 SAR 图像去噪算法。

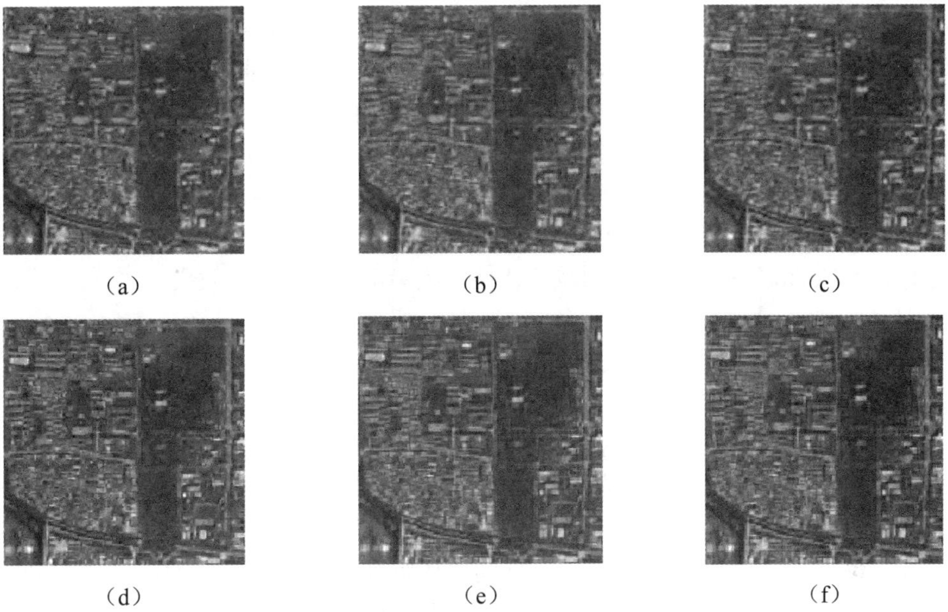

图 6-3　使用各种算法进行去噪后的图像

（a）使用小波变换软阈值去噪；（b）使用 Contourlet 变换软阈值去噪；（c）使用小波-Contourlet 变换去噪；（d）使用小波+Cycle Spinning 算法软阈值去噪；（e）使用 Contourlet+Cycle Spinning 算法软阈值去噪；（f）使用小波-Contourlet+Cycle Spinning 算法软阈值去噪

表 6-1　各种去噪算法的信噪比

去 噪 算 法	SNR/dB
小波	6.30
Contourlet	6.74
小波-Contourlet	7.05
小波+Cycle Spinning	7.78
Contourlet+Cycle Spinning	8.26
小波-Contourlet+Cycle Spinning	8.25

6.2　基于复 Contourlet 高斯比例混合模型的 SAR 图像去噪

在文献[1]中作者提出的基于小波-Contourlet 变换与 Cycle Spinning 结合的算法 SAR 图像去噪算法虽然取得了很好的效果，但是进行尺度分解的小波变换和进行方向分解的方向滤波器都存在下采样行为，因此小波-Contourlet 变换不具有平移不变性，而且文献[1]的作者并没有考虑利用小波-Contourlet 变换的子带内外的相关性进行去噪，使得基于小波-Contourlet 去噪的算法大打折扣。因此文献[3]的作者首先利用第 3 章介绍的抗混淆移不变图像变换方法——复 Contourlet 变换（Complex Contourlet transform，CCT）进行图像分解，随后结合高斯比例混合模型估计噪声，并且使用贝叶斯最小二乘法进行噪声抑制。基于复 Contourlet 变换高斯混合模型的 SAR 图像去噪算法具有多尺度、多方向移不变性，并且充分地利用了复 Contourlet 的时域和频域的特性，改善了图像的视觉效果。

6.2.1 高斯比例混合模型及其在去噪中的应用

一般认为 SAR 图像的噪声模型如下：

$$I(x,y)=R(x,y)\cdot F(x,y) \tag{6-4}$$

其中：(x, y)表示分辨单元中心像素方位向和距离向的坐标，$I(x, y)$表示被相干斑噪声污染的图像的强度；$R(x, y)$表示随机的地面目标的雷达散射特性，即实际上应该观察到的真实的地貌场景；$F(x, y)$表示由于衰落过程所引起的相干斑噪声过程。随机过程 $R(x, y)$和 $F(x, y)$是相互独立的，并且 $F(x, y)$服从 Γ 分布，它具有二阶平稳性，均值为 1 且方差与等效视数成反比。为了便于进行去噪处理，一般对式（6-4）两边取对数变换，即将乘性噪声转化为加性噪声。

$$\log(F(x,y))=\log(R(x,y))+\log(N(x,y)) \tag{6-5}$$

由文献[4]可知，现在的噪声 $\log(N(x, y))$符合高斯分布，但是，由于均值漂移的存在，这时得到的噪声并不是高斯白噪声，因此不能用针对高斯白噪声的一般方法进行去噪。本小节将结合复 Contourlet 变换域的高斯比例混合模型[5]对其进行去噪。

设 $\boldsymbol{\xi}$ 是服从高斯比例混合分布的随机变量，则其可以表示如下：

$$\boldsymbol{\xi}=\sqrt{z}\boldsymbol{u} \tag{6-6}$$

其中，u 是零均值的高斯随机变量，$z\geqslant 0$ 是隐含的正标量随机因子，u 和 z 相互独立，“=”表示服从相同的分布。因此，$\boldsymbol{\xi}$ 分布相对 z 的条件分布是零均值的正态分布。而 $\boldsymbol{\xi}$ 的概率函数 $p_{\boldsymbol{\xi}}(\boldsymbol{\xi})$ 由 $\boldsymbol{u}$ 的协方差矩阵 $\boldsymbol{C_u}$ 和 z 的概率密度函数 $p_z(z)$ 共同决定，存在以下关系：

$$p_{\boldsymbol{\xi}}(\boldsymbol{\xi})=\int p(\boldsymbol{\xi}\,|\,z)p_z(z)\mathrm{d}z=\int\frac{\exp(-\boldsymbol{\xi}^{\mathrm{T}}(z\boldsymbol{C}_{\boldsymbol{u}})^{-1}\boldsymbol{\xi}/2)}{(2\pi)^{N/2}\left|z\boldsymbol{C}_{\boldsymbol{u}}\right|^{1/2}}p_z(z)\mathrm{d}z \tag{6-7}$$

一般认为含噪SAR图像的复Contourlet变换的系数是服从高斯比例混合模型的，因此，在对含噪 SAR 图像进行复 Contourlet 变换时，采用高斯比例混合分布来描述其系数的邻域特性，在此基础上采用贝叶斯最小二乘法对高频方向子带进行估计，最后通过反变换得到去噪后的图像。设复 Contourlet 在尺度 j、高频方向 θ（θ=1～6）的第 $k(0\leqslant k<2^l)$ 个方向滤波下的子带系数为 $f_k^{j,\theta}$，其可以用高斯比例混合模型表示如下：

$$f_k^{j,\theta}=x_k^{j,\theta}+w_k^{j,\theta}=\sqrt{z_k^{j,\theta}}u_k^{j,\theta}+w_k^{j,\theta} \tag{6-8}$$

其中：$x_k^{j,\theta}$ 可以看作未被相干斑噪声污染的图像；$z_k^{j,\theta}$ 为隐含的正标量随机因子；$u_k^{j,\theta}$ 和 $w_k^{j,\theta}$ 同为零均值的高斯向量，这里的 $w_k^{j,\theta}$ 可以看作噪声。注意，在式（6-8）中并不要求噪声是高斯白噪声，由此该模型是符合经过式（6-5）对数化以后的 SAR 图像在复 Contourlet 域的噪声模型的。那么，SAR 图像的去噪即转换成根据观测值 $f_k^{j,\theta}$ 求 $x_k^{j,\theta}$ 的估计值 $\hat{x}_k^{j,\theta}$ 的问题。作者使用贝叶斯最小二乘法估计 $\hat{x}_k^{j,\theta}$。

设 $u_k^{j,\theta}$ 和 $w_k^{j,\theta}$ 的协方差矩阵分别为 $\boldsymbol{C}_u$ 和 $\boldsymbol{C}_w$，则 $f_k^{j,\theta}$ 相对 $z_k^{j,\theta}$ 的条件分布的协方差矩阵 $\boldsymbol{C}_{f|z}=z_k^{j,\theta}\boldsymbol{C}_u+\boldsymbol{C}_w$，由式（6-8）可知 $f_k^{j,\theta}$ 的条件分布密度函数如下：

$$p(f_k^{j,\theta}\mid z_k^{j,\theta})=\frac{\exp(-(f_k^{j,\theta})^{\mathrm{T}}(z_k^{j,\theta}\boldsymbol{C}_u+\boldsymbol{C}_w)^{-1}f_k^{j,\theta}/2)}{(2\pi)^{N/2}\left|z_k^{j,\theta}\boldsymbol{C}_u+\boldsymbol{C}_w\right|^{1/2}} \tag{6-9}$$

通过蒙特卡罗法估计出 $w_k^{j,\theta}$ 的协方差 $\boldsymbol{C}_w$，则 $\boldsymbol{C}_f=E\{z_k^{j,\theta}\}\boldsymbol{C}_u+\boldsymbol{C}_w$，这里假设 $E\{z_k^{j,\theta}\}=1$，则该式可化如下：

$$\boldsymbol{C}_u=\boldsymbol{C}_f-\boldsymbol{C}_w \tag{6-10}$$

当然，为了保证自协方差矩阵的非负定性，将 $\boldsymbol{C}_u$ 的负特征值置为 0。应用贝叶斯估计理论，使均方误差最小，可以得到：

$$\hat{x}_k^{j,\theta}=\int_0^{\infty}p(z_k^{j,\theta}\mid f_k^{j,\theta})E\{x_k^{j,\theta}\mid f_k^{j,\theta},z_k^{j,\theta}\}\mathrm{d}(z_k^{j,\theta}) \tag{6-11}$$

$E\{x_k^{j,\theta}\mid f_k^{j,\theta},z_k^{j,\theta}\}$ 是 $x_k^{j,\theta}$ 在条件 $z_k^{j,\theta}$ 下的贝叶斯最小二乘估计，$p(z_k^{j,\theta}\mid f_k^{j,\theta})$ 是 $z_k^{j,\theta}$ 的后验概率密度函数。由于在条件 $z_k^{j,\theta}$ 下 $x_k^{j,\theta}$ 是服从高斯分布的，所以 $E\{x_k^{j,\theta}\mid f_k^{j,\theta},z_k^{j,\theta}\}$ 可以通过线性维纳估计获得：

$$E\{x_k^{j,\theta}\mid f_k^{j,\theta},z_k^{j,\theta}\}=z_k^{j,\theta}\boldsymbol{C}_u(z_k^{j,\theta}\boldsymbol{C}_u+\boldsymbol{C}_w)^{-1}f_k^{j,\theta} \tag{6-12}$$

为了简化计算，记 $\boldsymbol{S}$ 为正定矩阵的对称平方根组成的矩阵，则 $\boldsymbol{C}_w=\boldsymbol{S}\boldsymbol{S}^{\mathrm{T}}$，令 $\boldsymbol{Q}$ 和 $\boldsymbol{\Lambda}$ 分别为矩阵 $\boldsymbol{S}^{-1}\boldsymbol{C}_u\boldsymbol{S}^{-\mathrm{T}}$ 的特征向量组成的矩阵和特征值组成的对角阵，则：

$$z_k^{j,\theta}\boldsymbol{C}_u+\boldsymbol{C}_w=z_k^{j,\theta}\boldsymbol{C}_u+\boldsymbol{S}\boldsymbol{S}^{\mathrm{T}}=\boldsymbol{S}(z_k^{j,\theta}\boldsymbol{S}^{-1}\boldsymbol{C}_u\boldsymbol{S}^{-\mathrm{T}}+I)\boldsymbol{S}^{\mathrm{T}}=\boldsymbol{S}\boldsymbol{Q}(z_k^{j,\theta}\boldsymbol{\Lambda}+I)\boldsymbol{Q}^{\mathrm{T}}\boldsymbol{S}^{\mathrm{T}} \tag{6-13}$$

由此式（6-12）可以化简为：

$$\begin{aligned}E\{x_k^{j,\theta}\mid f_k^{j,\theta},z_k^{j,\theta}\}&=z_k^{j,\theta}\boldsymbol{C}_u\boldsymbol{S}^{-\mathrm{T}}\boldsymbol{Q}(z_k^{j,\theta}\boldsymbol{\Lambda}+I)^{-1}\boldsymbol{Q}^{\mathrm{T}}\boldsymbol{S}^{-1}f_k^{j,\theta}\\&=z_k^{j,\theta}\boldsymbol{S}\boldsymbol{S}^{-1}\boldsymbol{C}_u\boldsymbol{S}^{-\mathrm{T}}\boldsymbol{Q}(z_k^{j,\theta}\boldsymbol{\Lambda}+I)^{-1}\boldsymbol{Q}^{\mathrm{T}}\boldsymbol{S}^{-1}f_k^{j,\theta}\\&=z_k^{j,\theta}\boldsymbol{S}\boldsymbol{Q}\boldsymbol{\Lambda}(z_k^{j,\theta}\boldsymbol{\Lambda}+I)^{-1}\boldsymbol{Q}^{\mathrm{T}}\boldsymbol{S}^{-1}f_k^{j,\theta}=z\boldsymbol{M}\boldsymbol{\Lambda}(z_k^{j,\theta}\boldsymbol{\Lambda}+I)^{-1}\boldsymbol{v}\end{aligned} \tag{6-14}$$

其中，$\boldsymbol{M}=\boldsymbol{S}\boldsymbol{Q}$，$\boldsymbol{v}=\boldsymbol{M}^{-1}y$，此时如果 m_{rc} 表示矩阵 $\boldsymbol{M}$ 的第 r 行第 c 列的元素，λ_c 为 $\boldsymbol{\Lambda}$ 矩阵对角线上的元素，$\boldsymbol{v}_c$ 为向量 $\boldsymbol{v}$ 的元素，则式（6-14）可以写成如下形式：

$$E\{x_k^{j,\theta}\mid f_k^{j,\theta},z_k^{j,\theta}\}=\sum_{c=1}^{n}\frac{z_k^{j,\theta}m_{rc}\lambda_c\boldsymbol{v}_c}{z_k^{j,\theta}\lambda_c+1} \tag{6-15}$$

同理，式（6-9）可以简化如下：

$$p(f_k^{j,\theta}\mid z_k^{j,\theta})=\frac{\exp\left(-\dfrac{1}{2}\sum_{c=1}^{n}\dfrac{\boldsymbol{v}_c^2}{z_k^{j,\theta}\lambda_c+1}\right)}{(2\pi)^{N/2}\left|C_w\prod_{c=1}^{N}(z_k^{j,\theta}\lambda_c+1)\right|^{1/2}} \tag{6-16}$$

由贝叶斯定律可知，$p(z_k^{j,\theta} \mid f_k^{j,\theta})$ 可进行如下计算：

$$p(f_k^{j,\theta} \mid z_k^{j,\theta}) = \frac{p(f_k^{j,\theta} \mid z_k^{j,\theta}) p_{z_k^{j,\theta}}(z_k^{j,\theta})}{\int_0^{\infty} p(f_k^{j,\theta} \mid \alpha) p_{z_k^{j,\theta}}(\alpha) \mathrm{d}\alpha} \tag{6-17}$$

在基于 CCT 高斯混合模型的 SAR 图像去噪算法中，$z_k^{j,\theta}$ 的分布采用 Jeffery 先验密度函数[6]：

$$p_{z_k^{j,\theta}}(z_k^{j,\theta}) \propto (1 / z_k^{j,\theta}) \tag{6-18}$$

下面给出本小节所提出的去噪算法步骤。

（1）对 SAR 图像按照式（6-5）进行对数化，得到对数化图像 f。

（2）对图像进行复 Contourlet 变换，得到各个高频子带的方向系数 $f_k^{j,\theta}$。

（3）通过式（6-15）至式（6-18）计算估计系数 $\hat{x}_k^{j,\theta}$。

（4）对修正后的系数 $\hat{x}_k^{j,\theta}$ 进行复 Contourlet 反变换，得到去噪后的图像 $\tilde{f}$。

（5）对 $\tilde{f}$ 进行指数化，得到最终的去噪 SAR 图像。

6.2.2 实验结果与分析

首先来验证 CCT 变换是否可以有效提高去噪效果和抑制人造纹理，我们对中科院拍摄的济南市的 SAR 图像进行 CT-GSM 和 CCT-GSM 算法去噪，去噪效果如图 6-4 所示。可以看到，图 6-4(a)所示的 CT-GSM 去噪算法产生的严重的伪吉布斯现象，由于 CCT-GSM 去噪算法使用的 CCT 变换具有移不变性，因此 CCT-GSM 去噪算法有效地抑制了伪吉布斯现象的产生，去噪后的图像的视觉效果更好。在下面的实验中与 6.1 节的算法进行比较，可以验证高斯混合模型的效果。

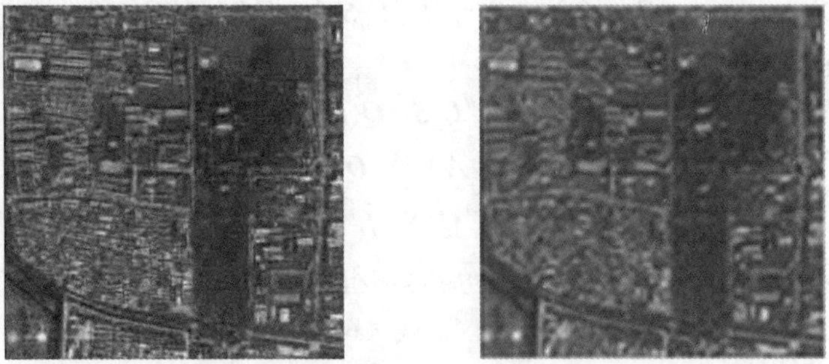

（a）　　　　（b）

图 6-4　CCT 变换的作用

（a）使用 CT-GSM 去噪；（b）使用 CCT-GSM 去噪

为了进一步验证 CCT-GSM 去噪算法的可靠性与有效性，下面分别对噪声图像进行 BLS-GSM 去噪[5]、小波-Contourlet+Cycle Spinning 算法去噪（WCT-CS）和复 Contourlet

域高斯比例混合模型去噪（CCT-GSM），并对去噪后的图像进行分析。在实验中选取的尺度数为 4，各尺度上的方向向量为[1 2 4 4]。

如图 6-5 所示为对中科院拍摄的济南市的 SAR 图像（大小为 256×256）进行去噪的实验结果，图 6-6 为利用斯坦福大学图像库中的 SAR 图像（大小为 512×512）进行去噪的实验结果。

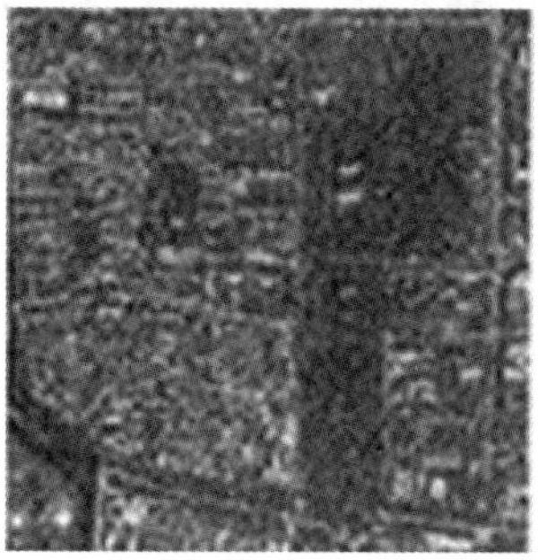

（a）

（b）

（c）

（d）

图 6-5　济南市的 SAR 图像去噪后的图像

（a）原图像；（b）使用 BLS-GSM 去噪；（c）使用 WCT-CS 去噪；（d）使用 CCT-GSM 去噪

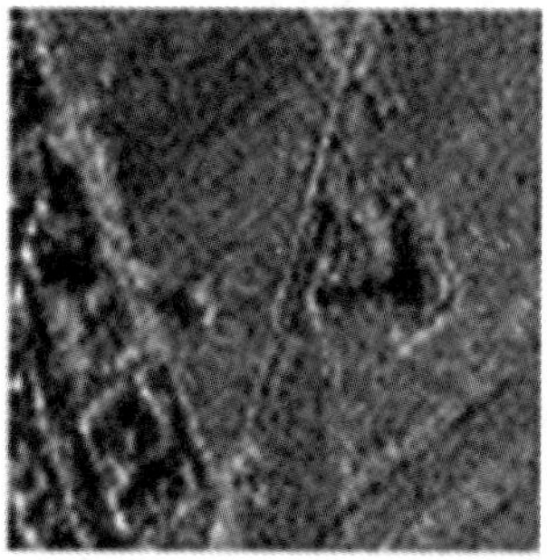

（a）

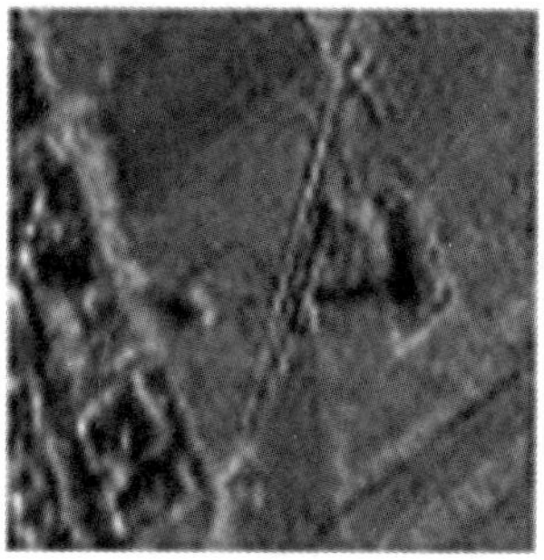

（b）

图 6-6　斯坦福大学的 SAR 图像去噪后的图像

（a）原图像；（b）使用 BLS-GSM 去噪

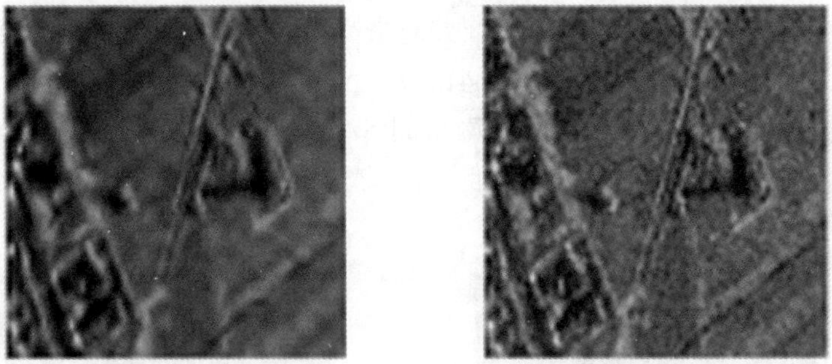

（c）　　　　　　　　　　（d）

图 6-6　斯坦福大学的 SAR 图像去噪后的图像（续）

（c）使用 WCT-CS 去噪；（d）使用 CCT-GSM 去噪

从图 6-5 所示的实验结果中可以看到，图 6-5（d）（使用 CCT-GSM 去噪）具有更好的视觉效果和更高的信噪比。相比图 6-5（c）中使用小波-Contourlet 变换加上 Cycle Spinning（WCT-CS）去噪，算法的 PSNR 提高了 2 dB，这应该归功于高斯比例混合模型的应用。相比使用 BLS-GSM 去噪后的图 6-5（b），CCT-GSM 去噪算法的 PSNR 提高了 1.5 dB，而且该算法去噪后的图像更平滑一些，抑制了人造纹理的产生，视觉效果得到了明显的改善。从图 6-6 所示的实验结果中也可以看到，CCT-GSM 去噪算法不仅图像的峰值信噪比（PSNR）比其他两种算法高，而且视觉效果也最好。

如表 6-2 所示为各去噪算法去噪后的 PSNR 和等效视数（ENL），通过等效视数，客观地验证了 CCT-GSM 算法的视觉效果是所比较的算法中最好的。

表 6-2　各种去噪算法的PSNR和ENL

SAR图像名称	去 噪 算 法	PSNR/dB	等 效 视 数
济南市的SAR图像	BLS-GSM	24.60	8.5078
	WCT-CS	24.06	8.9988
	CCT-GSM	26.08	12.7497
斯坦福大学图像库中的SAR图像	BLS-GSM	23.35	8.8988
	WCT-CS	23.37	8.9133
	CCT-GSM	25.15	11.9889

6.3　基于局部混合滤波的 SAR 图像去噪

前面介绍的去噪算法都没有考虑多尺度几何变换的低频部分的噪声，而使用对数变换后的 SAR 图像去噪算法显然应该考虑多尺度几何变换的低频部分的噪声，因此在文献[7]中作者利用第 3 章中提出的 NSDFB-DTCWT 变换构造了基于局部混合滤波 SAR 图像去噪算法，该算法具有多方向和多尺度性，保持了图像的平移不变性，改善了图像的视觉效果，该算法采用非下采样方向滤波器级联双树复小波的方法，与其他算法不同的是，去噪算法不只对每次产生的高频分量进行去噪，还对变换所产生的低频分量进行滤波去噪。

6.3.1　局部混合滤波简介

在传统的图像去噪过程中，通常采用“硬阈值”或“软阈值”方法进行去噪。这两种方法虽然在图像处理中得到了广泛的应用并且取得了较好的效果，但是它们还存在明显的缺陷：硬阈值方法可以较好地保留图像边缘等局部细节特征，但图像可能会出现振铃、伪吉布斯效应等，造成视觉上严重失真的现象；软阈值方法的处理结果相对平滑，但是软阈值方法往往会使图像边缘变得模糊，造成图像细节的丢失。最主要的是这两种方法在估计阈值的时候需要信号的先验信息，如图像噪声的方差或者图像噪声分布等，但是一般情况下我们并不知道图像的这些先验信息，尤其是雷达获得的 SAR 图像。然而在对图像进行主成分分析的时候，并不需要图像的先验知识就可以得到图像的主要成分，从而可以在图像高频成分中获得图像中包含图像细节成分的噪声主成分，然后通过去掉高频主成分中的图像的细节成分，得到能量集中的噪声主成分，再经过反变换就得到“纯噪声”的高频信号，从而省去了阈值法中的估计噪声分布参数的问题，使得阈值的选取更加简单有效。因此，笔者采用主成分分析方法来确定阈值。

主成分分析（Principal component analysis，PCA）的主要思想来源于 K-L 变换，其目的是通过线性变换找到一组最优单位正交向量基(也称主成分或主元)，用这组向量基的线性组合来重建原样本，并使重建后的样本和原样本的误差最小[8]。

局部混合滤波算法分别对各个子带进行了 PCA 处理，从而得到各个子带在特征空间的投影，在 NSDFB-DTCWT 变换域中，将每个子带分成 $K\times L$ 子块，每一子块的系数看作 L 维行向量 $\boldsymbol{x}_i$，则有 K 个行向量组成 $K\times L$ 矩阵 $\boldsymbol{X}$，其协方差矩阵为：

$$\boldsymbol{S}_x=\frac{1}{\boldsymbol{K}}\sum_{i=1}^{\boldsymbol{K}}(\boldsymbol{x}_i-\overline{\boldsymbol{x}})^{\mathrm{T}}(\boldsymbol{x}_i-\overline{\boldsymbol{x}}) \tag{6-19}$$

其中，$\overline{\boldsymbol{x}}=\frac{1}{\boldsymbol{K}}\sum_{i=1}^{K}\boldsymbol{x}_i$ 表示每一小块的系数的平均值。由此可以求得协方差矩阵 $\boldsymbol{S}_x$ 的 L 个特征值 $\lambda_i(i=1,\cdots,L)$，将其按从大到小的顺序排列为 $\lambda_1\geqslant\lambda_2\cdots\geqslant\lambda_L$，其对应的特征向量 $\xi_1,\xi_2,\cdots,\xi_L$ 构成特征空间的一组基。

去掉那些带有少量信息的干扰部分，用剩下的部分描述 x_i 的特征空间，对信号的损失并不大，即前 $d(\ll L)$ 个基向量张成的子空间可以描述 x_i 特征空间，因此可以应用前 d 个主分量来估计重建 x，即：

$$\hat{\boldsymbol{x}}=\sum_{i=1}^{d}\boldsymbol{\xi}_i^{\mathrm{T}}\boldsymbol{x}\boldsymbol{\xi}_i \tag{6-20}$$

按式（6-20）对 $\boldsymbol{K}$ 个行向量进行重建，得到原信号 $\boldsymbol{X}$ 的重建信号 $\widehat{\boldsymbol{X}}$。对于 NSDFB-DTCWT 域内的低频系数和高频系数，二者的含义是不同的。低频子带上的小波系数代表原始信号的近似，即我们想要得到的有用信号的近似。因此，经过 PCA 变换重建以后，信号 $\widehat{\boldsymbol{X}}$ 去掉了低频子带系数中所包含的噪声，使信号更平滑，更接近原始的信号。

对于高频子带的小波系数，在任意一个子带上由噪声引起的变换系数占有绝大部分，剩下的才是信号的细节部分，因此经过 PCA 重建的信号 $\widehat{\boldsymbol{X}}$ 反映了由噪声引起的 NSDFB-DTCWT 系数的幅值特征，其绝对值的均值为：

$$\hat{\lambda} = \mathrm{mean}\left(\left|\widehat{\boldsymbol{X}}\right|\right) \tag{6-21}$$

$\hat{\lambda}$ 可以作为对该子块内由噪声引起的 NSDFB-DTCWT 系数幅值估计，即可作为去噪阈值使用。

在对低频和高频子带分别去噪以后，为了平滑图像，进一步减少噪声影响，我们对每层变换每次重构的图像信号进行 sigma 滤波。sigma 滤波器的基本思想是将当前处理窗口内的中心像素值用那些与其相比灰度差在一个固定的 Δ 范围内的领域像素的灰度平均值来代替，设 $x(i,j)$ 是当前处理的像素值，考虑一个以 $x(i,j)$ 为中心的 $(2m+1)\times(2n+1)$ 滑动窗口，则 sigma 滤波器的输出如下：

$$\hat{x}(i,j) = \frac{\sum_{k=i-n}^{i+n}\sum_{l=j-n}^{m+j} \delta_{k,l}\, x(k,l)}{\sum_{k=i-n}^{i+n}\sum_{l=j-n}^{m+j} \delta_{k,l}} \tag{6-22}$$

其中：

$$\delta_{k,l} = \begin{cases} 1 & \left|x(k,l) - x(i,j)\right| \leqslant \Delta \\ 0 & \left|x(k,l) - x(i,j)\right| > \Delta \end{cases} \tag{6-23}$$

Δ 是一个阈值，可以取固定的值，在对 SAR 图像取对数以后，图像的噪声分布近似高斯分布，而 sigma 滤波器对高斯噪声有很好的滤除能力，并且具有很好的细节保持能力。

最后对重构后的图像（已经进行了指数变换的 SAR 图像）进行 Lee 滤波。Lee 滤波器是基于完全发育的乘性斑点噪声模型设计的，其利用局部均值和方差，对非线性的乘性噪声信号运用 MMSE 准则进行线性估计。假设最后重构的观测信号强度为 $\boldsymbol{I}$，不含噪声的信号强度是 $\boldsymbol{X}$，滑动窗口像素的均值为 $\overline{\boldsymbol{I}}$，信号的平均强度是 $\overline{\boldsymbol{X}}$ 且 $\overline{\boldsymbol{X}} = E(x) = E(\boldsymbol{I}) = \overline{\boldsymbol{I}}$，Lee 滤波假设预测信号 $\widehat{\boldsymbol{X}}$ 是 $\overline{\boldsymbol{X}}$ 和 $\boldsymbol{I}$ 的线性组合：

$$\widehat{\boldsymbol{X}} = a \cdot \overline{\boldsymbol{I}} + b \cdot \boldsymbol{I} \tag{6-24}$$

其中，a 和 b 为所要求的待定系数，令均方误差项 $J=E\left[(\boldsymbol{X}-\widehat{\boldsymbol{X}})^2\right]$ 最小，则可解得：

$$a=1-b \qquad b=\frac{\delta_X}{\delta_I} \tag{6-25}$$

其中，δ_I 为滑动窗口的方差，同时有下式成立：

$$\delta_X=\frac{\delta_I-\sigma_v\bar{I}^2}{1+\sigma_v{}^2} \tag{6-26}$$

其中：

$$\sigma_v=\frac{1}{\sqrt{\bar{N}}} \tag{6-27}$$

这里的 $\bar{N}$ 是指 SAR 图像的视数，SAR 图像视数一般是已知的。但是在基于局部混合滤波 SAR 图像去噪中，前面经过 NSDFB-DTCWT 域去噪，已知视数已不准确，因此我们使用图像的等效视数来代替原图像的视数。

$$\bar{N}=\frac{\mu^2}{\sigma^2} \tag{6-28}$$

其中，μ 和 σ 分别为图像的均值和标准差。

6.3.2　局部混合滤波在 SAR 图像去噪中的应用

与前面章节类似，先将 SAR 图像进行对数化，这样得到的 SAR 图像中的相干斑噪声变成了高斯加性噪声，从而有利于在频域对图像噪声进一步处理。如图 6-7 所示为基于 NSDFB-DTCWT 变换的局部混合滤波图像去噪示意。

在文献[7]中笔者提出的基于局部混合滤波的 SAR 图像去噪算法的具体步骤如下：

（1）将原始的图像进行对数化。

（2）分别对每一幅图像进行 NSDFB-DTCWT 变换，得到不同子带的不同方向上的变换系数。

（3）对变换后的低频系数采用 PCA 保留主成分进行去噪，对变换后的高频系数使用式（6-19）至式（6-21）通过 PCA 确定阈值，然后将变换系数与之进行比较，大于或等于阈值的系数保持不变，小于阈值的系数变为 0。

（4）将去噪后的子带进行重构，并对每层重构后的图像按照式（6-22）和式（6-23）进行 sigma 滤波。

（5）将最终重构完成的图像进行指数化，然后按照式（6-24）至式（6-28）进行 Lee 滤波去噪，得到最终的去噪结果。

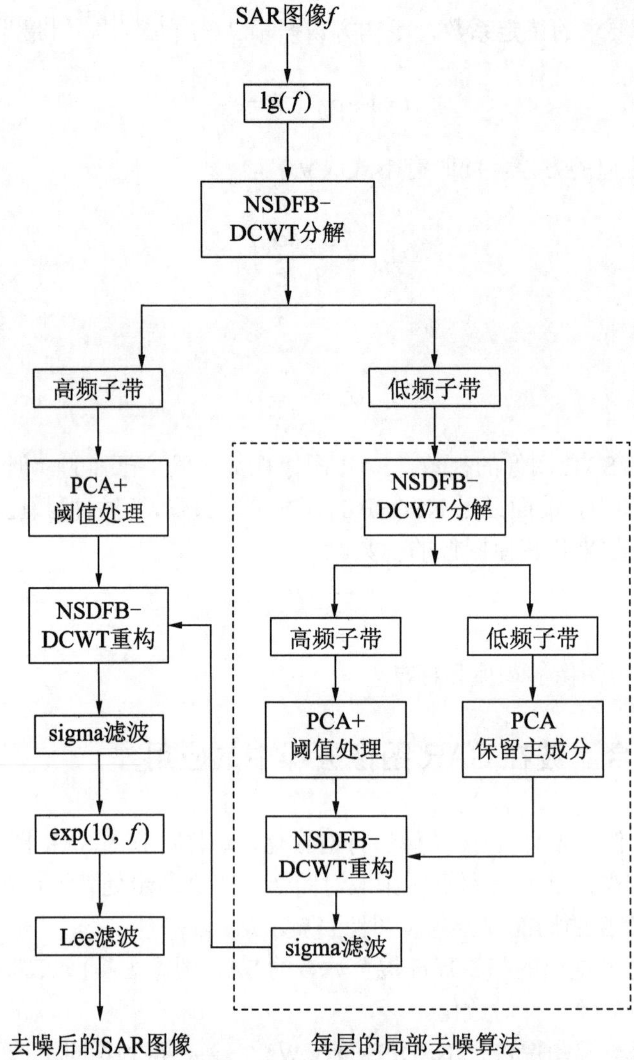

图 6-7　混合滤波去噪示意

6.3.3　实验结果与分析

为了验证基于局部混合滤波 SAR 去噪算法的可靠性，我们对一组原始图像分别使用 6.1 节介绍的 Contourlet+Cycle Spinning 算法软阈值去噪（CT+CS）、DTCWT-CT 算法软阈值去噪和 NSDFB-DTCWT 局部混合滤波（NSDFB-DTCWT）去噪算法，并对去噪后的图像进行比较。

从图 6-8 所示的实验结果中可以看出，图 6-8（d）所示的 NSDFB-DTCWT 去噪算法效果比其他去噪算法去噪后的效果更好。比较图 6-8（c）使用 Contourlet+Cycle Spinning（CT+CS）软阈值去噪，局部混合滤波去噪算法的 PSNR 提高了将近 3dB，比较图 6-8（b）使用 DTCWT-CT 软阈值去噪，NSDFB-DTCWT 去噪算法的 PSNR 提高了 1dB，并且去噪后的图像更平滑一些，抑制了人造纹理产生，视觉效果得到了明显改善。在试验中，DTCWT 是通过构造 qshift 双树复小波实现的，所有算法的图像分解尺度都是 4 级，方向子带数分别为[2, 4, 16, 16]。

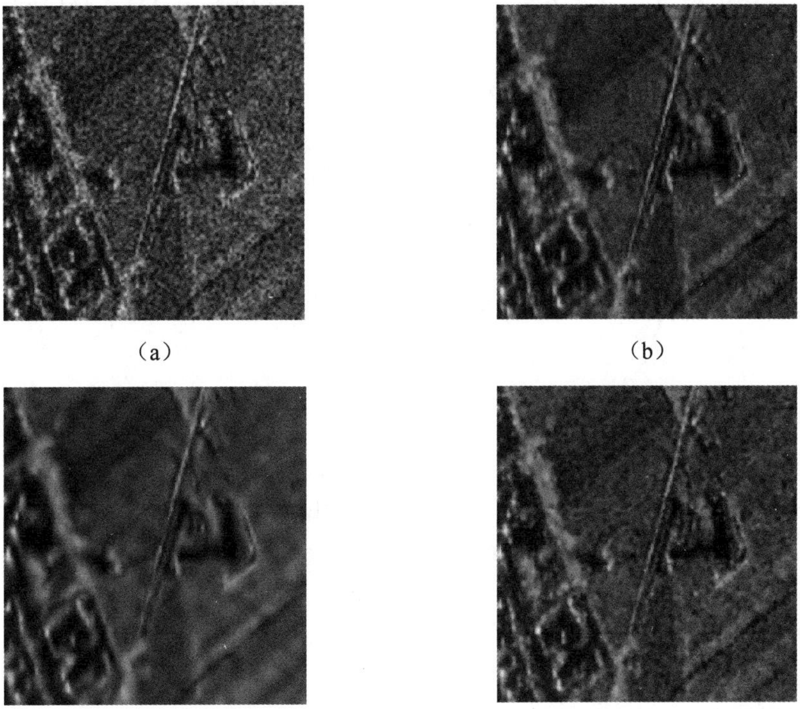

（a）　（b）　（c）　（d）

图 6-8　使用各种去噪算法去噪后的图像

（a）原图像；（b）使用 CT-CS 去噪；（c）使用 DTCWT-CT 去噪；（d）使用 NSDFB-DTCWT 去噪

从表 6-3 所示的各种去噪算法的峰值信噪比（PSNR）和等效视数（ENL）来看，NSDFB-DTCWT 去噪算法也很好，不仅去掉了高频和低频子带的噪声，而且视觉效果也没有受到影响。NSDFB-DTCWT 去噪算法对 SAR 图像去噪是非常有效的。

表 6-3　各种去噪算法的PSNR和ENL

去 噪 算 法	PSNR/dB	ENL
CT+CS	22.57	7.51
DTCWT-CT	23.92	9.0
NSDFB-DTCWT	25.53	12.75

6.4 本章小结

本章介绍了基于 Contourlet 变换的 SAR 图像去噪算法。结合全章可以看到，6.1 节提出的基于小波-Contourlet 变换的 SAR 图像去噪算法效果最差，原因主要是其所使用的噪声统计模型较为简单，但是该算法的速度却最快，这种矛盾也是去噪中常见的时间与去噪效果的矛盾。6.2 节提出的复 Contourlet 高斯混合模型的去噪效果明显比基于小波-Contourlet 变换的效果好，但使用 DTCWT 代替小波变换相应的去噪计算时间更长。6.3 节提出的局部混合滤波不仅考虑高频的噪声还考虑了低频的噪声，因此其去噪效果在 3 种算法中最好，并且其计算复杂度显然低于第 6.2 节的去噪算法，因此基于局部混合滤波的 SAR 图像去噪算法是这 3 种算法里最好的算法。

参考文献

[1] 刘帅奇，胡绍海，肖扬．基于小波-Contourlet 变换与 Cycle Spinning 相结合的 SAR 图像去噪 [J]．信号处理，2011，27(06)：837-842．

[2] ESLAMI R，RADHA H．The Contourlet transform for image de-noising using cycle spinning [C]//The Thrity-Seventh Asilomar Conference on Signals, Systems & Computers, 2003．Pacific Grove，CA，USA：IEEE，2003：1982-1986．

[3] 刘帅奇，胡绍海，肖扬．基于复轮廓波域高斯比例混合模型 SAR 图像去噪 [J]．北京交通大学学报，2012，36(2)：89-93．

[4] GOODMAN J W．Some fundamental properties of speckle [J]．Journal Optical Society America，1976，6(11)：1145-l150．

[5] PORTILLA J，STRELA V，WAINWRIGHT M J，et al．Image denoising using a scale mixture of Gaussians in the wavelet domain [J]．IEEE Transactions on Image Processing，2003，12(11)：1338-1351．

[6] BOX G，TIAO G C．Bayesian inference in statistical analysis [M]．Addison Wesley，1992：159-163．

[7] 刘帅奇，胡绍海，肖扬．基于局部混合滤波的 SAR 图像去噪[J]．系统工程与电子技术，2012，34(2)：17-23．

[8] 边肇祺，张学工．模式识别 [M]．北京：清华大学出版社，2000：212-226．

第 7 章　基于 Shearlet 变换的 SAR 图像去噪

Shearlet 变换不仅易于实现且其方向滤波具有移不变性，在数学上也符合多分辨率分析（Multiresolution analysis，MRA）理论，从而有利于图像处理算法的理论分析，因此 Shearlet 是现今各国学者研究的热点之一。本章介绍几种基于 Shearlet 变换的 SAR 图像去噪算法。

7.1　基于双变量的 SAR 图像去噪

文献[1]结合双变量模型探索了 Shearlet 变换在 SAR 图像去噪方面的应用，并取得了较好的效果。前面讲过，一般认为相干斑噪声为乘性模型，为了便于进行去噪处理，一般对噪声模型两边取对数变换，即将乘性噪声转化为加性噪声，此时噪声已经非常接近高斯分布，于是可以使用常用的去噪算法进行去噪处理。

7.1.1　双变量去噪模型

双变量模型是 Sendur 利用小波系数尺度间的相关性建立的一种父层与子层小波系数间的数学模型[2]。本小节将其推广到 Shearlet 变换，并应用到 SAR 图像去噪中。假设对 SAR 图像进行对数变换得到的等式简写为 $f=r+n$，其中，f 为噪声图像，r 为“干净”图像，n 为噪声。在此基础上进行 Shearlet 变换，假设 f 同一位置经过 Shearlet 变换后分布在两层子带上的系数为 w_{j-1} 和 w_j，其中，w_j 是 w_{j-1} 的子带。而 r 经过 Shearlet 变换后分布在两层子带上的系数为 $\overline{w}_{j-1}$ 和 $\overline{w}_j$，同理可知噪声信号系数为 ε_{j-1} 和 ε_j，即可得：

$$\begin{cases} w_{j-1}=\overline{w}_{j-1}+\varepsilon_{j-1} \\ w_j=\overline{w}_j+\varepsilon_j \end{cases} \tag{7-1}$$

将其写成向量形式为 $w=\overline{w}+\varepsilon$，其中，$w=(w_j,w_{j-1})$，$\overline{w}=(\overline{w}_j,\overline{w}_{j-1})$，$\varepsilon=(\varepsilon_j,\varepsilon_{j-1})$，显然本小节的目的就是得到 $\overline{w}$ 的估计值 $\hat{w}$。

根据 Shearlet 分解系数的分布情况，并联合分布直方图得出 $\overline{w}_{j-1}$ 和 $\overline{w}_j$ 的混合分布如下：

$$p_{\bar{w}}(\bar{w})=\frac{3}{2\pi\sigma^2}\exp\left(-\frac{\sqrt{3}}{\sigma}\sqrt{\bar{w}_{j-1}{}^2+\bar{w}_j{}^2}\right) \tag{7-2}$$

利用贝叶斯估计即求得：

$$\begin{aligned}\hat{w}(w)&=\arg\max_{\bar{w}} p_{\bar{w}|w}(\bar{w}\mid w)\\&=\arg\max_{\bar{w}}\left[-\frac{\left(w_{j-1}-\overline{w_{j-1}}\right)^2}{2\sigma_\varepsilon^2}-\frac{\left(w_j-\overline{w_j}\right)^2}{2\sigma_\varepsilon^2}+\log_2\left(p_{\bar{w}}(\bar{w})\right)\right]\end{aligned} \tag{7-3}$$

其中，σ_ε^2 是噪声的联合分布方差。由式（7-2）可解得双变量联合阈值函数如下：

$$\hat{w}_j=\frac{\left(\sqrt{w_{j-1}{}^2+w_j{}^2}-\frac{\sqrt{3}\sigma_\varepsilon^2}{\sigma}\right)_+}{\sqrt{w_{j-1}{}^2+w_j{}^2}}\bullet w_j \tag{7-4}$$

其中，$()_+=()\times\text{signal}()$，$\text{signal}()$ 为符号函数。$\hat{w}_j$ 为 w_j 系数去噪后的系数。通过 Shearlet 重构算法，就可以得到 r 的估计 $\hat{r}$，再对 $\hat{r}$ 进行指数化就可以得到去噪后的 SAR 图像。

下面给出基于 Shearlet 变换的双阈值 SAR 图像去噪算法的具体步骤。

（1）将原始的 SAR 图像进行对数化。

（2）分别对步骤（1）中得到的图像进行 Shearlet 变换，得到不同子带的不同方向上的变换系数。

（3）对变换后的高频系数采用式（7-4）进行双变量阈值法去噪，估计“干净”SAR 图像对数化后经过 Shearlet 变换的系数。

（4）将去噪后的子带进行 Shearlet 重构变换。

（5）将步骤（4）中得到的图像进行指数化得到最终的去噪 SAR 图像。

7.1.2 实验结果与分析

本小节一起验证 DST 变换比小波变换和 CT 变换对图像具有更好的逼近性，对如图 7-1（a）所示的某机场的 SAR 图像进行小波变换硬阈值算法、CT 变换硬阈值算法和 DST 变换硬阈值算法去噪，图 7-1（b）为小波变换的去噪效果，图 7-1（c）为 CT 变换的去噪效果，图 7-1（d）为 DST 变换的去噪效果。

通过图 7-1 可以明显地看到，基于 DST 变换的去噪算法去噪后整个机场右部分的完整性最好，其次是基于 CT 变换的去噪算法，最差的是基于小波变换的去噪算法。这说明 DST 变换具有更好的方向性。实验环境是：CPU 主频为 2.00GHz，内存为 3G 的微机，运行工具为 MATLAB。

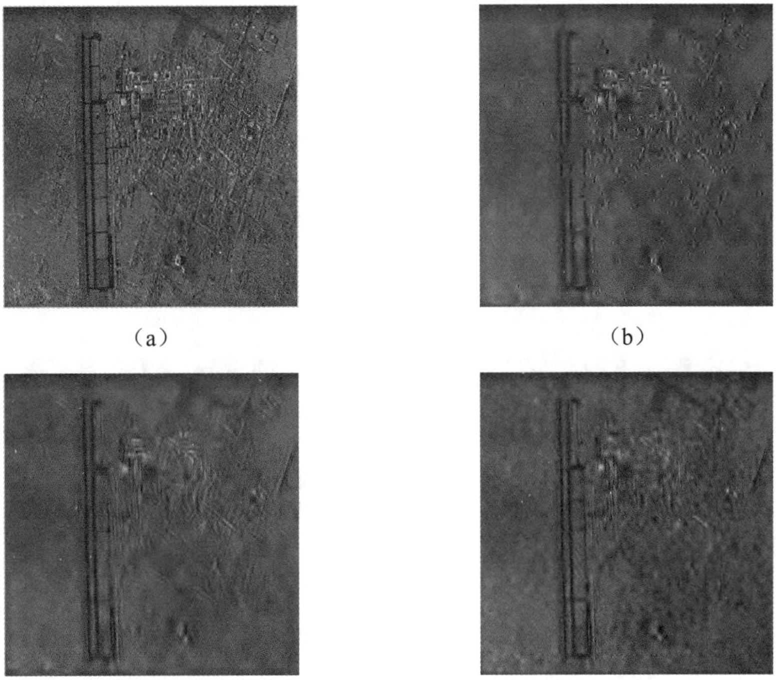

（a）　（b）　（c）　（d）

图 7-1　DST 变换的作用

（a）噪声图像；（b）使用小波变换去噪；（c）使用 CT 变换去噪；（d）使用 DST 变换去噪

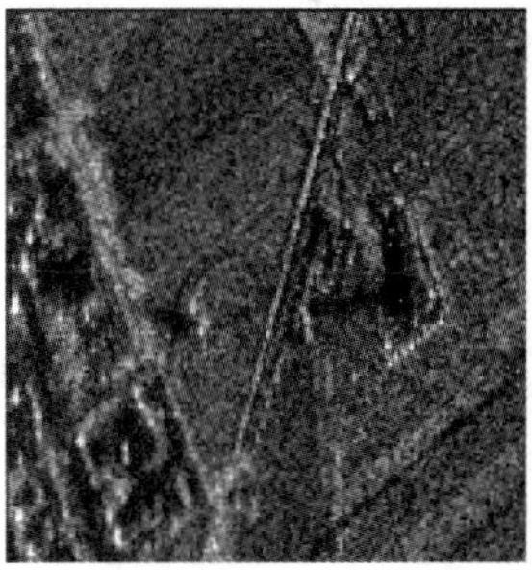

图 7-2　原始的 SAR 图像

为了进一步验证所提出的算法的可靠性与有效性，对原始图像进行 Contourlet 变换联合 Cycle Spinning 双变量阈值去噪（CT+CS）、Contourlet 变换（CT）双变量阈值去噪、非下采样 Contourlet 变换（NSCT）双变量阈值去噪和 Shearlet 变换（DST）双变量阈值去噪处理，并对去噪后的图像进行比较。在实验中，所有算法的图像分解尺度是 4 级，方向子带数分别为[2, 4, 16, 16]。图 7-2 为测试图像，图 7-3 为测试图像经过各种去噪算法以后的实验结果。

Shearlet 变换与 Contourlet 变换相似，但 Shearlet 变换的方向尺度变换并不像 Contourlet 变换那样通过严格采样的扇形滤波器组和重采样来实现。扇形滤波器组不能实现任意方向的变换，但 Shearlet 变换的方向尺度变换没有方向数目和剪切支撑集大小的限制。因此，Shearlet 变换具有很好的方向性，这就意味着能得到更高的稀疏性，去噪时必然可以使双变量阈值法更集中于较大的系数，增强去噪的效果。为了更好地展示 DST 双变量阈值去噪算法的优越性，我们计算第 1 章中常用的 SAR 图像去噪性能参数，其中包括 PSNR、ENL、标准差和 EPI，如表 7-1 所示。

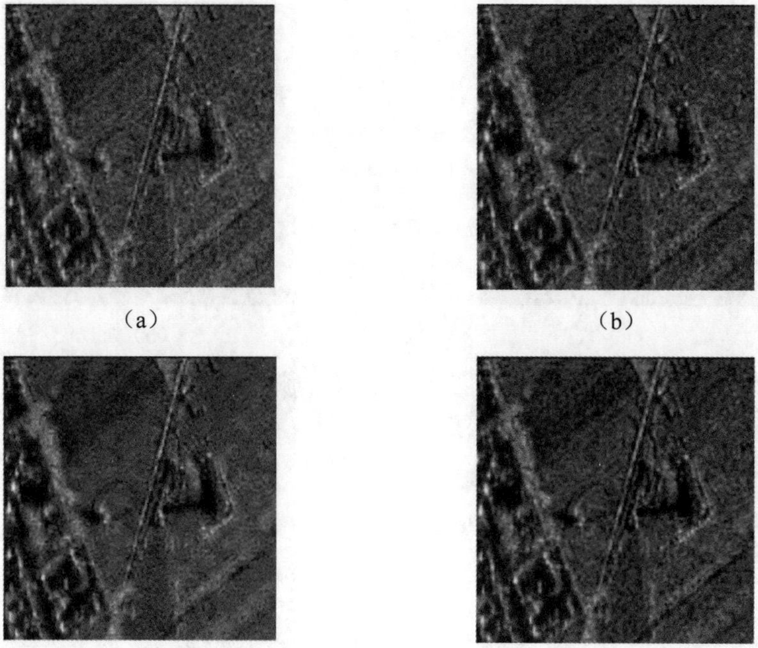

（a）　　（b）　　（c）　　（d）

图 7-3　使用各种去噪算法去噪后的图像

（a）使用 CT 去噪；（b）使用 CT+CS 去噪；（c）使用 NSCT 去噪；（d）使用 DST 去噪

从图 7-3 的实验结果中可以看到，图 7-3（d）所示的 DST 双变量阈值去噪算法与其他去噪算法相比具有更好的视觉效果和更高的 PSNR，如表 7-1 的 PSNR 列所示。相比图 7-3（a）使用 Contourlet 变换（CT）双变量阈值去噪，DST 双变量阈值去噪算法的 PSNR 约提高了 2 dB，相比图 7-3（b）使用 Contourlet+Cycle Spinning（CT+CS）双变量阈值去噪，DST 双变量阈值去噪算法的 PSNR 约提高了 1 dB，可以看到，双变量系数模型对去噪效果起到了举足轻重的作用。相比图 7-3（c）的非下采样 Contourlet 变换（NSCT）双变量阈值去噪，DST 双变量阈值去噪算法去噪后的图像不仅在 PSNR 上更胜一筹，而且更平滑一些，不但抑制了人造纹理的产生，而且明显改善了视觉效果，如表 7-1 ENL 列所示，DST 双变量阈值去噪算法的 ENL 更大，更重要的是计算时间大大减少，如表 7-1 所示。

从表 7-1 所示的各种去噪算法的性能参数来看，DST 双变量阈值去噪算法具有最高的 PSNR 和 ENL，并且去噪后标准差较小，EPI 最接近 1。因此 DST 双变量阈值去噪算法具有很强的轮廓保持能力，能更好地保留 SAR 图像的纹理信息，即该算法的去噪能力和去噪后的视觉效果都很好。

表 7-1　各种去噪算法的性能参数

去噪算法	PSNR/dB	ENL	标准差	EPI	时间/s
CT	28.54	7.51	39.92	0.82	0.16

续表

去 噪 算 法	PSNR/dB	ENL	标　准　差	EPI	时间/s
CT+CS	29.31	9.00	39.14	0.84	0.32
NSCT	29.93	12.75	37.76	0.66	248.0
DST	30.17	13.81	36.34	0.95	2.90

为了进一步分析去噪算法对 SAR 图像纹理信息的保留能力，我们计算了各种去噪算法去噪以后的图像与原始图像差值的绝对值，如图 7-4 所示。从图 7-4 的实验结果可以发现：在图 7-4（d）所示的差值图像中基本上没有包含轮廓，而在图 7-4（a）和图 7-4（b）所示的差值图像中，靠近左边界和右边界的地方明显是一块纹理，这就意味着这两种去噪算法在去噪的同时去掉了一些原始图像的纹理，而在图 7-4（c）所示的差值图像中明显可以看到原始图像的轮廓，这意味着非下采样 Contourlet 变换双变量阈值去噪算法不能很好地保持 SAR 图像的纹理和轮廓。由此可以看出，DST 双变量阈值去噪算法更有利于 SAR 图像纹理和轮廓的保持。当然也可以通过表 7-1 展示的各去噪算法的标准差和 EPI 了解到这一点。

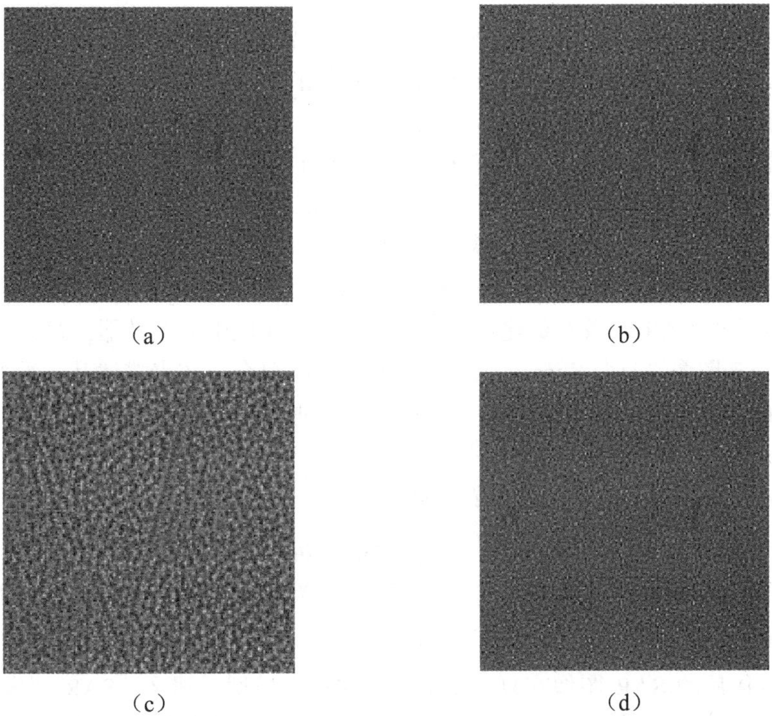

（a）　（b）　（c）　（d）

图 7-4　去噪后的图像与原始图像的差值

（a）CT 去噪后与原图的差值；（b）CT+CS 去噪后与原图的差值；
（c）NSCT 去噪后与原图的差值；（d）DST 去噪后与原图的差值

7.2 基于复 Shearlet 域的高斯混合模型的 SAR 图像去噪

在 SAR 图像变换域去噪的过程中，主要有两个方面决定去噪的效果：一是变换的方法应该具有良好的性质；二是变换域中 SAR 图像的系数应该有一个好的统计模型和较好的变换系数修改算法。因此，在文献[3]中作者从这两方面入手，提出了一种基于复 Shearlet 变换域的高斯混合模型的 SAR 图像去噪算法。首先，针对文献[4]中实现 Shearlet 的缺点，利用第 3 章提出的一种计算简单移不变的 Shearlet 离散形式——复 Shearlet 变换（Complex discrete Shearlet transform，CDST）建立 SAR 图像的复 Shearlet 域系数模型，使用贝叶斯最小二乘估计法修改变换系数从而得到去噪后的图像。

7.2.1 高斯混合模型去噪算法

在 6.2 节中介绍的高斯比例混合模型又称为高斯混合模型，它是一种使用范围很广泛的模型，基本上现有的许多变换域系数模型都可以由高斯混合模型推出。而且高斯混合模型非常适用于具有长拖尾性质的分布，近乎最优的逼近其边缘响应。由于平常不含噪声的图像在非下采样 Shearlet 域中具有稀疏和聚集的分布特性，所以可以使用广义高斯模型进行描述。众所周知，双变量高斯分布是广义高斯分布的特例，而广义高斯分布是高斯混合分布的一种特例，为了更精确地描述复 Shearlet 系数，将使用高斯混合分布来表示变换系数的分布。下面将构造复 Shearlet 域分解系数的高斯混合模型。

假设含噪声的 SAR 图像对数化后在复 Shearlet 变换域中的系数服从高斯混合模型。即在对含噪声SAR图像进行复Shearlet变换后，采用高斯混合分布来描述其系数的邻域特性，在此基础上采用贝叶斯最小二乘法对高频方向子带进行估计，最后反变换得到去噪后的图像。设复 Shearlet 变换在尺度 j 的高频方向 θ（θ=1～6）的第 $k(0 \leqslant k < 2)$ 个方向滤波下的子带系数为 $f_k^{j,\theta}$，其高斯混合模型可表示如下：

$$f_k^{j,\theta} = x_k^{j,\theta} + w_k^{j,\theta} = \sqrt{z_k^{j,\theta}}\, u_k^{j,\theta} + w_k^{j,\theta} \tag{7-5}$$

其中，$x_k^{j,\theta}$ 可视为未被相干斑噪声污染的图像，$z_k^{j,\theta}$ 为正标量随机因子，$u_k^{j,\theta}$ 和 $w_k^{j,\theta}$ 同为零均值的高斯向量，将 $w_k^{j,\theta}$ 视为噪声。注意在式（7-5）中并不要求 $w_k^{j,\theta}$ 是高斯白噪声，即该模型符合对数化后的 SAR 图像在复 Shearlet 域的噪声模型。那么，SAR 图像的去噪即转换为由观测值 $f_k^{j,\theta}$ 求 $x_k^{j,\theta}$ 的估计值 $\hat{x}_k^{j,\theta}$ 的问题。下面使用贝叶斯最小二乘法估计 $\hat{x}_k^{j,\theta}$。

设 $u_k^{j,\theta}$ 和 $w_k^{j,\theta}$ 的协方差矩阵分别为 $\boldsymbol{C}_u$ 和 $\boldsymbol{C}_w$，则 $f_k^{j,\theta}$ 相对 $z_k^{j,\theta}$ 的条件分布的协方差 $\boldsymbol{C}_{f|z} = z_k^{j,\theta}\boldsymbol{C}_u + \boldsymbol{C}_w$，由式（7-5）可知，$f_k^{j,\theta}$ 的条件分布密度函数如下：

$$p(f_k^{j,\theta} \mid z_k^{j,\theta}) = \frac{\exp(-(f_k^{j,\theta})^T (z_k^{j,\theta}\boldsymbol{C}_u + \boldsymbol{C}_w)^{-1} f_k^{j,\theta} / 2)}{(2\pi)^{N/2} \left| z_k^{j,\theta}\boldsymbol{C}_u + \boldsymbol{C}_w \right|^{1/2}} \tag{7-6}$$

首先通过蒙特卡罗法估计出 $w_k^{j,\theta}$ 的协方差 $\boldsymbol{C}_w$，则 $\boldsymbol{C}_f = E\{z_k^{j,\theta}\}\boldsymbol{C}_u + \boldsymbol{C}_w$，这里假设 $E\left\{z_k^{j,\theta}\right\}=1$，则该式可简化为：

$$\boldsymbol{C}_u = \boldsymbol{C}_f - \boldsymbol{C}_w \tag{7-7}$$

当然，为了保证自协方差矩阵的非负定性，将 $\boldsymbol{C}_u$ 的负特征值置为 0。应用贝叶斯估计理论，使均方误差最小，可以得到：

$$\hat{x}_k^{j,\theta} = \int_0^{\infty} p\left(z_k^{j,\theta} \mid f_k^{j,\theta}\right) E\left\{x_k^{j,\theta} \mid f_k^{j,\theta}, z_k^{j,\theta}\right\} \mathrm{d}\left(z_k^{j,\theta}\right) \tag{7-8}$$

$E\left\{x_k^{j,\theta} \mid f_k^{j,\theta}, z_k^{j,\theta}\right\}$ 是 $x_k^{j,\theta}$ 在条件 $z_k^{j,\theta}$ 下的贝叶斯最小二乘估计，$p\left(z_k^{j,\theta} \mid f_k^{j,\theta}\right)$ 是 $z_k^{j,\theta}$ 的后验概率密度函数。由于在条件 $z_k^{j,\theta}$ 下 $x_k^{j,\theta}$ 服从高斯分布，所以 $E\left\{x_k^{j,\theta} \mid f_k^{j,\theta}, z_k^{j,\theta}\right\} = z_k^{j,\theta} C_u \left(z_k^{j,\theta} C_u + C_w\right)^{-1} f_k^{j,\theta}$，可以通过线性维纳估计获得：

$$E\{x_k^{j,\theta} \mid f_k^{j,\theta}, z_k^{j,\theta}\} = z_k^{j,\theta}\boldsymbol{C}_u (z_k^{j,\theta}\boldsymbol{C}_u + \boldsymbol{C}_w)^{-1} f_k^{j,\theta} \tag{7-9}$$

为了简化计算，记 $\boldsymbol{S}$ 为正定矩阵的对称平方根，即 $\boldsymbol{C}_w = \boldsymbol{S}\boldsymbol{S}^{\mathrm{T}}$，令 $\boldsymbol{Q}$ 和 $\boldsymbol{\Lambda}$ 分别为矩阵 $\boldsymbol{S}^{-1}\boldsymbol{C}_u\boldsymbol{S}^{-\mathrm{T}}$ 的特征向量组成的矩阵和特征值组成的对角阵，则：

$$z_k^{j,\theta}\boldsymbol{C}_u + \boldsymbol{C}_w = z_k^{j,\theta}\boldsymbol{C}_u + \boldsymbol{S}\boldsymbol{S}^{\mathrm{T}} = \boldsymbol{S}(z_k^{j,\theta}\boldsymbol{S}^{-1}\boldsymbol{C}_u\boldsymbol{S}^{-\mathrm{T}} + \boldsymbol{I})\boldsymbol{S}^{\mathrm{T}} = \boldsymbol{S}\boldsymbol{Q}(z_k^{j,\theta}\boldsymbol{\Lambda} + \boldsymbol{I})\boldsymbol{Q}^{\mathrm{T}}\boldsymbol{S}^{\mathrm{T}} \tag{7-10}$$

即式（7-10）可以化简为：

$$\begin{aligned}
&E\{x_k^{j,\theta} \mid f_k^{j,\theta}, z_k^{j,\theta}\} \\
&= z_k^{j,\theta}\boldsymbol{C}_u\boldsymbol{S}^{-\mathrm{T}}\boldsymbol{Q}(z_k^{j,\theta}\boldsymbol{\Lambda} + \boldsymbol{I})^{-1}\boldsymbol{Q}^{\mathrm{T}}\boldsymbol{S}^{-1} f_k^{j,\theta} \\
&= z_k^{j,\theta}\boldsymbol{S}\boldsymbol{S}^{-1}\boldsymbol{C}_u\boldsymbol{S}^{-\mathrm{T}}\boldsymbol{Q}(z_k^{j,\theta}\boldsymbol{\Lambda} + \boldsymbol{I})^{-1}\boldsymbol{Q}^{\mathrm{T}}\boldsymbol{S}^{-1} f_k^{j,\theta} \\
&= z_k^{j,\theta}\boldsymbol{S}\boldsymbol{Q}\boldsymbol{\Lambda}(z_k^{j,\theta}\boldsymbol{\Lambda} + \boldsymbol{I})^{-1}\boldsymbol{Q}^{\mathrm{T}}\boldsymbol{S}^{-1} f_k^{j,\theta} \\
&= z\boldsymbol{M}\boldsymbol{\Lambda}(z_k^{j,\theta}\boldsymbol{\Lambda} + \boldsymbol{I})^{-1} v
\end{aligned} \tag{7-11}$$

其中，$\boldsymbol{M} = \boldsymbol{S}\boldsymbol{Q}$，$v = \boldsymbol{M}^{-1} y$，此时如果 m_{rc} 表示矩阵 $\boldsymbol{M}$ 的第 r 行第 c 列的元素，λ_c 为 $\boldsymbol{\Lambda}$ 矩阵对角线上的元素，v_c 为向量 $\boldsymbol{v}$ 的元素，则式（7-11）可以写成如下形式：

$$E\left\{x_k^{j,\theta} \mid f_k^{j,\theta}, z_k^{j,\theta}\right\} = \sum_{c=1}^{n} \frac{z_k^{j,\theta} m_{rc} \lambda_c \boldsymbol{v}_c}{z_k^{j,\theta} \lambda_c + 1} \tag{7-12}$$

同理，式（7-12）可以简化为：

$$p\left(f_k^{j,\theta} \mid z_k^{j,\theta}\right) = \frac{\exp\left(-\frac{1}{2}\sum_{c=1}^{n} \frac{\boldsymbol{v}_c^2}{z_k^{j,\theta} + 1}\right)}{(2\pi)^{N/2} \left| C_w \prod_{c=1}^{N} \left(z_k^{j,\theta}\lambda_c + 1\right) \right|^{1/2}} \tag{7-13}$$

由贝叶斯定律 $p(z_k^{j,\theta} \mid f_k^{j,\theta})$ 计算式（7-14）：

$$p\left(z_k^{j,\vartheta} \mid f_k^{j,\theta}\right)=\frac{p\left(f_k^{j,\theta} \mid z_k^{j,\theta}\right) p_{z_k^{j,\theta}}\left(z_k^{j,\theta}\right)}{\int_0^{\infty} p\left(f_k^{j,\theta} \mid \alpha\right) p_{z_k^{j,\theta}}(\alpha) \mathrm{d} a} \tag{7-14}$$

在 CDST 域高斯混合模型去噪算法中，$z_k^{j,\theta}$ 的分布采用 Jeffery 先验密度函数。

下面给出 CDST 域高斯混合模型去噪算法的步骤：

（1）对 SAR 图像进行对数化，得到对数化图像 f。

（2）对图像进行复 Shearlet 变换，得到各个高频子带的方向系数 $f_k^{j,\theta}$。

（3）通过式（7-5）至式（7-14）计算估计系数 $\hat{x}_k^{j,\theta}$。

（4）对修正后的系数 $\hat{x}_k^{j,\theta}$ 进行复 Shearlet 逆变换，得到去噪后的图像。

（5）对 $\tilde{f}$ 进行指数化，得到最终的去噪 SAR 图像。

7.2.2 实验结果与分析

为了验证 CDST 域高斯混合模型去噪算法的可靠性与有效性，将该算法与现阶段比较好的算法去噪后进行效果比较和分析。我们对一组原始图像（斯坦福大学图像库）分别进行 Contourlet 域高斯混合模型去噪（CT-GMS）、Shearlet 变换域高斯混合去噪（DST-GMS）、贝叶斯最小方差高斯混合去噪（BLS-GSM）去噪和 CDST 域高斯混合模型去噪（CDST-GSM），并对去噪后的图像进行比较。实验中的所有算法的图像分解尺度都是 4 级，方向子带数分别为[2, 4, 16, 16]。如图 7-5 所示为其中的一幅测试图像，图 7-6 是这幅测试图像经过上述算法去噪后的效果。

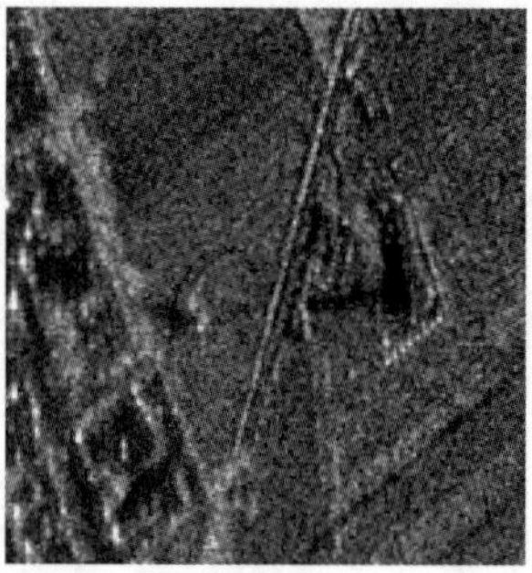

图 7-5　原始含噪的 SAR 图像

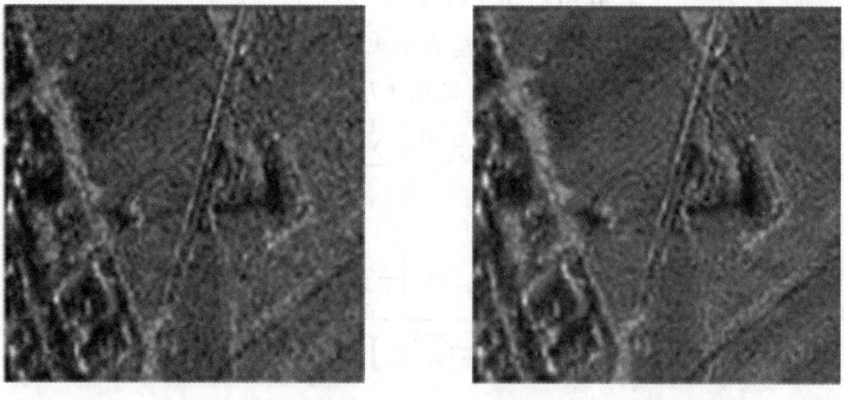

（a）　　（b）

图 7-6　使用各种去噪算法去噪后的图像

（a）使用 CT-GSM 去噪；（b）使用 DST-GSM 去噪

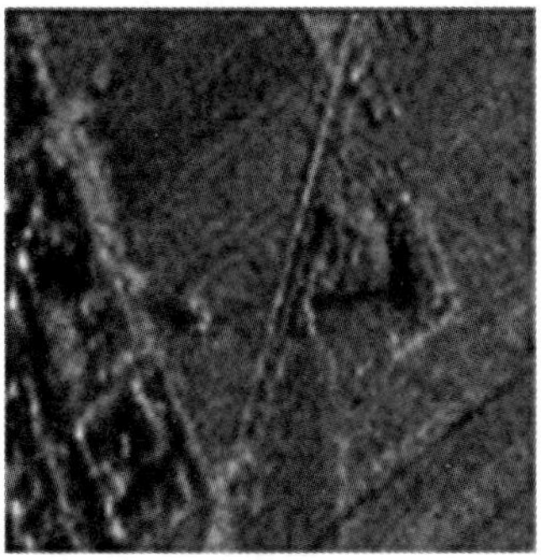

（c）

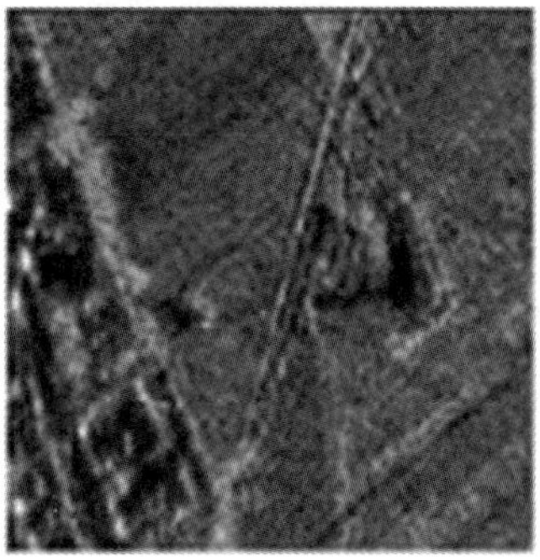

（d）

图 7-6　使用各种去噪算法去噪后的图像（续）

（c）使用 BLS-GSM 去噪；（d）使用 CDST-GSM 去噪

从图 7-6 的实验结果中可以看到，图 7-6（d）CDST 域高斯混合模型去噪算法与其他去噪算法相比图像的视觉效果更好。相比图 7-6（a）使用的 CT-GSM 去噪和图 7-6（c）使用的 BLS-GSM 去噪，CDST 域高斯混合模型去噪算法的 PSNR 分别提高了近 1.5dB 和 2dB，见表 7-2 的 PSNR 值。相比图 7-6（b）使用的 DST-GSM 去噪，CDST 域高斯混合模型去噪算法不仅 PSNR 有所提高，而且去噪后的图像更好地保持了原始图像的纹理信息，抑制了人造纹理的产生，视觉效果得到了明显的提升，见表 7-2 的等效视数（ENL）值，而且其计算速度也变快，这应该归功于复 Shearlet 的构造。

为了更好地展示 CDST 域高斯混合模型去噪算法的优越性，我们同时计算了各种去噪算法的几种常用的去噪性能参数，如表 7-2 所示。

表 7-2　各种去噪算法的性能参数

去噪算法	PSNR/dB	ENL	标准差	EPI	时间/s
CT-GSM	28.28	17.75	32.92	0.80	1.21
DST-GSM	27.93	18.87	30.54	0.76	3.91
BLS-GSM	28.60	18.59	30.86	0.85	1.01
CDST-GSM	29.96	20.08	30.34	0.95	1.12

从表 7-2 所示的各种去噪算法的性能参数来看，CDST 域高斯混合模型去噪算法是一种较好的去噪算法。CDST 域高斯混合模型去噪算法不仅有最高的 PSNR 和 ENL，并且标准差较小，EPI 接近 1。由此可知，CDST 域高斯混合模型去噪算法不仅去噪能力很强，而且去噪后的视觉效果也很好，具有较强的轮廓保持能力，能更好地保留 SAR 图像的纹理信息，并且 CDST 域高斯混合模型去噪算法的计算时间相比非下采样 Shearlet 高斯混合模型去噪显著降低，与 BLS-GSM 相差无几。

为了进一步分析去噪算法对 SAR 图像纹理的性能保持，我们计算了各种去噪算法去噪以后的图像与原始图像的差值的绝对值，并将其呈现在图 7-7 中。

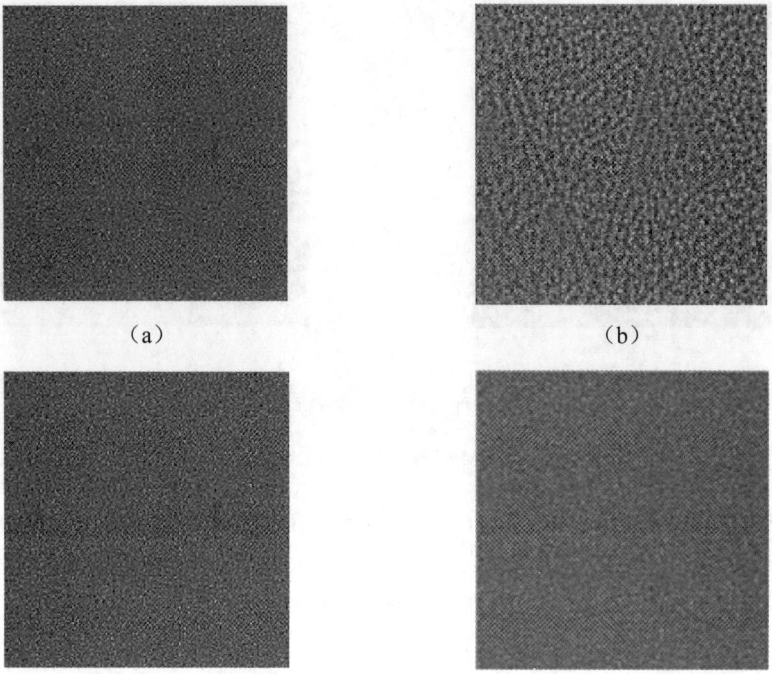

（a） （b） （c） （d）

图 7-7　去噪后的图像与原始图像的差值

（a）CT-GSM 去噪后与原图的差值；（b）DST-GSM 去噪后与原图的差值；（c）BLS-GSM 去噪后与原图的差值；（d）CDST-GSM 去噪后与原图的差值

通过图 7-7 的实验结果可以发现，与其他算法的差值图像相比，图 7-7（d）所示的差值图像基本上没有包含轮廓，由此可以看出我们所提出的 CDST-GSM 去噪算法更有利于 SAR 图像纹理和轮廓的保持。当然我们也可以从表 7-2 中展示的各去噪算法的标准差和 EPI 了解到这一点。综合考虑，CDST 域高斯混合模型去噪算法是一种适用于 SAR 图像去噪的有效算法。

7.3　基于剪切-双树复小波变换的 SAR 图像去噪

通过分析 Shearlet 和双树复小波的特点，学者们研究了新的算法——依据剪切-双树复小波的算法，并将其应用到去噪中。下面对该算法中的基础算法进行简单介绍。

7.3.1　软阈值去噪

学者们研究了基于阈值的小波域去噪算法，该方案的基本思想是：噪声能量均匀地弥散在整个频域中，因此可以假定一个数值，将小于该数值的认为是噪声并去除，从而达到去噪的目的。

设 $W_{j,k}$ 为 j 尺度 k 方向上需要进行去噪的数值，则硬阈值去噪公式如式（7-15）所示。

$$\hat{W}_{j,k}=\begin{cases}W_{j,k}, & \left|W_{j,k}\right|\geqslant T\\ 0, & \text{其他}\end{cases} \tag{7-15}$$

其中，T 表示阈值。

硬阈值去噪虽然取得了较好的效果，但是其函数具有不连续性，这个缺点会造成一些间断点，从而导致振铃等情况发生，因此有关学者又提出了软阈值去噪算法，其处理结果相对平滑。我们基于剪切-双树复小波变换的 SAR 图像去噪算法利用软阈值对高频分量去噪。软阈值去噪函数如式（7-16）所示。

$$\hat{W}_{j,k}=\begin{cases}\operatorname{sign}\left(W_{j,k}\right)\left(\left|W_{j,k}\right|-T\right), & \left|W_{j,k}\right|\geqslant T\\ 0, & \text{其他}\end{cases} \tag{7-16}$$

其中，T 为阈值门限，sign() 为符号函数。

7.3.2　Lee 滤波去噪

设重构后的图像为 $\boldsymbol{I}$，不含噪声的为 $\boldsymbol{X}$，其均值是 $\overline{\boldsymbol{I}}$，信号的平均强度为 $\overline{\boldsymbol{X}}$，那么 $\overline{\boldsymbol{X}}=E\left(\boldsymbol{X}\right)=E\left(\boldsymbol{I}\right)=\overline{\boldsymbol{I}}$。

假设预测信号 $\hat{\boldsymbol{X}}$ 是平均强度的信号 $\overline{\boldsymbol{X}}$ 和观测信号 $\boldsymbol{I}$ 的线性组合：

$$\hat{\boldsymbol{X}}=a\bullet\hat{\boldsymbol{I}}+b\bullet\boldsymbol{I} \tag{7-17}$$

其中，a, b 是令均方误差项 $\boldsymbol{J}=E[(\boldsymbol{X}-\hat{\boldsymbol{X}})^2]$ 最小可解：

$$a=1-b,b=\frac{\delta_X}{\delta_1} \tag{7-18}$$

其中，δ_1 表示滑动窗口的方差，那么：

$$\delta_x=\frac{\delta_1-\sigma_v\bar{\boldsymbol{I}}^2}{1+\sigma_v^{\ 2}} \tag{7-19}$$

其中，

$$\sigma_v=\frac{1}{\sqrt{\overline{N}}} \tag{7-20}$$

其中，$\overline{N}$ 代表图像的视数。一般情况下，图像的视数是已知的。

7.3.3 K-奇异值分解

设信号 $\boldsymbol{X}\in\mathbb{R}^n$ 是假设原子的结合，其冗余模型如下：

$$\min_{\alpha}\|\boldsymbol{\alpha}\|_0,\text{s.t}\ \|\boldsymbol{I}-\boldsymbol{D\alpha}\|_2\leqslant\varepsilon \tag{7-21}$$

其中：$\|\ \|_0$ 表示 l_0 范数，$\boldsymbol{I}\in\mathbb{R}^{n\times m}$ 表示含噪的图片；$\boldsymbol{D}\in\mathbb{R}^{n\times\lambda}$ 代表字典，λ 是其中的原子数量；$\boldsymbol{\alpha}\in\mathbb{R}^n$ 为稀疏表示系数；ε 为误差容限。在一定的 ε 下，可以由式（7-21）求出 $\boldsymbol{\alpha}$。

稀疏编码去噪分为三步，首先是构造过完备字典，其次是进行分析，最后是去噪后的重构。K-奇异值分解的字典去噪流程如图 7-8 所示。

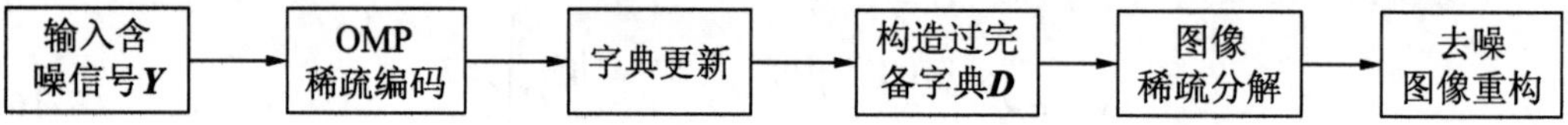

图 7-8　K-奇异值去噪算法流程

首先对 Y 采取分解措施，得到各个子块为 $\boldsymbol{X}_{ij}=\boldsymbol{R}_{ij}\boldsymbol{X}$，$\boldsymbol{R}_{ij}$ 为获得的子块的矩阵，那么得到的函数如下：

$$\min_{\boldsymbol{\alpha}_{ij},\boldsymbol{X}}\left\{\lambda\|\boldsymbol{X}-\boldsymbol{Y}\|_2^2+\sum_{ij}\mu_{ij}\|\boldsymbol{\alpha}_{ij}\|_0+\sum_{ij}\|\boldsymbol{D\alpha}_{ij}-\boldsymbol{R}_{ij}\boldsymbol{Y}\|_2^2\right\} \tag{7-22}$$

其中：$\lambda\|\boldsymbol{X}-\boldsymbol{Y}\|_2^2$ 代表未知的去噪和含噪的近似情况；$\sum_{ij}\mu_{ij}\|\boldsymbol{\alpha}_{ij}\|_0$ 表示总的稀疏度约束；$\sum_{ij}\|\boldsymbol{D\alpha}_{ij}-\boldsymbol{R}_{ij}\boldsymbol{Y}\|_2^2$ 代表子块之间的差值。

由目标函数可知，第一步先求 $\boldsymbol{\alpha}_{ij}$，即

$$\hat{\boldsymbol{\alpha}}_{ij}=\arg\min_{\boldsymbol{\alpha}}\left\{\mu_{ij}\|\boldsymbol{\alpha}\|_0+\|\boldsymbol{D\alpha}_{ij}-\boldsymbol{X}_{ij}\|_2^2\right\} \tag{7-23}$$

当计算完全部的 $\boldsymbol{\alpha}_{ij}$ 后，式（3-11）可转化为求解：

$$\hat{\boldsymbol{X}}=\arg\min_{\boldsymbol{X}}\left\{\lambda\|\boldsymbol{X}-\boldsymbol{Y}\|_2^2+\sum_{ij}\|\boldsymbol{D\alpha}_{ij}-\boldsymbol{R}_{ij}\boldsymbol{X}\|_2^2\right\} \tag{7-24}$$

该二项式的封闭形式的解即

$$\hat{\boldsymbol{X}}=(\lambda\boldsymbol{I}+\sum_{ij}\boldsymbol{R}_{ij}^{\mathrm{T}}\boldsymbol{v}_{ij})^{-1}(\lambda\boldsymbol{Y}+\sum_{ij}\boldsymbol{R}_{ij}^{\mathrm{T}}\boldsymbol{D\alpha}_{ij}) \tag{7-25}$$

因此，$\hat{\boldsymbol{X}}$ 即所求的去噪图像，其中，$\boldsymbol{I}$ 为单位矩阵。

K-奇异值分解算法不但在去噪方面取得了很好的效果，而且对图像处理的效果更好，并具有很好的自适应性。

7.3.4　基于剪切-双树复小波变换的 SAR 图像去噪算法

在通常情况下，斑点噪声是乘性的，而且遵从 Γ 排列，拥有二阶不变性且均值为 1。

基于剪切-双树复小波变换的 SAR 图像去噪的步骤如下：

（1）将原图像进行对数化处理。

（2）对图像采取 Shearlet-双树复小波处理。

（3）利用相关去噪原理，对变换后的低频系数进行 K-奇异值分解去噪处理，对高频系数的实部和虚部分别进行软阈值处理。

（4）对去噪后的系数应用 Shearlet-双树复小波反变换处理实现图像重构。

（5）对重构图像应用指数化后对其应用 Lee 滤波，实现去噪后的重构。

基于剪切-双树复小波变换的 SAR 图像去噪流程如图 7-9 所示。

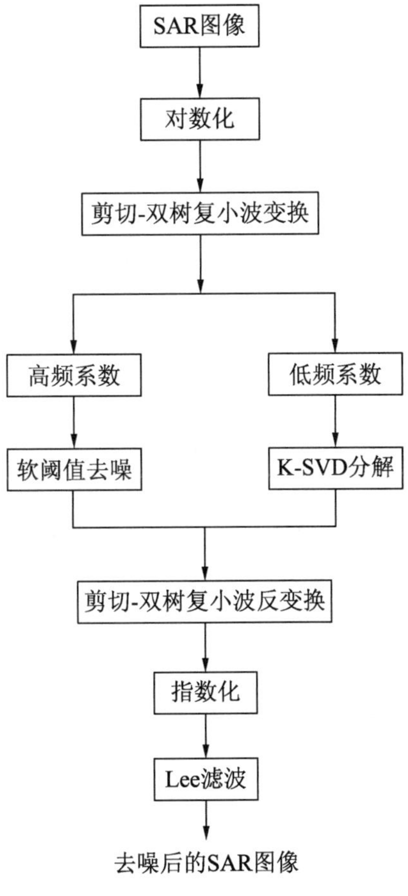

图 7-9　基于剪切-双树复小波变换的 SAR 图像去噪流程

7.3.5 实验结果与分析

为了证明基于剪切-双树复小波变换的 SAR 图像去噪算法（简称 ST-DTCWT）的可行性，下面将基于剪切-双树复小波变换的 SAR 图像去噪算法与文献[1]提出的 Shearlet 变换去噪算法（简称 ST）和文献[5]提出的基于上下文模型变换的 Shearlet 去噪算法（简称 ST-C）进行比较，并对去噪后的图像进行分析。

图 7-10 展示了通过不同算法对图 7-10（a）所示的田野的 SAR 图像去噪后的图像，该图是在斯坦福大学的图像库中获取的。图 7-11 展示了通过不同方法对图 7-11（a）所示的城市的 SAR 图像去噪后的图像，该图是通过 TerraSar-X 获取的。通过图 7-10 和图 7-11 可以看出，与其他去噪算法相比，基于剪切-双树复小波变换的 SAR 图像去噪算法得到的图像更平滑，而且人造纹理也得到了一定的抑制，图像的视觉效果明显得到了改善。

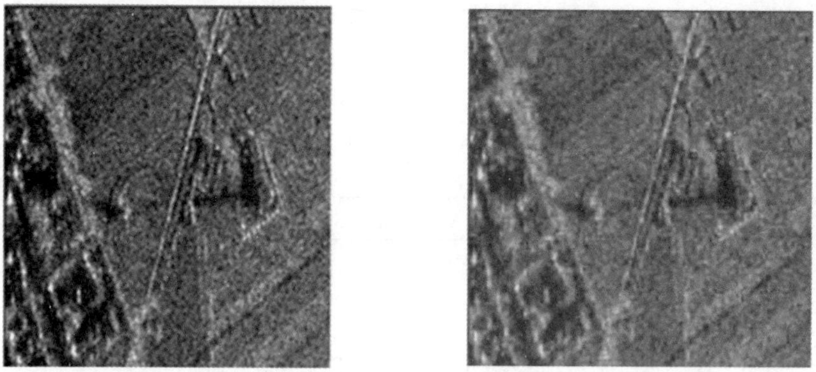

（a）　　（b）

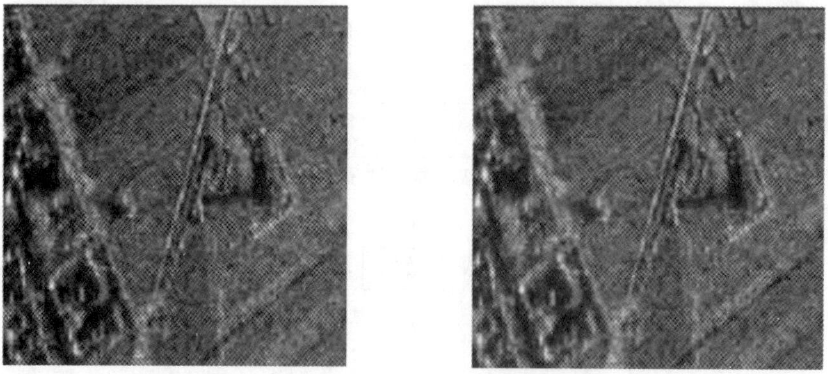

（c）　　（d）

图 7-10　对田野 SAR 图像采取不同的去噪算法后的效果

（a）原始的 SAR 图像；（b）采用 ST 算法去噪；

（c）采用 ST-C 算法去噪；（d）采用 ST-DTCWT 算法去噪

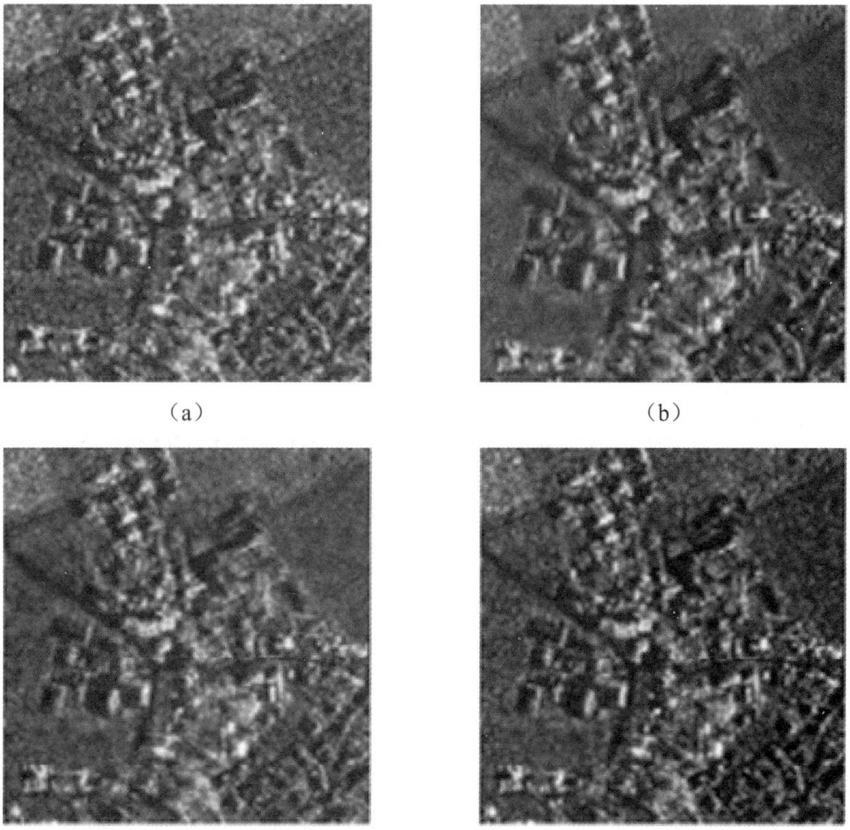

（a）　（b）　（c）　（d）

图 7-11　对城市 SAR 图像采取不同的去噪算法的效果

（a）原始的 SAR 图像；（b）采用 ST 算法去噪；
（c）采用 ST-C 算法去噪；（d）采用 ST-DTCWT 算法去噪

为了更客观地评价以上算法的性能，我们还可以计算一些常见的指标，详见第 2 章。这些去噪指标包括峰值信噪比（PSNR）、等效视数（ENL）、边缘保持指数（EPI）和标准差(SD)，如表 7-3 和表 7-4 所示。从表 7-3 和表 7-4 中可以看出，与其他方法相比，ST-DTCWT 去噪后的图像不但峰值信噪比更大，而且限制了人造纹理的出现，并且去噪后的图像视觉效果更好。

表 7-3　图 7-10 中不同去噪算法的性能指标

去噪算法	PSNR/dB	ENL	EPI	SD
ST	28.15	13.74	0.91	36.41
ST-C	31.62	15.77	0.94	37.35
ST-CTCWT	32.43	22.16	0.96	36.40

表 7-4　图 7-11 中不同去噪算法的性能参数

去 噪 算 法	PSNR/dB	ENL	EPI	SD
ST	28.62	14.06	0.92	35.64
ST-C	31.87	15.94	0.94	36.53
ST-DTCWT	33.12	22.67	0.97	35.60

通过实验对比我们可以看出 ST-DTCWT 去噪算法的一些优点。一方面，该算法可以提高峰值信噪比；另一方面，该算法不仅可以提高视觉效果，而且还限制了人造纹理的出现。

7.4　基于权重优化的广义非局部阈值的 SAR 图像去噪

7.4.1　广义非局部均值算法

图像中的各个像素都不是独立存在的，在其他区域总能找到与该像素的灰度值临近的点，并将这些点组合在一起进行搭建。另外，在不相同的位置上的像素常常显示出明显的相关性。根据这些发现，学者们利用纹理信息的高度相关性，研究出了有效的纹理生成方法。2005 年，BUADES 等人受到纹理合成方法的启发，提出了非局部均值（Non-Local Means，NLM）去噪算法[6]。此算法是对经典相邻域滤波的创新。它突破了经典邻域滤波只计算中心像素邻域内的限制，通过图像信息的相似性，在更大区域寻找相似像素进行滤波。

非局部均值滤波通过复杂信息的冗余度，能够准确、清晰地得到具有近似灰度值和结构信息的像素点的均值，从而实现降噪的目的。假设 $\boldsymbol{y}$ 代表观察到的含有噪声的图像，而 $\boldsymbol{x}$ 和 $\boldsymbol{n}$ 则分别代表无噪的图像和噪声。一般情况下，假设所观察的图像含有方差为 σ^2 的加性噪声，则可以用式（7-26）表示：

$$\boldsymbol{y} = \boldsymbol{x} + \boldsymbol{n} \tag{7-26}$$

假设有 m_i 个局部区域共享像素 i，在第 k 个区域 x_i 的估计值如式（7-27）所示。

$$\hat{x}_{i,k} = \boldsymbol{P}_{i,k}^{\mathrm{T}} \boldsymbol{y} + c_{i,k} \tag{7-27}$$

其中，$(\boldsymbol{P}_{i,k}, c_{i,k})$ 可以看作一个低通滤波器，按各种不同的去噪算法计算 $(\boldsymbol{P}_{i,k}, c_{i,k})$，结果只略有不同。

使用 NL 对 x_i 进行去噪的非局部均值估计如式（7-28）所示。

$$\hat{x}_i = \sum_{k=1}^{m_i} \omega_{ik} \hat{x}_{i,k} \tag{7-28}$$

其中，权重 ω_{ik} 是非负的。

为了更精确地计算灰度值 x_i 和 y_i 的近似性，学者们研究出了采用具有加权的距离 D_{pixel} 对 x_i 和 y_i 的近似性进行测量。其原因有两点：第一，使用高斯加权的欧氏距离通过高斯平滑图像块能进一步抑制噪声，并且比直接使用灰度值计算欧氏距离得到的相似性更加准确；第二，在去噪中会有较好的健壮性。

设 D_{pixel} 表示相邻块 x_i 和 y_i 间的距离，其公式如式（7-29）所示。

$$D_{\text{pixel}}\left(x_i, x_j\right) \stackrel{\text{def}}{=} \left(x_i - x_j\right)^2 - 2\sigma^2 \tag{7-29}$$

注意，如果 $E\left[D_{\text{pixel}}\left(x_i, x_j\right)\right] = \left(x_i - x_j\right)^2 \geqslant 0$，那么 $D_{\text{pixel}}\left(x_i, x_j\right) \leqslant 0$。

为了使欧氏距离 D_{pixel} 在去噪的时候会有较好的健壮性，非局部均值将衡量像素之间的相似性延伸到衡量子块间的相似性。基于对图像的观察，相似的子块倾向于具有相似的中心域，那么基于平方欧式距离的子块距离如式（7-30）所示。

$$D_{\text{patch}}\left(x_i, x_j\right) \stackrel{\text{def}}{=} \sum_{k=1}^{d} \left(x_i(k) - x_j(k)\right)^2 - 2d\sigma^2 \tag{7-30}$$

其中，$x_i(k)$ 和 $x_j(k)$ 分别为子块中心 i 和 j 的像素点，d 是一个子块中的数量，并且 $E\left[D_{\text{patch}}\left(x_i, x_j\right)\right] = \sum_{k=1}^{d} \left(x_i(k) - x_j(k)\right)^2$。

像素点 i 和 j 之间的权重函数 $W_{i,j}$ 可以由式（7-31）表示如下：

$$W_{i,j} \stackrel{\text{def}}{=} \exp\left(-\frac{\max\left\{D_{\text{patch}}\left(x_i, x_j\right), 0\right\}}{d\sigma^2 T^2}\right) \tag{7-31}$$

其中：$d\sigma^2$ 是进行归一化；T 是衰减参数，该参数如果设置过小则会削弱去噪性能，如果设置过大则容易模糊图像边缘；max 是防止权重设置为 1 时距离为负。

由于非局部均值是加权平均值，所以它面临着偏置方差的困境。通过调节滤波中的几个参数，将有助于解决这一困境。例如，如果我们选择一个大的搜索窗口，那么相似像素越多，将越有助于减小方差。类似地，如果我们选择一个大的子块，那么相似性测量更有助于去除噪声。但是，由于较少的像素被赋予了较大的权重，因此偏置方差并没有减小。可以看到，这些算法都是假设相邻的像素服从独立同分布的高斯分布。在现实世界中，图像相邻的像素并不是严格服从同一分布的，因此文献[7]的作者提出了一种基于两步迭代算法的广义非局部均值去噪算法：第一步，利用非局部均值得到一个基本的去噪后的图像；第二步，由于滤波后的噪声不再具有相同的方差且它们是强相关的，因此可以利用广义非局部均值进行去噪。下面将对广义非局部均值进行详细介绍。

非局部均值权重的计算是使用基于平方欧式距离的子块 D_{patch}。假设每个像素 $x_i(k)$ 和

$x_j(k)$ 是非独立的高斯分布，令 $\Delta_{ij}(k)\overset{\text{def}}{=}x_i(k)-x_j(k)$，$\Delta_{ij}(k)$ 也是高斯的，$\mathrm{Var}\left(\Delta_{ij}(k)\right)=2\sigma^2$。由此可见，$D_{\text{patch}}\left(x_i,x_j\right)$ 可被改写为式（7-32）所示。

$$2\sigma^2\sum_{k=1}^{d}\left[\frac{\Delta_{ij}(k)^2}{2\sigma^2}-1\right]=2\sigma^2\sum_{k=1}^{d}\left[\frac{\Delta_{ij}(k)^2}{\mathrm{Var}\left(\Delta_{ij}(k)\right)}-1\right] \tag{7-32}$$

因此，W_{ij} 可以被重新定义为广义权重，如式（7-33）所示。

$$W_{ij}^{G}\overset{\text{def}}{=}\exp\left(-\frac{\max\left\{\sum_{k=1}^{d}\left[\frac{\Delta_{ij}(k)^2}{\mathrm{Var}\left(\Delta_{ij}(k)\right)}-1\right],0\right\}}{dT^2/2}\right) \tag{7-33}$$

注意，由于每一个 $\Delta_{ij}(k)=x_i(k)-x_j(k)$ 都很小，新构造的权重仍然是一个比较良好的权重函数，尤其当子块中心在像素 i 和 j 处完全相同时，$\Delta_{ij}(k)=0$ 而 $W_{ij}^{G}=1$。

非局部均值可以通过将 W_{ij}^{G} 替换为 W_{ij} 从而变为广义非局部均值，与非局部均值相比，广义非局部均值并不要求 $x_i(k)$ 和 $x_j(k)$ 是独立同分布的，在进行非局部均值计算时，只需要知道如何计算 $\mathrm{Var}\left(\Delta_{ij}(k)\right)$ 即可。

7.4.2 基于权重优化的广义非局部阈值的 SAR 图像去噪算法

目前，我们总是假设非局部均值滤波中估计的权重是独立的随机变量时，加权的形式是最优的。然而，由于子块的重叠，使权重的估计值有非常严重的相关性，这就违背了原有假设中独立性的条件。文献[8]中的作者分析了权重理论，并根据偏置方差模型之间的相关性对不同权重下的均方误差（MSE）进行估计。该模型通过优化子块的重叠信息来尽量减少估计误差。在这个模型基础上，他们又研究出了依据二次规划新的加权算法。与文献[8]一样，我们使用二次规划计算广义非局部均值的权重，它不仅能直接抑制 SAR 图像的噪声，还获得了更好的降噪性能。

广义非局部均值也是子块最基本的去噪算法。为了便于计算，我们通过下面的公式转换广义非局部均值：

$$\hat{x}_i=\sum_{k\in m_i}\omega_{ik}\hat{x}_{i,k} \tag{7-34}$$

令 $\boldsymbol{P}_i=\left(p_{i,1},\cdots,p_{i,m_i}\right)$，$\boldsymbol{C}_i=\left(c_{i,1},\cdots,c_{i,m_i}\right)^{\mathrm{T}}$，$\boldsymbol{W}_i=\left(\omega_{i1},\cdots,\omega_{im_i}\right)^{\mathrm{T}}$，所以式（7-34）可以由式（7-35）代替：

$$\hat{x}_i=\boldsymbol{W}_i^{\mathrm{T}}\left(\boldsymbol{P}_i^{\mathrm{T}}\boldsymbol{y}+\boldsymbol{C}_i\right) \tag{7-35}$$

$\hat{x}_i$ 作为 $\boldsymbol{W}_i$ 的函数表示为 $\hat{X}(\boldsymbol{W}_i)$，其均值 $\mathrm{MSE}(\hat{X}(\boldsymbol{W}))$ 如式（7-36）所示。

$$\mathrm{MSE}(\hat{X}(\boldsymbol{W}))=\frac{1}{M}\left(\hat{x}_i(\boldsymbol{W}_i)-x_i\right)^2=\frac{1}{M}\left(\boldsymbol{W}_i^{\mathrm{T}}(\boldsymbol{P}_i^{\mathrm{T}}X+C_i)-x_i+\boldsymbol{W}_i^{\mathrm{T}}\boldsymbol{P}_i^{\mathrm{T}}n\right)^2 \tag{7-36}$$

其中，M 为 $\boldsymbol{X}$ 处所有像素的数量，W 定义为所有 $\boldsymbol{W}_i$ 的级联。

$\mathrm{MSE}(\hat{X}(\boldsymbol{W}))$ 的期望估计值如式（7-37）所示。

$$\hat{E}\left[\mathrm{MSE}(\hat{X}(\boldsymbol{W}))\right]=\frac{1}{M}\sum_{i=1}^{M}(\mathrm{Bias}^2(\hat{x}_i(\boldsymbol{W}_i))+\mathrm{Var}(\hat{x}_i(\boldsymbol{W}_i))) \tag{7-37}$$

其中，$\mathrm{Bias}(\hat{x}_i(\boldsymbol{W}_i))=E[\hat{x}_i(\boldsymbol{W}_i)]-x_i=\boldsymbol{W}_i^{\mathrm{T}}(\boldsymbol{P}_i^{\mathrm{T}}X+C_i)-x_i$ 是 $\hat{x}_i(\boldsymbol{W}_i)$ 对 x_i 的偏置方差，$\mathrm{Var}(\hat{x}_i(\boldsymbol{W}_i))=V[\hat{x}_i(\boldsymbol{W}_i)]=\sigma^2\boldsymbol{W}_i^{\mathrm{T}}\boldsymbol{P}_i^{\mathrm{T}}\boldsymbol{P}_i\boldsymbol{W}_i$ 是方差。

为了评估使用的恰当性，我们用 $\hat{E}[\mathrm{MSE}(\hat{X}(\boldsymbol{W}))]$ 估计 $\mathrm{MSE}(\hat{X}(\boldsymbol{W}))$，它们的比值如式（7-38）所示：

$$r(\boldsymbol{W})=\hat{E}[\mathrm{MSE}(\hat{X}(\boldsymbol{W}))]\ /\mathrm{MSE}(\hat{X}(\boldsymbol{W})) \tag{7-38}$$

文献[8]中的作者通过 3 种去噪算法对比值进行了实验，这 3 种去噪算法分别为 K-SVD、EPLL 和 BM3D，实验结果表明，比值 $r(W)$ 几乎接近 1，因此我们定义目标函数为：

$$f(\boldsymbol{W})=M\bullet\hat{E}[\mathrm{MSE}(\hat{X}(\boldsymbol{W}))]=\sum_{i=1}^{M}\boldsymbol{W}_i^{\mathrm{T}}(\boldsymbol{Q}_i+\sigma^2\boldsymbol{P}_i^{\mathrm{T}}\boldsymbol{P}_i)\boldsymbol{W}_i \tag{7-39}$$

其中，$\boldsymbol{Q}_i=(x_i\mathbf{1}-\boldsymbol{P}_i^{\mathrm{T}}X-c_i)(x_i\mathbf{1}-\boldsymbol{P}_i^{\mathrm{T}}X-c_i)^{\mathrm{T}}$。

在偏置方差模型中虽然没有独立性的假设，但是推导出了协方差矩阵，如式（7-40）。

$$\mathrm{COV}_i=\boldsymbol{Q}_i+\sigma^2\boldsymbol{P}_i^{\mathrm{T}}\boldsymbol{P}_i \tag{7-40}$$

正如式（7-40）所示，通过计算 $\boldsymbol{P}_i^{\mathrm{T}}\boldsymbol{P}_i$，协方差矩阵优于任何对角矩阵是由于它保留了不同局部区域的重叠信息，可以看出，每个 $\boldsymbol{P}_i^{\mathrm{T}}\boldsymbol{P}_i$ 是由 $\boldsymbol{P}_{i,k}$ 的两个内积得到的。

我们使用二次规划的方法优化 $f(\omega)$，它使用一个近似矩阵 $\hat{\boldsymbol{Q}}_i$ 优化 $f(\omega)$。在 $\boldsymbol{Q}_i$ 中包括一个未知的像素值 x，因此在优化 $f(\omega)$ 之前我们需要根据 y 和 $(\boldsymbol{P}_i,\boldsymbol{C}_i)$ 的内积估计 $\boldsymbol{Q}_i$ 的值。简单地说，像前面计算权重时假设 COV_i 是对角矩阵一样，在这里我们也假设 $\boldsymbol{Q}_i$ 作为一个对角矩阵 $\hat{\boldsymbol{Q}}_i$，仍然在 $\boldsymbol{P}_i^{\mathrm{T}}\boldsymbol{P}$ 中保留子块的重叠信息，则第 k 个对角线元素如式（7-41）所示。

$$(\boldsymbol{Q}_i)_{kk}=\left(x_i-\boldsymbol{P}_{i,k}^{\mathrm{T}}X-c_{i,k}\right)^2 \tag{7-41}$$

其估计值如式（7-42）所示。

$$(\hat{\boldsymbol{Q}}_i)_{kk}=(\bar{x}_i-\boldsymbol{P}_{i,k}^{\mathrm{T}}y-c_{i,k})^2+\varepsilon \tag{7-42}$$

其中，$\bar{x}_i=\dfrac{1}{m_i}\sum_{k=1}^{m_i}\hat{x}_{i,k}=\dfrac{\mathbf{1}^{\mathrm{T}}(\boldsymbol{P}_i^{\mathrm{T}}y+c_i)}{m_i}$ 是所有 $\hat{x}_{i,k}$ 的均值。

在此估计条件下，最优权重如式（7-43）所示。

$$\omega^* = \arg\min_{\omega} \sum_{i=1}^{M} \boldsymbol{\omega}_i^{\mathrm{T}} (\hat{\boldsymbol{Q}}_i + \sigma^2 \boldsymbol{P}_i^{\mathrm{T}} P_i) \omega_i \tag{7-43}$$

容易看出，每一个 $\boldsymbol{\omega}_i$ 都可以通过 QP 独立地计算出来，我们在偏置方差模型下通过 QP 解决了最优化问题，优化像素加权的广义非局部均值称为 GNL-OPWW。

在噪声抑制模型中我们使用 GNL-OPWW 与 NSST 相结合进行去噪。事实上，SAR 成像过程中的噪声包括散斑噪声。一般散斑已经发展得很成熟，其乘性公式如下：

$$I = R \bullet F \tag{7-44}$$

其中，I 定义了被散斑污染的 SAR 图像，R 定义了无噪图像，F 定义了散斑噪声。为了更方便地抑制噪声，我们将对数变换应用到其中。换句话说就是将乘性噪声变换成加性的，如式（7-45）所示。

$$\log(I) = \log(R) \bullet \log(F) \tag{7-45}$$

当带有高斯噪声的图像通过NSST分解时，在高频子带中这个噪声也符合高斯分布，因此无论是非局部均值去噪算法还是变换域去噪算法，都会产生严重的人造纹理。这种情况可以通过广义非局部均值解决。在文献[9]中，作者采用 NSST 和广义非局部均值相结合的方式来抑制散斑，以下是该去噪算法的步骤：

（1）对原始图像应用对数变换。这个操作可以使乘性噪声变为高斯噪声。

（2）对散斑图像应用 NSST，通过二次规划算法对广义非局部均值权重计算进行优化，然后对 NSST 的高频子带应用广义非局部均值；

（3）通过 NSST 的反变换可以重构无噪的 SAR 图像。

（4）经过指数算子得到最终的去噪图像。

基于 GNL-OPWW-NSST 的 SAR 图像去噪的流程如图 7-12 所示。

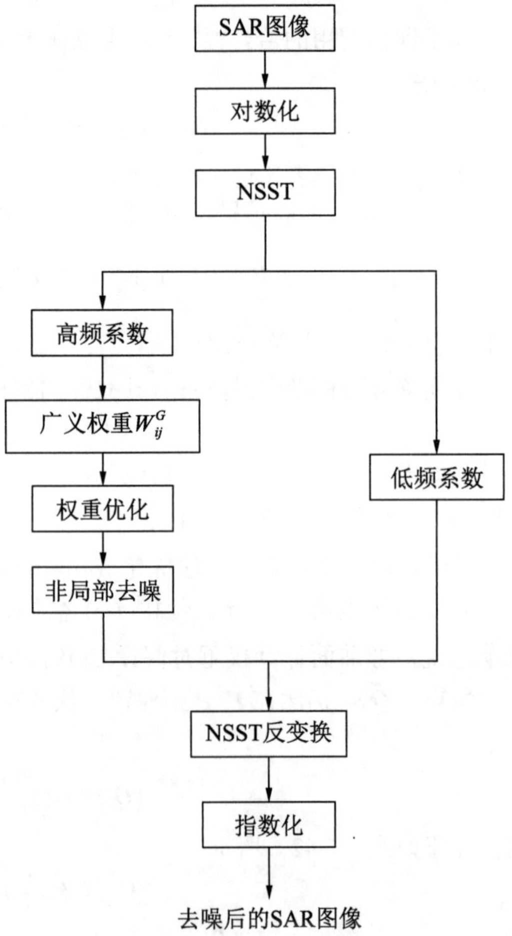

图 7-12　基于 GNL-OPWW-NSST SAR 图像去噪流程

7.4.3　实验结果与分析

为了证明去噪算法的可行性，我们将基于权重优化的广义非局部阈值 SAR 图像去噪（GNL-OPWW-NSST）与一些 SAR 图像去噪算法进行对比：在文献[10]中提出了基于 NSST 的图像去噪算法（NSST），在文献[11]中提出了基于 LLMMSE 的非局部 SAR 图像去噪（NL-LMSE），在文献[7]中提出了广义非局部均值去噪（GNL），在文献[12]中提出了基于 NSST 域的广义非局部均值去噪（GNL-NSST），在文献[13]中提出了基于稀疏表示的贝叶斯阈值收缩的 Shearlet 域去噪（BSSR）。

实验图像是来源于不同场景的 SAR 图像，它们是由欧洲航天局 TerraSar-X 拍摄的，图 7-13 为实验的 SAR 图像。

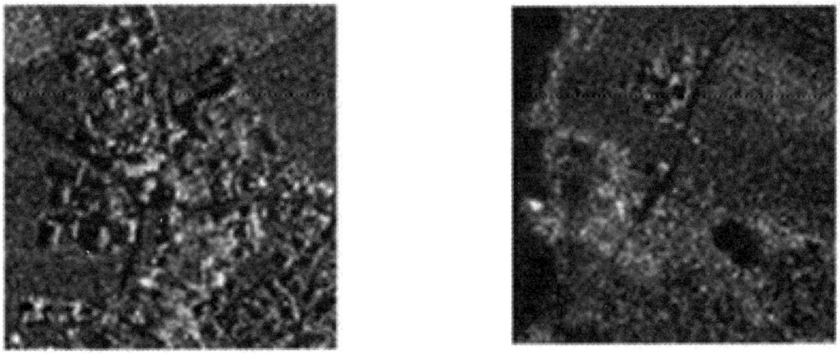

（a）　　　　　　　　　　　　　　（b）

图 7-13　真实的 SAR 图像

（a）城市的含噪 SAR 图像；（b）森林的含噪 SAR 图像

应用以上去噪算法进行实验。图 7-14 为使用这些算法对城市 SAR 图像去噪后的效果。

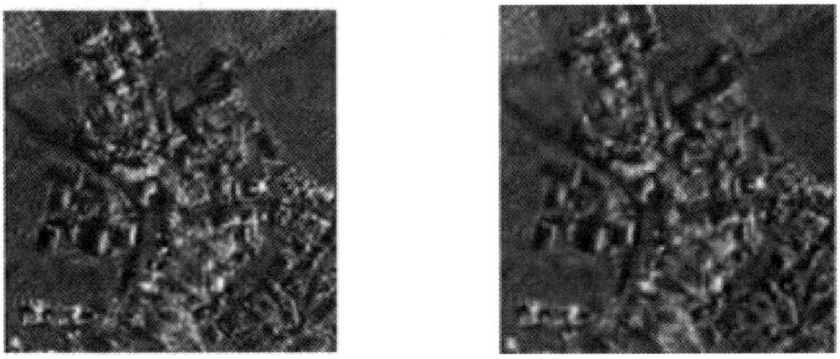

（a）　　　　　　　　　　　　　　（b）

图 7-14　对城市的 SAR 图像去噪后的效果

（a）使用 NSST 算法去噪；（b）使用 NL-LMSE 算法去噪

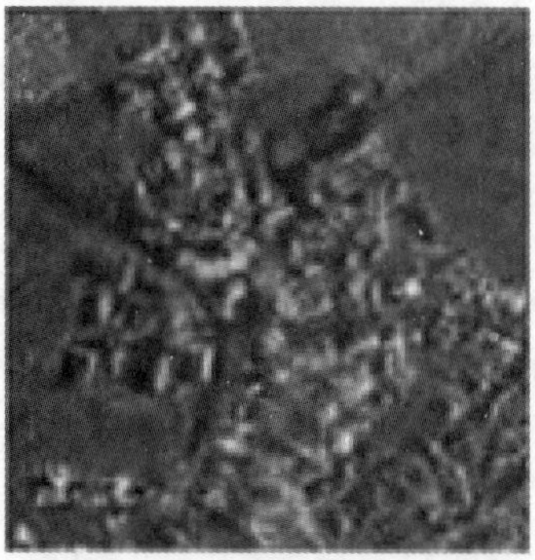

（c）

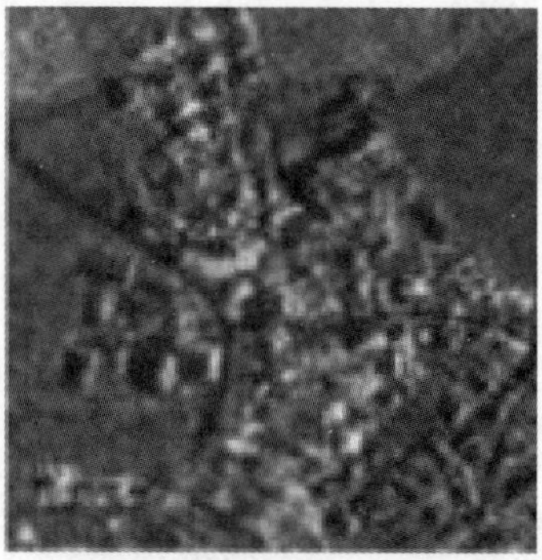

（d）

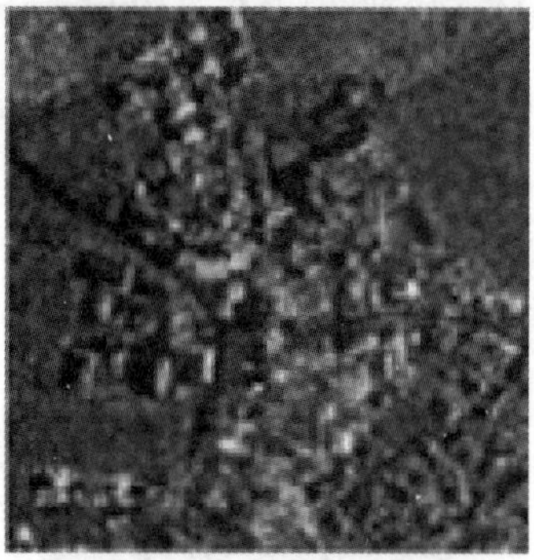

（e）

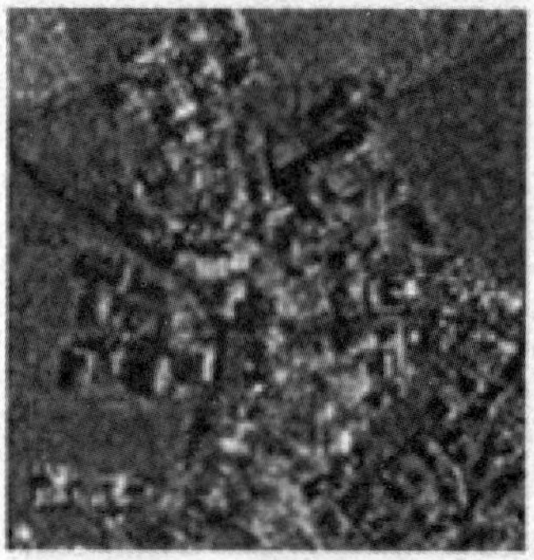

（f）

图 7-14　对城市的 SAR 图像去噪后的效果（续）

（c）使用 GNL 算法去噪；（d）使用 GNL-NSST 算法去噪；
（e）使用 BSSR 算法去噪；（f）使用 GNL-OPWW-NSST 算法去噪

图 7-15 为对森林 SAR 图像使用这些算法去噪后的效果。

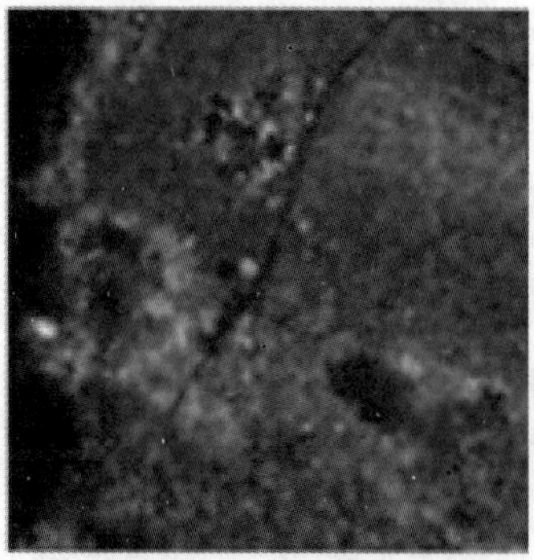

（a）

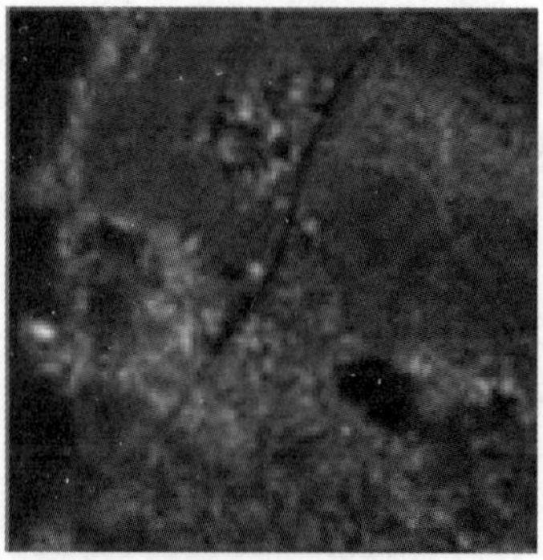

（b）

图 7-15　对森林的 SAR 图像去噪后的效果

（a）使用 NSST 算法去噪；（b）使用 NL-LMSE 算法去噪

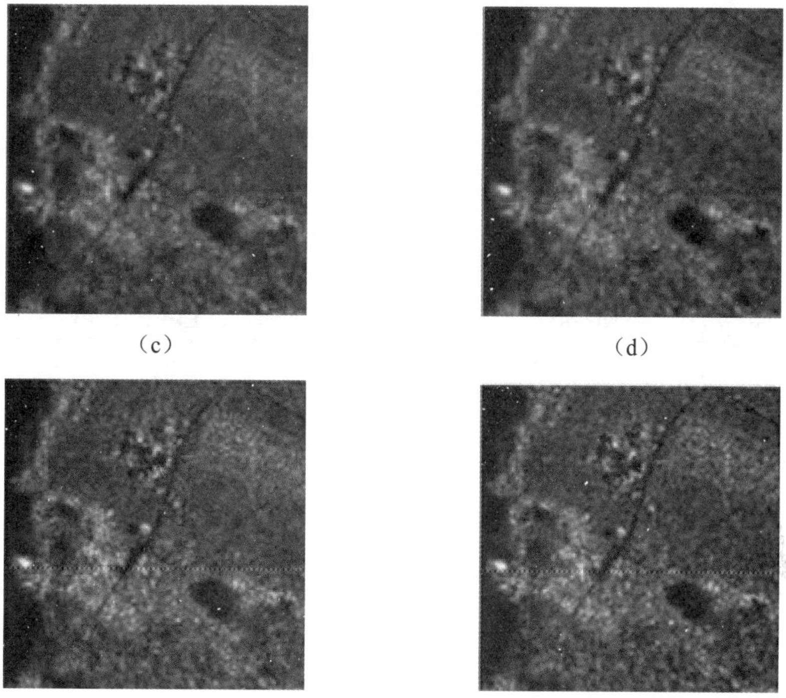

图 7-15　对森林的 SAR 图像去噪后的效果（续）

（c）使用 GNL 算法去噪；（d）使用 GNL-NSST 算法去噪；
（e）使用 BSSR 算法去噪；（f）使用 GNL-OPWW-NSST 算法去噪

由图 7-14 和图 7-15 可以看出，经 NSST 算法后的图像边缘变得模糊。经 GNL-NSST 和 NL-LMSE 去噪后，去除了部分纹理，BSSR 产生了一些人造纹理，而 GNL-OPWW-NSST 算法不仅保留了图像的边缘和纹理，而且抑制了人造纹理。此外，这两幅图像的选取也是非常特殊的，图 7-13（a）有丰富的纹理，而图 7-13（b）的纹理相对较少，因此这两幅图像非常有代表性。

为了更客观地评价这些去噪算法，我们计算了几种常见的去噪指标，包括峰值信噪比（PSNR）、等效视数（ENL）、标准差（SD）和边缘保持指数（EPI），如表 7-5 和表 7-6 所示。此外，在这里的峰值信噪比越大，代表去噪效果越好，ENL 越大，表示去噪后的图像视觉效果越好，而 EPI 越大，表示图像将会保留更多的细节。

表 7-5　图 7-14 的去噪效果评价指标

去噪算法	PSNR/dB	ENL	EPI	SD
NSST	31.55	15.56	0.88	28.73
NL-LMSE	32.43	20.11	0.92	29.07
GNL	31.78	19.89	0.90	28.35

续表

去噪算法	PSNR/dB	ENL	EPI	SD
GNL-NSST	35.01	20.65	0.95	29.78
BSSR	34.33	19.90	0.94	29.57
GNL-OPWW-NSST	35.13	21.05	0.96	27.88

表 7-6　对图 7-15 的去噪效果评价参数

去噪算法	PSNR/dB	ENL	EPI	SD
NSST	33.11	22.45	0.90	33.45
NL-LMSE	35.77	23.68	0.97	34.01
GNL	34.56	22.84	0.93	33.59
GNL-NSST	36.67	25.55	0.98	35.67
BSSR	35.85	24.19	0.97	35.15
GNL-OPWW-NSST	36.78	26.57	0.98	33.22

从表 7-5 和表 7-6 所示的不同去噪方式的数值中可以看出 GNL-OPWW-NSST 算法的优越性。GNL-OPWW-NSST 算法比 NSST 和 BSSR 算法的效果更好，主要是图像非局部滤波的原因。与 NL-LMSE 和 GNL 相比，NSST 在改进去噪效果方面具有很大的优势，而与 GNL-NSST 算法相比，GNL-OPWW-NSST 算法效果更多地依靠于权重优化的结果。

下面我们将对 GNL-OPWW-NSST 去噪算法和 7.3 小节所提出的基于剪切-双树复小波域的 SAR 图像去噪算法进行比较。

首先，从原理上看，基于剪切-双树复小波域的 SAR 图像去噪算法没有用到非局部去噪思想，这意味着其与 GNL-OPWW-NSST 算法相比，在噪声抑制能力方面稍差一些。但是，基于剪切-双树复小波域的 SAR 图像去噪算法对 SAR 图像变换域分解的低频部分也进行了去噪，并且还对去噪后的图像进行了滤波平滑操作，这显然会提高该算法去噪的视觉效果。对比图 7-11（d）和图 7-14（f），以及表 7-4 和表 7-5，充分说明我们的分析是正确的。

7.5　基于相似性验证与子块排序的 NSST 域的 SAR 图像去噪

通过分析非局部变换域下 SAR 图像的子块关系，结合相似性验证与子块排序，本节将提出一种新的 NSST 域 SAR 图像去噪算法。下面对该算法进行简单介绍。

7.5.1　NSST 域子块相似性验证

近年来，基于图像子块的图像处理逐渐成为各国学者研究的热点。基于图像子块去噪算法的核心思想是：首先，将目标图像完全分解成重叠子块；其次，对每一个子块分别进行去噪；最后，将处理后的子块重置顺序得到最终的去噪图像。例如，非局部均值去噪算法利用搜索邻域中具有非局部相似性的所有周围子块对像素进行加权平均去噪，然而这些搜索邻域会包含一些不相似的子块，这不但增加了一些不必要的计算，而且容易在去噪后的图像中引入新的人造纹理，因而学者们提出了一些算法对这些情况进行改进，例如：有学者使用预滤波技术通过比较候选相似子块的梯度和平均灰度值来消除不必要的子块，并且取得了较好的效果；也有学者考虑了子块之间的相互关系，构造了基于小波域的子块排序图像去噪算法，不仅降低了算法的计算复杂度，而且得到了更好的图像处理效果。受对不相似子块的多余处理问题的启发，我们首先通过相似性验证对子块进行预处理，消除一部分相似性低的子块。图像经过 NSST 分解后会得到与原图像大小相同的高频分量和低频分量，因此本小节将对这两个分量进行子块相似性验证。对高频分量和低频分量进行分块并定义其中一个搜索邻域为 S_i，两个子块 P_i 和 P_j 间的 ℓ_2 标准距离的平方函数 $d_{i,j}$ 为：

$$d_{i,j} = \left\| P_i - P_j \right\|_2^2 \tag{7-46}$$

其中，$\|\ \|_2$ 表示欧氏距离。在空间域中，BEHESHTI 等[5]验证了子块之间的距离服从卡方分布。由于 NSST 变换的基满足紧框架理论，因此可以将其看作一组正交基。由线性代数的知识可知，正交变换并不会改变原空间中的距离关系，因此，我们推测，图像经过 NSST 分解后的系数也应该服从卡方分布。下面对此进行验证。假设式（7-46）中的 $d_{i,j}$ 服从卡方分布，若令 $x=d_{i,j}$，此分布被定义为：

$$\chi_k^2(x) = \frac{x^{k/2}\mathrm{e}^{-x/2}}{2^{(k/2)}\Gamma(k/2)} \tag{7-47}$$

其中，Γ 表示伽玛函数，k 是分布的顺序。

对于任何第 i 个中心子块，首先对它的所有搜索邻域 S_i 的子块距离进行排序。在这种情况下，相似子块是否属于概率边界，可以根据卡方分布进行预计算，如果相似子块绝大部分都在概率边界内，则证明图像经过 NSST 分解后的系数也服从卡方分布，否则不成立。

设 P_i 表示参考子块，搜索邻域用 S_i 表示，$\bar{S}_i$ 表示 S_i 中的非重叠的子块。P_i 和 P_j 之间的欧氏距离为 $d_{i,j}^n$，距离越小说明两个子块越相似。用 $\{d_{i,j}^n\}$ 表示 $\bar{S}_i$ 中所有子块距离的集合。于是可以定义以下函数：

$$g(z, d_{i,j}^n) = \begin{cases} 1, & d_{i,j}^n \leqslant z \\ 0, & \text{其他} \end{cases} \tag{7-48}$$

其中，z 是任意给定的。这个随机变量的期望值为：

$$E\left(g\left(z,D_{i,j}^{n}\right)\right)=1\times\Pr\left(D_{i,j}^{n}\leqslant z\right)+0\times\Pr\left(D_{i,j}^{n}>z\right)=\Pr\left(D_{i,j}^{n}<z\right)=F\left(z\right) \tag{7-49}$$

其中，F 是随机变量 $D_{i,j}^{n}$ 的累积分布函数（$d_{i,j}^{n}$ 则可以看作随机变量 $D_{i,j}^{n}$ 的一个样本）。随机变量 $g\left(z,D_{i,j}^{n}\right)$ 的方差为：

$$\mathrm{Var}\left(g\left(z,D_{i,j}^{n}\right)\right)=E\left(g\left(z,D_{i,j}^{n}\right)^{2}\right)-E\left(g\left(z,D_{i,j}^{n}\right)\right)^{2}=F\left(z\right)-F\left(z\right)^{2}=F\left(z\right)\left(1-F\left(z\right)\right) \tag{7-50}$$

其中：

$$E\left(g\left(z,D_{i,j}^{n}\right)^{2}\right)=1\times\Pr\left(D_{i,j}^{n}\leqslant z\right)+0\times\Pr\left(D_{i,j}^{n}>z\right)=\Pr\left(D_{i,j}^{n}\leqslant z\right)=F\left(z\right) \tag{7-51}$$

于是有：

$$\overline{g}\left(z,\left\{d_{i,j}^{n}\right\}\right)=\frac{1}{\left|\overline{S}_{i}\right|}\sum_{j\in\overline{S}_{i}}g\left(z,d_{i,j}^{n}\right) \tag{7-52}$$

其中，$\left|\overline{S}_{i}\right|$ 是 $\overline{S}_{i}$ 中像素的数量。式（7-52）用于计算子块距离小于 z 的像素数量；同样对子块距离进行排序，如果其中的 m 个数小于或等于 z，那么 $\overline{g}\left(z,\left\{d_{i,j}^{n}\right\}\right)=m/\left|\overline{S}_{i}\right|$。以下函数表示子块距离的分类指标：

$$E\left(\overline{g}\left(z,\left\{D_{i,j}^{n}\right\}\right)\right)=E\left(g\left(z,D_{i,j}^{n}\right)\right)=F\left(z\right) \tag{7-53}$$

$$\mathrm{Var}\left(\overline{g}\left(z,\left\{D_{i,j}^{n}\right\}\right)\right)=\frac{1}{\left|\overline{S}_{i}\right|}\mathrm{Var}\left(g\left(z,D_{i,j}^{n}\right)\right)=\frac{1}{\left|\overline{S}_{i}\right|}F\left(z\right)\left(1-F\left(z\right)\right) \tag{7-54}$$

值得注意的是，$\left|\overline{S}_{i}\right|$ 是一个相当大的数。例如，如果搜索邻域大小是 21×21，子块大小是 5×5，这个数字是 360，则会使 $\overline{g}\left(z,\left\{D_{i,j}^{n}\right\}\right)$ 的方差小于它的平均值。此外，式（7-52）中的 $\overline{g}$ 是 $\left|\overline{S}_{i}\right|$ 随机变量的总和，因此通过中心极限定理可以用高斯分布估计这个随机变量。以下的概率边界适用于 $d_{i,j}$：

$$\Pr\left(L(i)<\overline{g}\left(d_{i,j}^{n},\left\{D_{i,j}^{n}\right\}\right)<U\left(i\right)\right)\approx\mathrm{erf}\left(\lambda/\sqrt{2}\right) \tag{7-55}$$

$U(i)$和 $L(i)$通过式（7-56）进行计算：

$$E\left(\overline{g}\left(d_{i,j}^{n},\left\{D_{i,j}^{n}\right\}\right)\right)\pm\lambda\sqrt{\mathrm{Var}\left(\overline{g}\left(d_{i,j}^{n},D_{i,j}^{n}\right)\right)} \tag{7-56}$$

根据概率统计的知识，可以使用传统的三倍标准偏差的规则对 λ 进行选择，这样会有 99.8%的置信概率，然后通过比较子块距离是否在这些边界中，可以得知相似子块与参考子块之间的相似性。显然，子块距离落在边界之外的子块为相似性低的子块，可以在去噪的过程中予以筛除，从而简化计算过程，提升去噪效果。

得到概率边界后，我们从经过 NSST 分解后的 Lena 图像的高频系数里面选择一个搜索邻域并计算它的概率边界，如图 7-16（a）和图 7-16（b）所示，红色方框表示参考子块 P_i。从图 7-16（b）中可以看出，排序后的距离曲线大部分都在上下边界内，因此上述假设得到了验证。从图 7-16（b）中可以看到，在 120 个子块中，从第 117 个子块开始，子块的距离曲线就超出了上边界。这也就意味着后续的 3 个子块与参考子块的相似性非常低，不应该在去噪的过程中继续使用，因此可以将这 3 个子块距离对应的子块舍去。

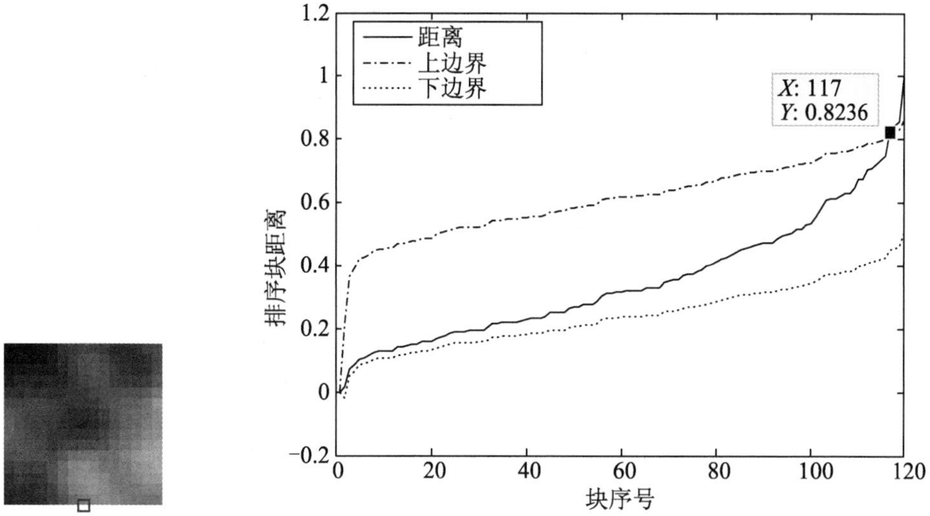

（a）　　　　　　　　　　　　　　　（b）

图 7-16　Lena 图像相似性验证

（a）Lena 图像的一个搜索邻域；（b）概率边界

7.5.2　基于相似性验证的子块排序去噪算法

为了更有效地利用图像全局稀疏特点，从而准确地表现输入向量的效果，我们结合前面的相似性验证构造基于 NSST 域的子块排序去噪算法。首先构造 NSST 域子块排序方案，如图 7-17 所示。

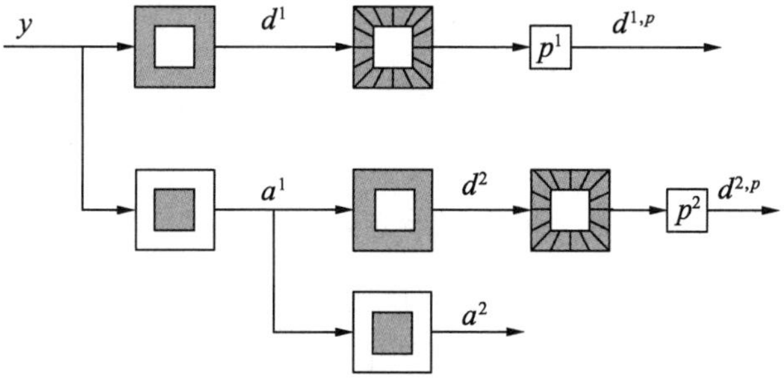

图 7-17　基于子块排序的 NSST 分解方案

在图 7-17 中，a^{ℓ} 和 d^{ℓ} 表示在 ℓ-th 数值范围中的低频和高频子带系数，P^{ℓ} 表示排序算子，$d^{\ell,p}$ 表示排序后的 NSST 域系数。

用类似的方式，可以构造NSST的重建方案。利用重排序算子 $\tilde{\boldsymbol{P}}^{\ell}$ 重新排序系数信号，算子 $\tilde{\boldsymbol{P}}^{\ell}$ 重新排序一个向量，从而取消 $\boldsymbol{P}^{\ell}$ 排列的顺序，即 $\tilde{P}^{\ell}=\left(P^{\ell}\right)^{-1}=\left(P^{\ell}\right)^{\mathrm{T}}$，从而得到重建图像。

设 $\boldsymbol{Y}$ 是一个大小为 $N_1 \times N_2$ 的图像，$\boldsymbol{Z}$ 是含噪声图像，而 $\boldsymbol{z}$ 和 $\boldsymbol{y}$ 表示 $\boldsymbol{Z}$ 和 $\boldsymbol{Y}$ 的列堆积。假设含噪图像满足：

$$\boldsymbol{z}=\boldsymbol{y}+\boldsymbol{v} \tag{7-57}$$

其中，$\boldsymbol{v}$ 表示均值为 0、方差为 σ^2 的加性高斯白噪声。

排序算法利用 y_i 和 z_i 分别表示向量 $\boldsymbol{y}$ 和 $\boldsymbol{z}$ 的第 i 个样本，用 x_i 表示 z_i 周围的 $\sqrt{n}\times\sqrt{n}$ 个子块的列堆积。为了让NSST可以全局稀疏地表示图像，需要对子块 x_i 重新排序，使它们形成一个平滑的路径，而相应的排序信号 $\boldsymbol{y}^p$ 也应平滑。排序信号 $\boldsymbol{y}^p$ 的“平滑性”可以用其总变差测量：

$$\left\|\boldsymbol{y}^p\right\|_{TV}=\sum_{j=2}^{N}\left|\boldsymbol{y}^p(j)-\boldsymbol{y}^p(j-1)\right| \tag{7-58}$$

设点集 $\left\{x_i\right\}_{i=1}^{N}$ 排序后记作 $\left\{x_j^p\right\}_{j=1}^{N}$，显然，可以通过对点集 x_j^p 与相邻点集的路径 ω 求和测量信号的“平滑性”，即：

$$X_{TV}^{p}=\sum_{j=2}^{N}\omega\left(x_j^p, x_{j-1}^p\right) \tag{7-59}$$

最小化 X_{TV}^{p} 即可得到满足要求的排序算子，则上述问题可归结于寻找通过 x_i 的点集并且对每个点只访问一次的最短路径问题，这实际上是旅行商问题，通过求解到的访问的顺序就可以得到算子 $\boldsymbol{P}$。

通过对NSST系数的排序，可以使NSST系数近似全局最优地表示图像。同时，考虑到在排序过程中相似性较差的冗余子块对去噪的影响，我们结合子块相似性验证和子块排序提出了一种新的去噪算法。首先，对含噪图像进行NSST分解，然后对分解的NSST系数进行分块，得到式（7-47）。其次，对每个集合的某个参考块而言，利用式（7-46）到式（7-56），通过计算可以得到子块相似性验证中的边界，从而可以剔除相似程度低的子块，提升图像去噪的效果。最后，对NSST域系数的平滑区域及边缘和纹理进行排序和滤波处理，即利用图像的标准差将子块分成两个集合：S_s 为包含图像平滑子块集合，S_e 为包含图像边缘和纹理的子块集合。之后仅需要进行一维滤波即可得到较好的去噪效果。

对经过相似性验证和子块排序后的集合 S_s 和 S_e 分别利用式（7-59）通过计算得到两个不同的排序矩阵 $\boldsymbol{P}_s$ 和 $\boldsymbol{P}_e$。然后利用 $\boldsymbol{P}_s$ 和 $\boldsymbol{P}_e$ 分别对位于子集 S_s 的 $z_{j,s}$ 和位于子集 S_e 的 $z_{j,e}$ 进行排序，从而获得 $z_{j,s}^p$ 和 $z_{j,e}^p$。上述的过程可以描述如下：

$$\begin{bmatrix} z_{j,s}^p \\ z_{j,e}^p \end{bmatrix}=\begin{bmatrix} \boldsymbol{P}_s\left\{z_{j,s}\right\} \\ \boldsymbol{P}_e\left\{z_{j,e}\right\} \end{bmatrix}=\begin{bmatrix} \boldsymbol{P}_s \\ \boldsymbol{P}_e \end{bmatrix} z_j=\boldsymbol{P} z_j=\boldsymbol{z}_j^p \tag{7-60}$$

其中，矩阵 $\boldsymbol{P}=\begin{bmatrix} \boldsymbol{P}_s \\ \boldsymbol{P}_e \end{bmatrix}$。显然，只需要对 $z_{j,s}^p$ 和 $z_{j,e}^p$ 进行滤波，就可以完成去噪工作。设应用

于 $z_{j,s}^{p}$ 和 $z_{j,e}^{p}$ 的滤波器系数分别为 h_s 和 h_e，则可以通过式（7-61）获得去噪信号 $\hat{\boldsymbol{y}}_j$：

$$\hat{\boldsymbol{y}}_j = \boldsymbol{P}^{-1}\begin{bmatrix} z_{j,s}^{p} h_s \\ z_{j,e}^{p} h_e \end{bmatrix} = \boldsymbol{P}^{-1}\begin{bmatrix} z_{j,s}^{p} & 0 \\ 0 & z_{j,e}^{p} \end{bmatrix}\begin{bmatrix} h_s \\ h_e \end{bmatrix} = \boldsymbol{P}^{-1}\boldsymbol{z}_j^{p}\boldsymbol{h}_j = \boldsymbol{Q}_j\boldsymbol{h}_j \tag{7-61}$$

其中，$\boldsymbol{z}_j^{p} = \begin{bmatrix} z_{j,s}^{p} & 0 \\ 0 & z_{j,e}^{p} \end{bmatrix}$，$\boldsymbol{h}_j = \begin{bmatrix} h_s \\ h_e \end{bmatrix}, \boldsymbol{Q}_j = \boldsymbol{P}^{-1}\boldsymbol{z}_j^{p}$。

显然，可以通过式（7-62）来求解滤波器系数 $\hat{h}_j$：

$$\hat{h}_j = \arg\min_{h_j}\sum_{j=1}^{L}\left\|\boldsymbol{y}_j - \boldsymbol{Q}_j\boldsymbol{h}_j\right\|^2 = \left[\sum_{j=1}^{L}\left(\boldsymbol{Q}_j\right)^{\mathrm{T}}\boldsymbol{Q}_j\right]^{-1}\sum_{j=1}^{L}\left(\boldsymbol{Q}_j\right)^{\mathrm{T}}\boldsymbol{y}_j \tag{7-62}$$

其中，L 表示图像块的数量，滤波器系数 $\hat{\boldsymbol{h}}_j$ 可通过最小二乘法求解式（7-66）获得，然后由式（7-61）可得 $\hat{\boldsymbol{y}}_j = \boldsymbol{Q}_j\hat{\boldsymbol{h}}_j$，该算法可以应用迭代来改善实验结果。

基于相似性验证与子块排序的 NSST 域 SAR 图像去噪算法（简称 SVBO-NSST）的具体步骤如下：

（1）将含噪声的 SAR 图像 $\boldsymbol{I}$ 对数化得到 $\boldsymbol{I}_1$，将乘性噪声抑制模型转化为加性噪声去噪模型。

（2）对 $\boldsymbol{I}_1$ 进行 NSST 变换，得到 NSST 高频系数 $\boldsymbol{I}_{\mathrm{H}}$ 和低频系数 $\boldsymbol{I}_{\mathrm{L}}$。

（3）对 NSST 高频系数 $\boldsymbol{I}_{\mathrm{H}}$ 和低频系数 $\boldsymbol{I}_{\mathrm{L}}$ 利用式（7-46）至式（7-56）进行相似性验证，筛除相似性较低的子块，得到 $\boldsymbol{I}_{\mathrm{HS}}$ 和 $\boldsymbol{I}_{\mathrm{LS}}$。

（4）对 $\boldsymbol{I}_{\mathrm{HS}}$ 和 $\boldsymbol{I}_{\mathrm{LS}}$ 利用式（7-48）、式（7-49）和式（7-60）进行子块排序，然后利用最小二乘法进行系数去噪得到去噪后的高频系数 $\boldsymbol{I}_{\mathrm{HSD}}$ 和低频系数 $\boldsymbol{I}_{\mathrm{LSD}}$。

（5）将去噪后的子块进行复位，即进行子块重排序得到 $\hat{\boldsymbol{I}}_{\mathrm{H}}$ 和 $\hat{\boldsymbol{I}}_{\mathrm{L}}$。

（6）利用去噪后的高频系数 $\hat{\boldsymbol{I}}_{\mathrm{H}}$ 和低频系数 $\hat{\boldsymbol{I}}_{\mathrm{L}}$ 进行 NSST 反变换得到 $\hat{\boldsymbol{I}}$。

（7）对 $\hat{\boldsymbol{I}}$ 进行均值修正并进行指数化，从而得到最终去噪后的 SAR 图像 $\hat{\boldsymbol{I}}_{\mathrm{Denoised}}$。

基于相似性验证与子块排序的 NSST 域 SAR 图像去噪算法的流程如图 7-18 所示。

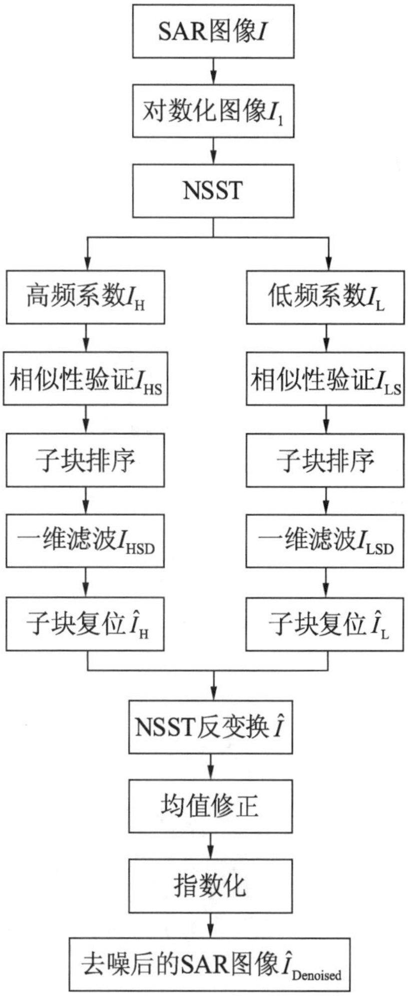

图 7-18　基于相似性验证与子块排序的 NSST 域 SAR 图像去噪算法流程

7.5.3 实验结果与分析

为了验证基于相似性验证与子块排序的 NSST 域 SAR 图像去噪算法的性能，本小节将对 TerraSar-X 卫星拍摄的两幅原始 SAR 图像去噪，然后对结果进行分析。将本文提出的基于相似性验证和子块排序的 NSST 域去噪算法（SVBO-NSST）与目前常用的 SAR 图像去噪算法进行对比，对比算法包括 Lee 滤波、Frost 滤波、小波域贝叶斯去噪（BWS）[14]、基于稀疏表示的 Shearlet 域贝叶斯去噪（BSSR）[13]、基于 NSST 的图像去噪（NSST）[15]、基于 NSST 的广义非局部均值去噪（GNL-NSST）[12]和基于优化加权像素的广义非局部均值去噪（GNL-OW-NSST）[9]。

下面分别对两幅原始图像使用上述去噪算法进行去噪，去噪效果如图 7-19 和图 7-20 所示。可以看出：使用 Lee 滤波和 Frost 滤波的去噪效果较差，不能有效抑制噪声；使用 BWS 和 GNL-NSST 去噪时，图像整体存在模糊失真现象，损失了一部分纹理信息，图像细节信息丢失比较严重；使用 BSSR 和 GNL-OW-NSST 去噪时产生了一些人造纹理；使用 NSST 去噪存在边缘模糊；而使用 SVBO-NSST 去噪后，图像边缘轮廓比较清晰、连续，纹理和边缘等细节信息得到了很好的保护。SVBO-NSST 去噪算法在图像质量和视觉效果方面相比以上几种算法均有所改善，去噪效果更好。

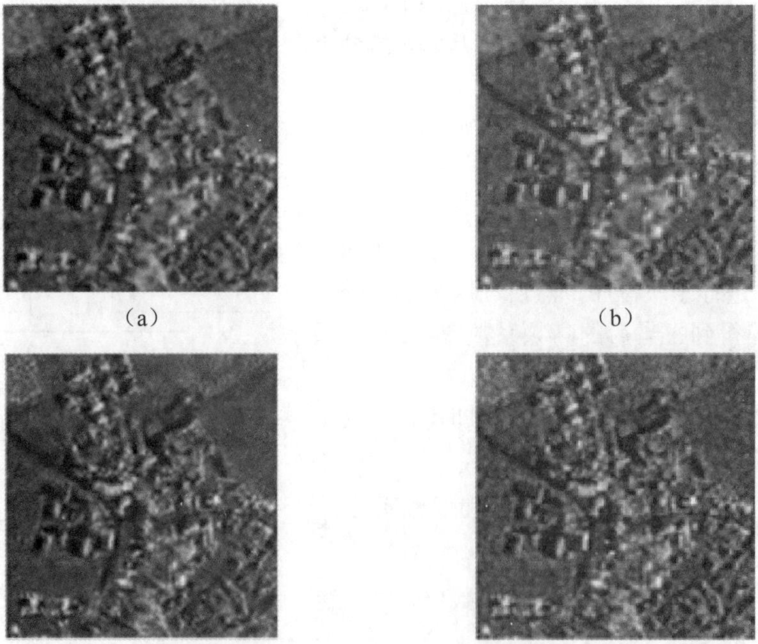

（a）　（b）　（c）　（d）

图 7-19　对田地 SAR 图像去噪后的效果

（a）使用 Lee 滤波去噪；（b）使用 Frost 滤波去噪；（c）使用 BWS 去噪；（d）使用 BSSR 去噪

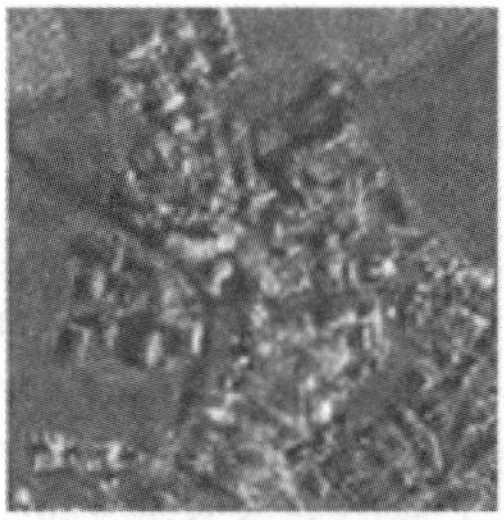
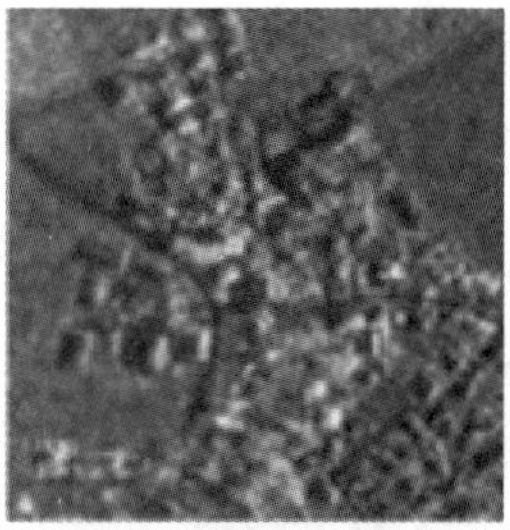

（e）　　　　　　（f）

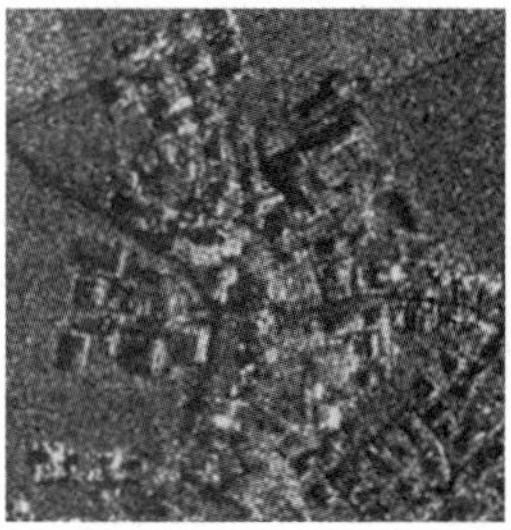

（g）　　　　　　（h）

图 7-19　对田地 SAR 图像去噪后的效果（续）

（e）使用 NSST 去噪；（f）使用 GNL-NSST 去噪；（g）使用 GNL-OW-NSST 去噪；（h）使用 SVBO-NSST 去噪

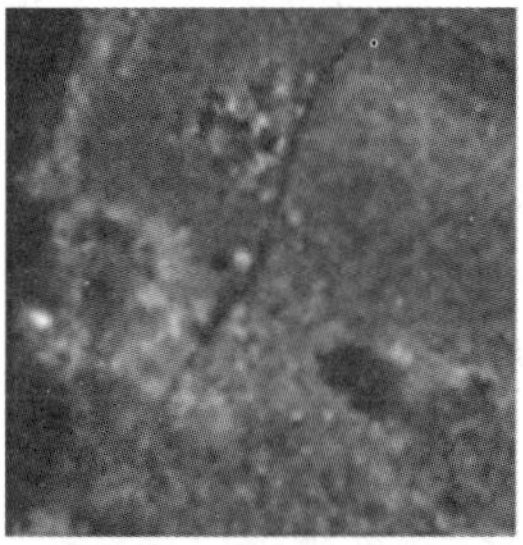
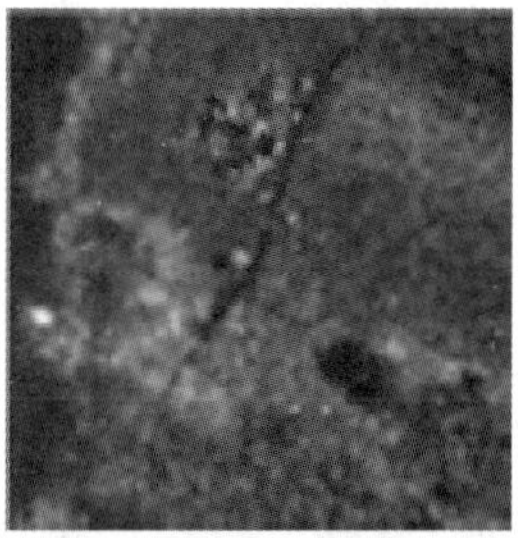

（a）　　　　　　（b）

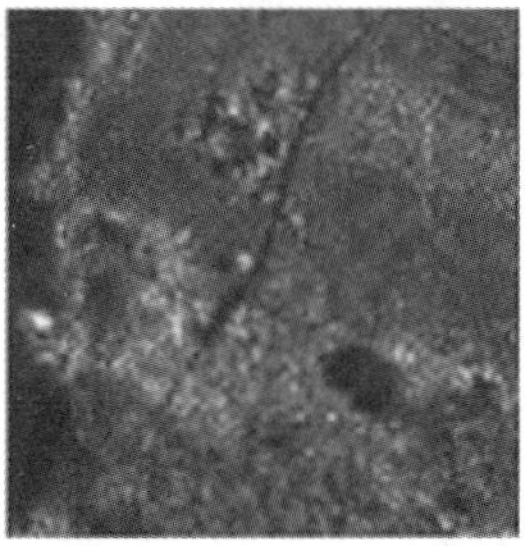
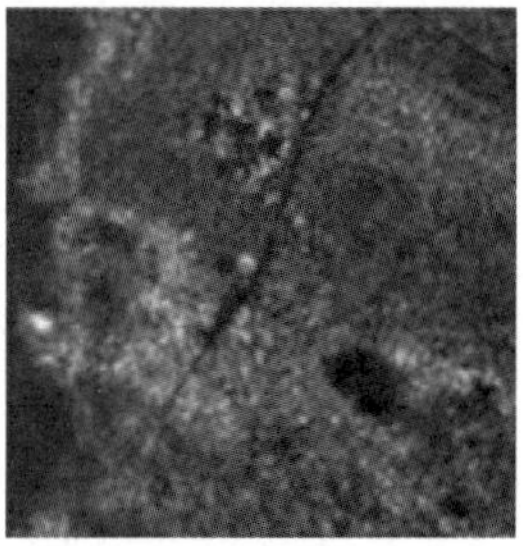

（c）　　　　　　（d）

图 7-20　对森林 SAR 图像去噪后的效果

（a）使用 Lee 滤波去噪；（b）使用 Frost 滤波去噪；（c）使用 BWS 去噪；（d）使用 BSSR 去噪

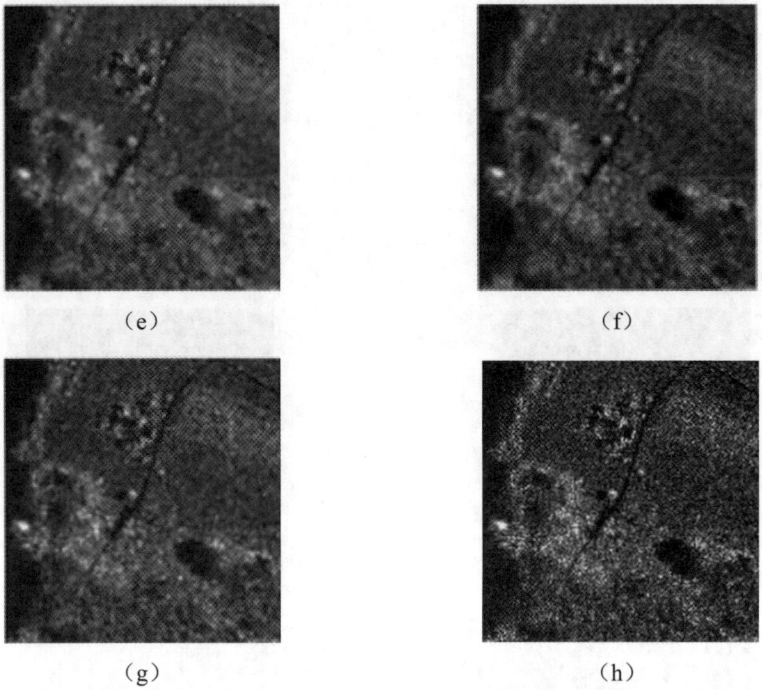

图 7-20　对森林 SAR 图像去噪后的效果（续）

（e）使用 NSST 去噪；（f）使用 GNL-NSST 去噪；（g）使用 GNL-OW-NSST 去噪；
（h）使用 SVBO-NSST 去噪

为了更好地将 SVBO-NSST 算法与其他算法进行对比，我们利用客观评价指标对各种去噪算法进行量化评价，这些指标包括等效视数（ENL）、边缘保持指数（EPI）和无参考质量评价指数（UMQ）。其中：ENL 越大，说明算法去噪后图像的视觉效果越好；EPI 越大，表明算法可以保留更多的细节信息；UMQ 越小，说明算法的综合性能越好。表 7-7 和表 7-8 为所有的 SAR 图像的去噪性能指标的实验结果。

表 7-7　图 7-19 去噪算法的性能指标

去噪算法	ENL	EPI	UMQ
Lee滤波	7.35	0.67	7.70
Frost滤波	7.44	0.68	7.56
BWS	12.75	0.85	7.23
BSSR	19.90	0.94	6.34
NSST	15.56	0.88	6.99
GNL-NSST	20.65	0.95	5.78
GNL-OW-NSST	21.05	0.96	5.70
SVBO-NSST	21.88	0.96	4.36

表 7-8　图 7-20 去噪算法的性能指标

去 噪 算 法	ENL	EPI	UMQ
Lee滤波	6.35	0.80	7.73
Frost滤波	27.15	0.72	7.75
BWS	10.55	0.89	7.42
BSSR	24.19	0.97	6.56
NSST	22.45	0.90	7.32
GNL-NSST	25.55	0.98	5.67
GNL-OW-NSST	26.57	0.98	5.63
SVBO-NSST	27.33	0.98	4.25

通过表 7-7 和表 7-8 所示的 8 种算法的去噪性能指标可以明显看出，SVBO-NSST 有最高，而且 EPI 更接近 1，说明 SVBO-NSST 算法的去噪能力强，可以保留更多的细节信息，而且 SVBO-NSST 算法的 UMQ 值是所有算法中最小的，说明 SVBO-NSST 算法的综合去噪性能最好。

最后值得说明的是，在本小节所选的两幅图像中，田地 SAR 图像含有丰富的纹理信息，而森林 SAR 图像则较为平坦，含有较少的纹理信息，因此这两幅图像非常典型。综合上述量化评判指标和去噪后的图像对比可知，SVBO-NSST 算法可以适应不同类型的 SAR 图像去噪，并且能较好地保护纹理细节，去噪后的视觉效果更好。

7.6 本章小结

本章主要介绍了基于 Shearlet 变换的 SAR 图像去噪算法，分别介绍了基于双变量的 SAR 图像去噪、基于复 Shearlet 域的高斯混合模型 SAR 图像去噪和基于剪切-双树复小波变换的 SAR 图像去噪，这 3 种算法只利用了 SAR 图像在 Shearlet 域的系数的统计特点进行去噪，而没有利用图像的统计特点进行去噪。因此，本章后续又介绍了结合图像的非局部自相似性进行 SAR 图像去噪的算法，包括基于权重优化的广义非局部阈值 SAR 图像去噪和基于相似性验证与子块排序的 NSST 域 SAR 图像去噪。基于复 Shearlet 域的高斯混合模型去噪算法的效果比基于双变量的模型效果好，这是因为双变量模型只是高斯混合模型的一个特例，高斯混合模型能更好地表示噪声的模型。后面介绍的两种算法相比前 3 种算法效果更好，效果最好的是基于相似性验证与子块排序的 NSST 域 SAR 图像去噪，这主要归功于图像的非局部性相似性的引入。

参考文献

[1] 刘帅奇，胡绍海，肖扬. 基于 Shearlets 变换的 SAR 图像去噪 [J]. 应用科学学报，2012，

30(6)：629-634.

[2] SENDUR L，SELESNICK I W. Bivariate shrinkage functions for wavelet-based denoising exploiting interscale dependency [J]. IEEE Transaction Signal Processing，2002，50(11)：2744-2756.

[3] 刘帅奇，胡绍海，肖扬. 基于复 Shearlet 域的高斯混合模型 SAR 图像去噪 [J]. 航空学报，2013，34(1)：173-180.

[4] GUO K，KUTYNIOK G. Optimally Sparse multidimensional representation using shearlets [J]. SIAM Journal on Mathematical Analysis，2007，39(1)：298-318.

[5] LIU S，SHI M，HU S，et al. Synthetic aperture radar image de-noising based on Shearlet transform using the context-based model [J]. Physical Communication，2014，13：221-229.

[6] BUADES A，COLL B，MOREL J M. A non-local algorithm for image denoising [C]// 2005 IEEE Computer Society Conference on Computer Vision and Pattern Recognition (CVPR'05). San Diego，CA，USA：IEEE，2005，2：60-65.

[7] LUO E，PAN S，NGUYEN T. Generalized non-local means for iterative denoising [C]// 2012 Proceedings of the 20th European Signal Processing Conference (EUSIPCO). Bucharest，Romania：IEEE，2012：260-264.

[8] FENG J，SONG L，HUO X，et al. An optimized pixel-wise weighting approach for patch-based image denoising [J]. IEEE Signal Processing Letters，2015, 22(1)：115-119.

[9] LIU S，ZHANG Y，HU Q，et al. SAR image de-noising based on GNL-means with optimized pixel-wise weighting in non-subsample shearlet domain [J]. Computer and Information Science，2017，10(1)：16-22.

[10] HOU B，ZHANG X，BU X，et al. SAR image despeckling based on nonsubsampled shearlet transform [J]. IEEE Journal of Selected Topics in Applied Earth Observations & Remote Sensing，2012，5(3)：809-823.

[11] PARRILLI S，PODERICO M，ANGELINO C V，et al. A nonlocal SAR image denoising algorithm Based on LLMMSE wavelet shrinkage [J]. IEEE Transactions on Geoscience & Remote Sensing，2012，50(2)：606 - 616.

[12] LIU S，GENG P，SHI M，et al. SAR image de-noising based on generalized non-local means in non-subsample shearlet domain [J]. Springer Berlin Heidelberg，2016，015：1-8.

[13] LIU S，HU S，XIAO Y. Bayesian shearlet shrinkage for SAR image de-noising via sparse representation [J]. Multidimensional Systems and Signal Processing，2014，25 (4)：683-701.

[14] MIN D，CHENG P，CHAN A K，et al. Bayesian wavelet shrinkage with edge detection for SAR image despeckling [J]. IEEE Transactions on Geoscience and Remote Sensing，2004，42(8)：1642-1648.

[15] FABBRINI F，GRECO M，MESSINA M，et al. Improved anisotropic diffusion filtering for sar image despeckling [J]. Electronics Letters，2013，49(10)：672-673.

第 8 章　基于稀疏表示和低秩矩阵分解的 SAR 图像去噪

如何快速和有效地抑制相干斑噪声，是相干成像系统需要解决的关键问题之一，该问题也严重制约着遥感图像在相关领域中的应用。自然图像中存在大量冗余信息，因此可以利用图像的稀疏表示性和低秩性进行去噪。

8.1　基于稀疏表示的 Shearlet 域的 SAR 图像去噪

由于对数变换易引起噪声的均值漂移，因此本节将介绍一种新的 SAR 图像噪声模型，并结合图像的稀疏表示理论提出基于稀疏表示的 Shearlet 域的两种 SAR 图像去噪算法。

8.1.1　基于稀疏表示的去噪模型

稀疏表示理论的发展给信号去噪带来了新的动力。其中，基于稀疏编码理论的图像去噪取得了很好的效果，国内也有学者改进了这些方法，这些方法都需要一个最优完备稀疏字典，而字典构造既困难又耗时。因此，文献[1]的作者提出了一种新的基于稀疏表示的小波去噪框架，该算法将去噪问题转化为一个最优化问题，利用最速下降法迭代恢复被污染信号的小波系数，还证明了最优化问题解的唯一性和无偏估计性。因此，去噪的速度快且效果也很好。但是，该算法使用最速下降法导致测量矩阵又增加了一个限制条件，加大了构造测量矩阵的困难。

通过前面的分析可知，二维离散小波不能对图像进行最优稀疏表示。因此在文献[2]中作者使用能对图像最优表示的 Shearlet 替换小波变换来实现对图像的稀疏分解。而在研究稀疏去噪模型的时候，笔者发现该模型所建立的无约束最优化问题满足共轭梯度法的收敛条件。因此，本小节将使用共轭梯度法求解最优模型的解，从而减少对测量矩阵的限制。此外，改进以后的算法和原来的算法一样具有无偏估计性，易于证明使用共轭梯度法迭代的最优解也是一个局部最小值，并且共轭梯度法的收敛性比最速下降法好很多，具有二次收敛性，即只需要有限步就可以得到最优化模型的解。但是在文献[2]中作者采用了硬阈值进行系数的稀疏化，并且在初始值的选择上很随意。文献[3]的作者对这些方面进行了改进。

在文献[1]中，作者给出了一种基于稀疏表示的一维信号去噪模型，笔者将这种模型推广到二维图像去噪中。

首先设含噪声的二维信号模型如下：

$$f(k_1,k_2)=s(k_1,k_2)+n(k_1,k_2) \tag{8-1}$$

其中，$f(k_1,k_2)$ 和 $s(k_1,k_2)$ 分别表示观测信号和干净无噪声信号，$n(k_1,k_2)$ 是随机噪声，在本节中，只需要其均值为 0 即可。

对于大部分不含噪的自然图像，对其进行 Shearlet 变换后得到的 Shearlet 系数是稀疏的，也就是说，Shearlet 变换以后大部分的系数很小几乎接近 0。如果自然图像被噪声污染，则其 Shearlet 变换系数的稀疏度将大大降低，因此去噪目标转化为恢复 Shearlet 变换系数的稀疏性。因此，在文献[1]中作者引入了稀疏表示技术，将去噪过程归结为以下最优化问题。不失一般性，令 $\boldsymbol{k}=(k_1,k_2)$，则式（8-1）转化为：

$$f(\boldsymbol{k})=s(\boldsymbol{k})+n(\boldsymbol{k}) \tag{8-2}$$

其中，$f(\boldsymbol{k})$ 和 $s(\boldsymbol{k})$ 分别表示观测信号和无噪声信号，$n(\boldsymbol{k})$ 是随机噪声。令图像的 Shearlet 变换系数为 $w_{l,j,\boldsymbol{k}}$，其中，l 代表 Shearlet 分解的不同方向，j 代表不同的尺度，而 $\boldsymbol{k}$ 则代表不同的位置。为方便起见，使用 $\boldsymbol{w}$ 表示某个尺度的某个方向 Shearlet 变换系数矩阵（其大小为 $N\times N$），令 $\boldsymbol{\Phi}_{M\times N}$（$M$ 小于 N）为稀疏表示中的随机测量矩阵。测量矩阵 $\boldsymbol{\Phi}$ 应满足一致不确定原理（Uniform Uncertainty Principle，UUP）。

设 $\boldsymbol{y}=\boldsymbol{\Phi w}$，可以通过求解下列问题获得最优稀疏系数的矩阵 $\hat{\boldsymbol{w}}$，即：

$$\hat{\boldsymbol{w}}=\arg\min_{z}\|z\|_0 \quad \text{s.t.}\ \|\boldsymbol{y}-\boldsymbol{\Phi z}\|_2 \leqslant \varepsilon \tag{8-3}$$

其中，$\|\ \|_0$ 表示 0 范数，即非零元素的个数。式（8-3）在数字求解中属于 NP 难问题，因此可将其修改为求解如下形式的最优解：

$$\hat{\boldsymbol{w}}=\arg\min_{z}\left(\|\boldsymbol{y}-\boldsymbol{\Phi z}\|_2^2+\gamma\|z\|_0\right) \tag{8-4}$$

令 $\bar{\boldsymbol{w}}$ 表示不含噪声的 Shearlet 变换系数，由于噪声 $\bar{\boldsymbol{w}}_n$ 为零均值的加性噪声，因此有：

$$\boldsymbol{y}=\boldsymbol{\Phi w}=\boldsymbol{\Phi}(\bar{\boldsymbol{w}}+\bar{\boldsymbol{w}}_n)=\boldsymbol{\Phi}\bar{\boldsymbol{w}}+\boldsymbol{\Phi}\bar{\boldsymbol{w}}_n \tag{8-5}$$

构造如下的函数：

$$g(z)=\|\boldsymbol{y}-\boldsymbol{\Phi z}\|_2^2+\gamma\|z\|_0 \tag{8-6}$$

文献[1]证明了对于任意 $\boldsymbol{u}\neq\bar{\boldsymbol{w}}$，有 $E(g(\bar{\boldsymbol{w}}))<E(g(\boldsymbol{u}))$，即 $E(g(\hat{\boldsymbol{w}}))=\bar{\boldsymbol{w}}$，这里 $E()$ 代表的是数学期望，而文献[1]在证明这一命题的时候只需要噪声为零均值的加性噪声，并且对测量矩阵进行一个弱条件限制即可。为了方便应用，本小节将这个命题以定理的形式给出。

定理 8-1 设 $\boldsymbol{v}=\bar{\boldsymbol{w}}-\boldsymbol{u}$，$\eta=\|\bar{\boldsymbol{w}}\|_0-\|\boldsymbol{u}\|_0$，如果测量矩阵 $\boldsymbol{\Phi}$ 为服从 $N(0,\sigma_{\boldsymbol{\Phi}}^2)$ 的 Gaussian 分布且满足如下条件：

$$\|v\|_2^2 > \frac{\gamma\eta}{M\sigma_{\boldsymbol{\Phi}}^2} \tag{8-7}$$

则模型（8-4）的最优解为原解的无偏估计。

记模型（8-4）右侧第一项为：

$$g_1(z) = \|\boldsymbol{y} - \boldsymbol{\Phi z}\|_2^2 \tag{8-8}$$

在文献[1]中作者提出的使用最速下降法来求解式（8-6）的最优解迭代算法如下：

$$\boldsymbol{w}^{(t+1)} = \boldsymbol{w}^{(t)} + \lambda\boldsymbol{\Phi}\left(\boldsymbol{y} - \boldsymbol{\Phi w}^{(t)}\right) \tag{8-9}$$

为了使算法收敛，λ 需满足如下条件：

$$\lambda < \frac{1}{s} \Leftrightarrow \left\|\sqrt{\lambda}\boldsymbol{\Phi}\right\|_2^2 < 1 \tag{8-10}$$

其中，s 为矩阵 $\boldsymbol{\Phi\Phi}^{\mathrm{T}}$ 的最大特征值。这条件意味着测量矩阵 $\boldsymbol{\Phi}$ 不仅需要满足 UUP 特性，而且需要满足式（8-7）和式（8-10）。文献[1]的作者指出式（8-7）是弱条件，一般情况下很容易满足。但是满足式（8-10）显然是很困难的，而且，即使满足式（8-10），最速下降法的收敛性受搜索方向的影响呈锯齿式靠近极小点，收敛速度也会慢而且可能存在收敛不到极小点的情况。因此 8.1.2 小节我们将采用一种更好的迭代方法——共轭梯度法来求解式（8-8）的最优化模型。

8.1.2　共轭梯度法求解去噪模型

本小节将给出使用共轭梯度法来求解式（8-8）的最优化模型。首先，我们来证明式（8-8）使用共轭梯度法是具有二次收敛性的。

$$g_1(z) = \|\boldsymbol{y} - \boldsymbol{\Phi z}\|_2^2 = (\boldsymbol{y} - \boldsymbol{\Phi z})^{\mathrm{T}}(\boldsymbol{y} - \boldsymbol{\Phi z}) = \boldsymbol{z}^{\mathrm{T}}\boldsymbol{\Phi}^{\mathrm{T}}\boldsymbol{\Phi z} - \boldsymbol{y}^{\mathrm{T}}\boldsymbol{\Phi z} - \boldsymbol{z}^{\mathrm{T}}\boldsymbol{\Phi}^{\mathrm{T}}\boldsymbol{y} + \boldsymbol{y}^{\mathrm{T}}\boldsymbol{y} \tag{8-11}$$

可以看到，式（8-11）是一个关于变量 $\boldsymbol{z}$ 的二次函数，如果能够证明 $\boldsymbol{\Phi}^{\mathrm{T}}\boldsymbol{\Phi}$ 是对称正定矩阵，即可证明使用共轭梯度法求解式（8-11）是具有收敛性和二次终止性的。如果 $\boldsymbol{\Phi}$ 选择为高斯矩阵，由高等代数可知，$\boldsymbol{\Phi}^{\mathrm{T}}\boldsymbol{\Phi}$ 一定是对称正定矩阵。因此，式（8-8）的解就可以使用共轭梯度法来迭代求解了，其迭代格式如下：

$$\boldsymbol{w}^{(t+1)} = \boldsymbol{w}^{(t)} + \lambda_t \boldsymbol{d}^{(t)} \tag{8-12}$$

这里，设 $h_t = \nabla\left(g_1(\boldsymbol{w}^{(t)})\right)$ 则可以求得下式：

$$\boldsymbol{d}^{(t)} = -h_t + \beta_{t-1}\boldsymbol{d}^{(t-1)} \tag{8-13}$$

其中，当 $t=1$ 时，$\beta_{t-1}=0$，当 $t>1$ 时，β_{t-1} 按式（8-14）进行计算：

$$\beta_t = \frac{\|h_{t+1}\|^2}{\|h_t\|^2} \tag{8-14}$$

而步长则按式（8-15）进行计算：

$$\lambda_t = -\frac{\boldsymbol{h}_t^{\mathrm{T}} \boldsymbol{d}^{(t)}}{\boldsymbol{d}^{(t)\mathrm{T}} (\boldsymbol{\Phi}^{\mathrm{T}} \boldsymbol{\Phi}) \boldsymbol{d}^{(t)}} \tag{8-15}$$

同样，在为了最小化式（8-6）中的 $\gamma\|\boldsymbol{z}\|_0$ 这一项，在式（8-12）中增加如下阈值操作：

$$\boldsymbol{w}^{(t+1)} = H_\delta\left(\boldsymbol{w}^{(t)} + \lambda_t \boldsymbol{d}^{(t)}\right) \tag{8-16}$$

在文献[2]中，H_δ 采用的是硬阈值操作算子：

$$H_\delta(\boldsymbol{w}^{(t+1)}) = \begin{cases} \boldsymbol{w}^{(t+1)}, & \left|\boldsymbol{w}^{(t+1)}\right| \geqslant \delta \\ 0, & \text{其他} \end{cases} \tag{8-17}$$

其中，δ 为硬阈值，通过上面的硬阈值算法确保图像的稀疏性条件得到满足，但是 H_δ 仅与变换系数的自身相关，与邻域中的其他系数无关，因此效果比较差。为此文献[3]的作者在进行 SAR 图像去噪时，构造了基于贝叶斯的阈值算子 H_{Bayesian} 进行迭代重构，显然文献[3]的作者提出的算法在去噪效果上比文献[2]中提出的算法好。因此，我们将重点介绍在文献[3]中提出的基于贝叶斯收缩的 SAR 图像去噪算法。

利用高等代数的知识可以证明最速下降硬阈值法的不动点是式（8-4）的局部最小解，同样使用高等代数的知识可以很容易地证明本小节所提出的共轭梯度硬阈值法的最优解至少是式（8-4）的一个局部最小解，即对于迭代算法式（8-4）的不动点 $\hat{\boldsymbol{w}}$，$\exists\xi > 0$，使得对于任意满足 $\left|\Delta \boldsymbol{w}_i\right| < \xi$ 的 $\Delta \boldsymbol{w}$，总有 $g(\hat{\boldsymbol{w}} + \Delta \boldsymbol{w}) > g(\hat{\boldsymbol{w}})$ 成立。

基于此，本小节提出了一种用于去除均值为 0 的加性噪声的方法，即首先对含噪声图像进行具有最优稀疏表示的 Shearlet 变换，然后利用去噪模型通过式（8-4）进行共轭梯度阈值迭代，最后进行 Shearlet 反变换得到去噪后的图像。

本小节提出的算法与文献[1]虽然使用的是同一个去噪模型，但是去噪的迭代算法有很大的不同：本小节所提出的算法去掉了式（8-10）对测量矩阵的限制，使测量矩阵 $\boldsymbol{\Phi}$ 的选择更加灵活。本小节使用的共轭梯度迭代算法相比最速下降法迭代算法的收敛性更好，并且具有二次迭代终止性，可以避免出现最速下降法锯齿收敛的情况，大大加快了算法的运行速度。下面我们就结合 SAR 图像的噪声特点，将本小节所提出的算法应用到 SAR 图像去噪中。

8.1.3 基于稀疏表示的 SAR 图像去噪

假设 SAR 图像的噪声模型如下：

$$F = R \bullet N \tag{8-18}$$

其中，F 为观测图像，R 为要恢复的清晰图像，N 为相干斑噪声。为了便于进行去噪处理，目前大部分变换域去斑方法包括前面介绍的去噪算法在去除乘性噪声时，往往采用对 SAR 图像对数化的方法，试图将乘性噪声转化为学者们所熟悉的类高斯白噪声再进行去噪处理，去噪完成以后再对图像进行指数变换，将其转化为原来的统计模型。但是，斑点噪声经过对数化以后其均值并不等于 0，因此 8.1.2 小节所提出的去噪算法并不适用于对数化 SAR 图像去噪，而且在视数很低的情况下，对数化去噪方法的误差很大。为了适应 8.1.2 小节所提出的算法，我们采用不对 SAR 图像对数化的方法将乘性噪声转化为均值为 0 的加性噪声。对式（8-18）进行如下变换：

$$F = R + R\left(N - 1\right) \tag{8-19}$$

其中，$N-1$ 是零均值的随机变量。这样 $R(N-1)$ 也就是零均值的随机变量，本节将其看作加性噪声，这样本节提出的算法就适用于式（8-19）这种噪声模型了。下面将上述的去噪算法应用到式（8-19）的去噪模型中。

虽然，理论上使用共轭梯度法选择迭代初值的时候可以是任意的初值，由于算法的二次终止性，算法始终会快速地收敛到最优点上。实际上，在去噪过程中，我们经常利用不含噪声的 SAR 图像对应的 Shearlet 变换系数在各个方向尺度上具有很强的相关性，来选择最优化模型在求解过程中每一个尺度和各个方向上的迭代初值，从而加快迭代速度，减少计算量。由于在 Shearlet 变换中不仅包含多尺度信息，每个尺度上还含有不同的方向信息，因此这里在选择初值的时候摒弃了文献[1]所使用的初值化方法，提出了一种基于多方向性的初值估计方法。假设图像被分解成 J 个尺度，每个尺度 j 上的方向数为 2^{j+1}，于是，初值化 $\Theta_{j,l}$（这里 j 为尺度，l 为方向数）为：

（1）对每个尺度 j 上不同的方向数而言，将后面的方向数上的 $\Theta_{j,l}$ 初始化为与其相邻的方向数上的迭代最优解，即：

$$\Theta_{j,l} = \begin{cases} \boldsymbol{w}_{j,-2^j}, & l = -2^j \\ \hat{\boldsymbol{w}}_{j,l-1}, & l \neq -2^j \end{cases} \tag{8-20}$$

（2）由第 3 章的介绍可知，对不同的尺度而言，上一个尺度与下一个尺度相差一个常数 $4^{\frac{1}{3}}$，因此对不同的尺度 j，将 $\Theta_{j,l}$ 初始化为上一个尺度的：

$$\Theta_{j,-2^j} = \begin{cases} \boldsymbol{w}_{0,-2^j}, & j = 0 \\ 4^{\frac{1}{3}}\hat{\boldsymbol{w}}_{j-1,-2^j}, & j \neq 0 \end{cases} \tag{8-21}$$

设对式（8-19）进行 Shearlet 变换以后得到的公式为：

$$\boldsymbol{w}_F = S[F] = S(R) + S(R(N-1)) = \boldsymbol{w}_R + \boldsymbol{w}_B \tag{8-22}$$

由于不含噪声的 SAR 图像与普通的自然图像一样，因此，不含噪声的 SAR 图像的 Shearlet 系数与自然图像的 Shearlet 系数一样可以利用混合高斯分布来描述。将式（8-22）转化为使用贝叶斯估计算法，可得：

$$\boldsymbol{w}^{(t+1)} = H_{\text{Bayesian}}\left(\boldsymbol{w}^{(t)} + \lambda_t \boldsymbol{d}^{(t)}\right) \Leftrightarrow \hat{\boldsymbol{w}} = H_{\text{Bayesian}}\left(\boldsymbol{w}\right) \tag{8-23}$$

其中，$\boldsymbol{w}$ 为对 SAR 图像进行 Shearlet 变换以后利用式（8-23）在重构过程中一次迭代得到的最优解。利用式（8-22）可知，$\boldsymbol{w} = \boldsymbol{w}_R + \boldsymbol{w}_B$，其中，$\boldsymbol{w}_R$ 为真实的 SAR 图像经过 Shearlet 变换以后的系数，$\boldsymbol{w}_B$ 为其中的噪声系数。令 $\hat{\boldsymbol{w}} = \max\{0,a\}\boldsymbol{w}$，为了最小化式（8-6），

$a=\arg\min_{a} E[(\hat{\boldsymbol{w}}-\boldsymbol{w}_R)^2]$，本小节使用混合高斯分布来表示 $\boldsymbol{w}$ 的分布，即 $p_{\boldsymbol{w}}(\boldsymbol{w})=\sum_{k=0,1} p(M=k)\cdot p_{\boldsymbol{w}}(\boldsymbol{w} \mid M=k)$，其中，$p_{\boldsymbol{w}}(\boldsymbol{w} \mid M=k)$ 是零均值的高斯分布，而 $M=0,1$ 代表两个不同的高斯分量。由于 SAR 图像在 Shearlet 域中的统计特性与在小波域中的统计特性类似，因此利用式（8-24）进行 a 求解：

$$a=\sum_{k=0,1} p_{\boldsymbol{w}}(M=k \mid \boldsymbol{w}) \frac{\sigma_{\boldsymbol{w}}^2-\sigma_{\boldsymbol{w}_B}^2}{\sigma_{\boldsymbol{w}}^2} \tag{8-24}$$

其中，由贝叶斯定理可知：

$$p_{\boldsymbol{w}}(M=k \mid \boldsymbol{w})=\frac{p_{\boldsymbol{w}}(\boldsymbol{w} \mid M=k) p(M=k)}{p_{\boldsymbol{w}}(\boldsymbol{w})} \tag{8-25}$$

式（8-25）中的参数可以由蒙特卡罗试验法确定。下面只需求 $\sigma_{\boldsymbol{w}_B}^2$，利用统计学知识可以获得在 Shearlet 域中的 $\sigma_{\boldsymbol{w}_B}^2$ 的估计为：

$$\sigma_{\boldsymbol{w}_B}^2=\frac{\psi_j \mu_F^2+\sigma_{\boldsymbol{w}_F}^2}{1+C_N^2} C_N^2 \tag{8-26}$$

其中，$\mu_F=E[F]$ 为观测到的 SAR 图像的均值，$\sigma_{\boldsymbol{w}_F}^2$ 是 $\boldsymbol{w}_F$ 的标准差，C_N 是强度 SAR 图像斑点噪声的规范化标准差，$C_N=\sqrt{1/L}$，对于幅度 SAR 图像则有 $C_N=\sqrt{(4\pi-1)/L}$，这里的 L 为 SAR 图像的视数。而参数 ψ_j 的定义如下：

$$\psi_j=(\sum_{l=-2^j}^{2^j-1}(h_l)^2)(\sum_k (g_k)^2)^{2(j-1)} \tag{8-27}$$

其中，h_l 为离散 Shearlet 变换等效的各个高频子带的方向滤波器系数，而 g_k 为离散 Shearlet 变换等效的低频滤波器的系数。

综上所述，本小节所提出的基于稀疏表示的 Shearlet 变换的去噪算法步骤如下：

（1）对含噪声的 SAR 图像 F 进行移不变的 Shearlet 变换，从而得到 SAR 图像的 Shearlet 变换系数 $\boldsymbol{w}_{j,l}$，其中，$j=1\sim J, l=-2^j\sim 2^j-1$：

（2）选择满足 UUP 特性和式（8-7）条件的随机测量矩阵 $\boldsymbol{\Phi}$，并计算 $\boldsymbol{y}_{j,l}=\boldsymbol{\Phi}\boldsymbol{w}_{j,l}$，令 $j=0$。

（3）令 $\boldsymbol{w}_{j,l}^{(0)}=\Theta_{j,l}$。

（4）如果 $\|h_t\|_2>\varepsilon$，则可得 $\hat{\boldsymbol{w}}=\boldsymbol{w}_{j,l}^{(0)}$；否则，利用式（8-23）计算 $\boldsymbol{w}_{j,l}^{(1)}$，令 $\boldsymbol{w}_{j,l}^{(0)}=\boldsymbol{w}_{j,l}^{(1)}$。注意，这里应该对方向 l 从 -2^j 到 2^j-1 逐个进行计算。

（5）如果 $j=J$，则转到步骤（6）；否则，令 $j=j+1$，转到步骤（3）。

（6）利用估计得到 Shearlet 系数 $\hat{\boldsymbol{w}}$ 进行 Shearlet 反变换，从而得到去噪后的 SAR 图像。

下面来分析一下基于稀疏表示的 Shearlet 域 SAR 图像去噪算法的时间复杂度。对大小为 $N\times N$ 的图像进行小波分析，其时间复杂度为 $O(N)$，共得到小波系数约为 $4N^2/3$，由

第 3 章的介绍可知，对同样的图像进行 Shearlet 分析的时候，其时间复杂度为 $O(N\log N)$，共得到 Shearlet 变换系数约为 $2N^2$。而迭代求解最小值的复杂度取决于小波变换后和 Shearlet 变换后系数的多少，其中，最速下降法根据文献[1]中的实验，一般迭代 5 次就可以得到理想的结果，由于共轭梯度法的迭代具有二次终止性，因此最多只需要迭代两次就可以得到准确的最小值。对于单次迭代，由式（8-9）和式（8-12）可以看到，二者的算法结构类似，则其计算复杂度也是一样的，我们将其假设为常量 K。而贝叶斯阈值和硬阈值一样都可以在去噪前根据 SAR 图像的灰度信息求得。由此可知，使用最速下降法的计算复杂度约为 $20N^2K/3$，而使用共轭梯度法的计算复杂度约为 $4N^2K$，而文献[1]所提的算法的时间复杂度与基于稀疏表示的 Shearlet 域 SAR 图像去噪算法的时间复杂度相同，都是 $O(N^2)$，由此可见基于稀疏表示的 Shearlet 域 SAR 图像去噪算法的计算效率并不比文献[1]提出的计算效率低，在后面的实验中也验证了这一点。

8.1.4　实验结果与分析

为了验证基于稀疏表示的 Shearlet 域 SAR 图像去噪算法的可靠性与有效性，首先将对一幅原始图像加上乘性噪声，然后对其进行去噪。我们分别对原图像添加视数 L 为 2、4、16 的乘性噪声，然后与以前的去噪算法进行比较。

如图 8-1（a）所示为原始的不含噪声的图像，图 8-1（b）是添加了视数为 2 的乘性噪声的含噪图像，图 8-1（c）是添加了视数为 4 的乘性噪声的含噪图像，图 8-1（d）是添加了视数为 16 的乘性噪声的含噪图像。由图 8-1 可以看出，视数 L 越小，相干斑噪声的强度越大。图 8-2 是对图 8-1（b）分别使用 Lee 滤波、文献[4]提出的小波域贝叶斯阈值收缩去噪（BWS）、文献[5]提出的基于 Shearlet 域的贝叶斯阈值收缩去噪（BSS）、文献[1]提出的基于稀疏表示的小波域去噪（SR），以及我们提出的基于稀疏表示的 Shearlet 域去噪（BSS-SR）的效果图。为了进一步阐述 Shearlet 变换比小波变换对图像有更好的稀疏性，我们采用小波变换代替 BSS-SR 中的 Shearlet 变换进行去噪，我们将该算法称为基于小波域贝叶斯收缩的去噪算法（BWS-SR）。

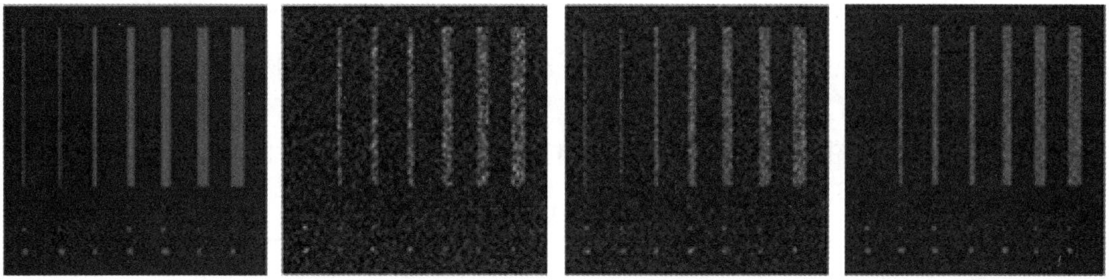

（a）　（b）　（c）　（d）

图 8-1　不含噪图像和噪声图像

（a）原始图像；（b）视数为 2 的噪声图像；（c）视数为 4 的噪声图像；（d）视数为 16 的噪声图像

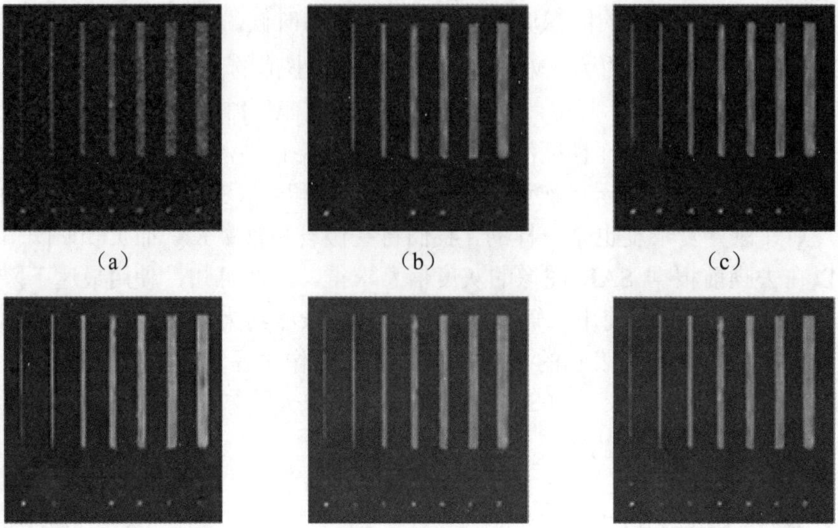

图 8-2　对噪声含量 L=2 的噪声图像去噪

（a）使用 Lee 滤波去噪；（b）使用 BWS 去噪；（c）使用 BSS 去噪；（d）使用 SR 去噪；
（e）使用 BWS-SR 去噪；（f）使用 BSS-SR 去噪

由图 8-2 所示的去噪后的图像可以看到，对于严重的相干斑噪声污染，图 8-2（a）显示的 Lee 滤波并不能将相干斑噪声全部滤除，因此 Lee 滤波的效果最差，去噪后的图像有大量的相干斑噪声的残余。图 8-2（b）所示的基于小波域贝叶斯去噪虽然有很强的去除相干斑噪声的能力，但是对纹理保持的效果并不好，可以看到，去噪后的图像将原来最左边的很细的一条竖线抹去了很大一部分，使这个细条变得很模糊，而且原图像底部的一排小圆点几乎全部被抹去了。图 8-2（c）所示的基于 Shearlet 域的贝叶斯去噪比 BWS 具有更好的视觉效果，最明显的就是最左边的那条竖线比较清晰。图 8-2（d）所示的 SR 算法的效果比 BSS 好，如最左边的那条竖线比较清晰，其底部的圆点也较为清晰。图 8-2（e）所示的 BWS-SR 与 SR 相比其在图像的底部具有更好的视觉效果，这应该归功于贝叶斯阈值和共轭梯度迭代算法的优势。图 8-2（f）所示的效果最好，不仅最左边的竖线显示得很清楚，而且比 SR 的视觉效果更好，尤其是去除图像底部的两排小圆点相干斑噪声的效果最好。限于篇幅，这里就不一一列举其他去噪后的图像了。表 8-1 给出了所有去噪算法对含有不同噪声强度的图像处理后的客观评价标准，即峰值信噪比（PSNR）。

表 8-1　各种去噪算法的峰值信噪比

去 噪 算 法	PSNR/dB		
	L=2	L=4	L=16
含噪声图	20.49	23.41	29.33
Lee滤波	28.34	31.25	33.97

续表

去噪算法	PSNR/dB		
	L=2	L=4	L=16
BWS	30.75	34.89	36.67
BSS	32.97	37.05	43.03
SR	33.83	37.23	43.02
BWS-SR	35.06	38.97	45.25
BSS-SR	36.47	40.03	45.87

从表 8-1 中可以看到，BSS-SR 算法的 PSNR 无论是在强噪声环境下还是在弱噪声环境下都是比较理想的，比其他的去噪算法高出不少。结合图 8-2 说明 BSS-SR 算法既具有很好的去噪能力，又很好地保持了图像的边缘和纹理信息。

当然，我们还需要在实际的 SAR 图像去噪中检验 BSS-SR 算法，实验中使用的测试图像是由意大利的那不勒斯费德里克二世大学的网站上提供的由 TerraSar-X 的 SAR 图像。我们先来看一下其中的 4 幅 SAR 图像，如图 8-3 所示。

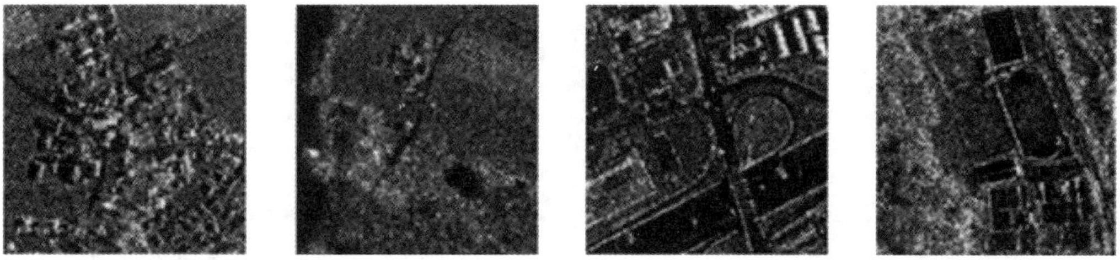

（a）　（b）　（c）　（d）

图 8-3　实际的 SAR 图像

（a）田地；（b）森林；（c）城市；（d）湖泊

图 8-3（a）是一幅田地 SAR 图像，图 8-3（b）是一幅森林 SAR 图像，图 8-3（c）是一幅城市 SAR 图像，图 8-3（d）是一幅湖泊 SAR 图像，分别对这 4 幅图像使用上述去噪算法进行去噪。图 8-4 是对图 8-3（a）使用各种算法去噪后的效果。

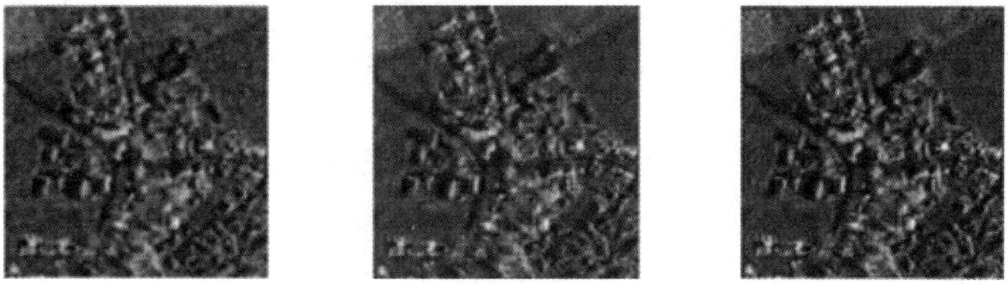

（a）　（b）　（c）

图 8-4　对田地 SAR 图像使用各种去噪算法的效果

（a）使用 Lee 滤波去噪；（b）使用 BWS 去噪；（c）使用 BSS 去噪

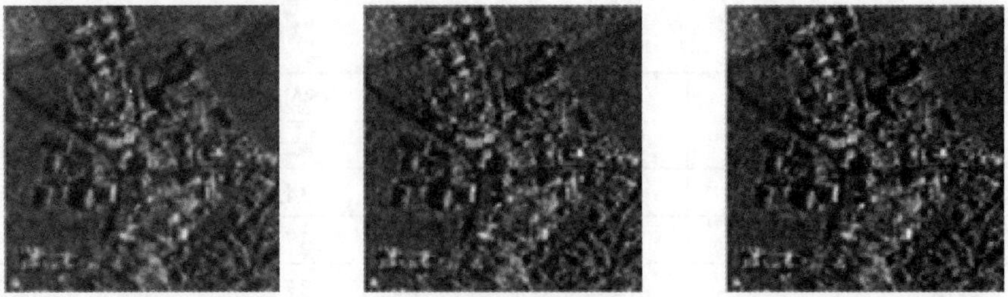

（d）　　　　　　　　（e）　　　　　　　　（f）

图 8-4　对田地 SAR 图像使用各种去噪算法的效果（续）

（d）使用 SR 去噪；（e）使用 BWS-SR 去噪；（f）使用 BSS-SR 去噪

从图 8-4 中可以看到，使用 Lee 滤波的去噪效果最差，而使用 BWS 去噪后会去掉一些边缘纹理，使用 BSS 去噪后会模糊边缘，使用 SR 和 BWS-SR 去噪看起来有些许的人造纹理，而 BSS-SR 算法较好地保持了图像的边缘和纹理信息且抑制了人造纹理的产生。其他 SAR 图像去噪后的效果如图 8-5 至图 8-7 所示，其中，图 8-5 是对图 8-3（b）森林 SAR 图像去噪后的效果。

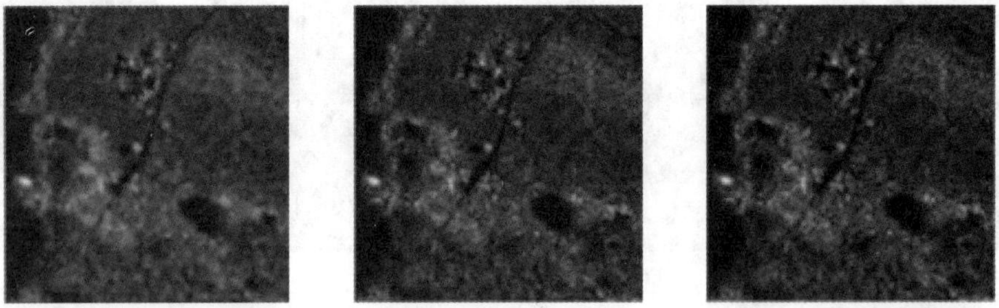

（a）　　　　　　　　（b）　　　　　　　　（c）

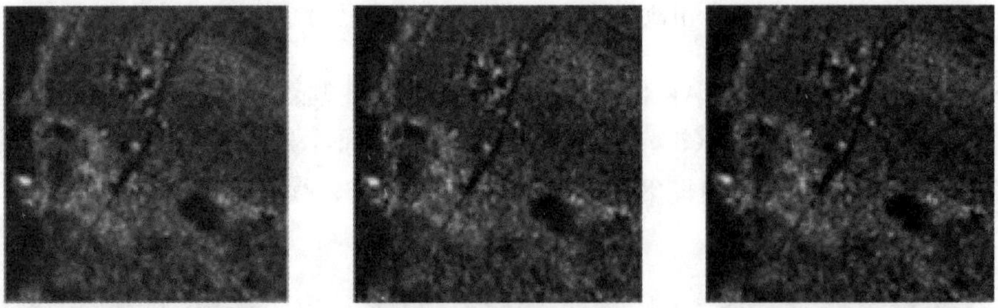

（d）　　　　　　　　（e）　　　　　　　　（f）

图 8-5　对森林 SAR 图像使用各种去噪算法的效果

（a）使用 Lee 滤波去噪；（b）使用 BWS 去噪；（c）使用 BSS 去噪；（d）使用 SR 去噪；（e）使用 BWS-SR 去噪；（f）使用 BSS-SR 去噪

图 8-6 是对图 8-3（c）城市 SAR 图像去噪后的效果。

图 8-7 是对图 8-3（d）湖泊 SAR 图像去噪后的效果。由图 8-5 至图 8-7 看出，文中介

绍的这四种去噪算法在三张 SAR 图像上的去噪效果和图 8-3（a）相似，都是以 BSS-SR 算法的去噪效果最好。

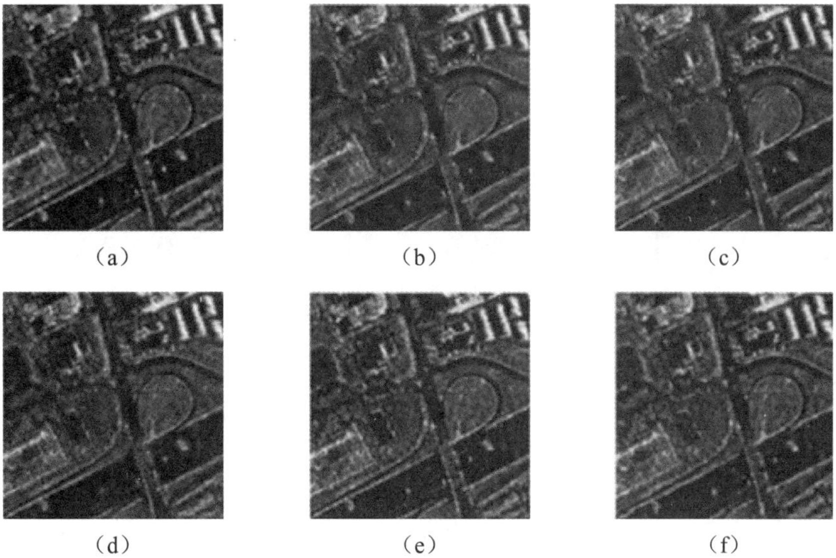

图 8-6　对城市 SAR 图像使用各种去噪算法效果

（a）使用 Lee 滤波去噪；（b）使用 BWS 去噪；（c）使用 BSS 去噪；（d）使用 SR 去噪；（e）使用 BWS-SR 去噪；（f）使用 BSS-SR 去噪

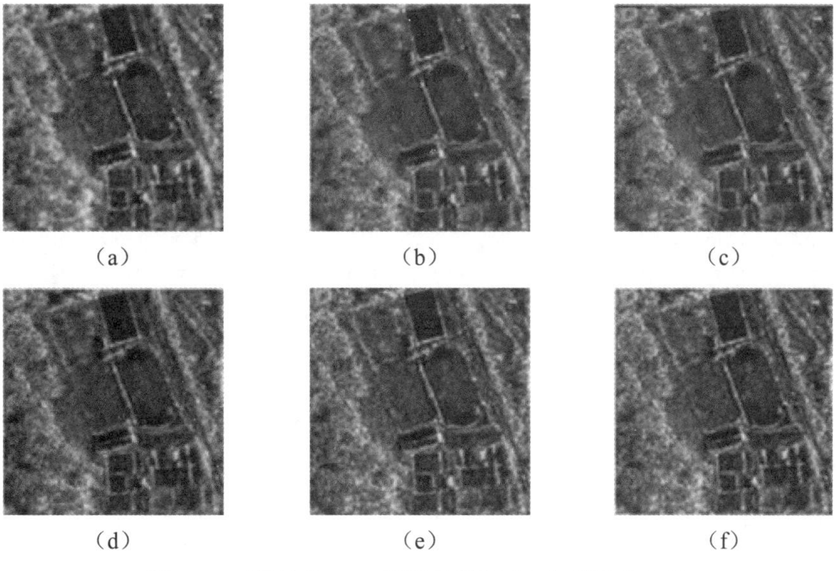

图 8-7　对湖泊的 SAR 图像使用各种去噪算法的效果

（a）使用 Lee 滤波去噪；（b）使用 BWS 去噪；（c）使用 BSS 去噪；（d）使用 SR 去噪；（e）使用 BWS-SR 去噪；（f）使用 BSS-SR 去噪

为了更好地展示 BSS-SR 算法的优越性，我们同时计算了各种去噪算法常用的几个去噪性能参数，其中包括峰值信噪比（PSNR）、等效视数（ENL）、标准差（SD）和边缘保持指数（EPI）。表 8-2 给出了 4 幅 SAR 图像的去噪性能参数的实验结果。

表 8-2　各种去噪算法的性能指标

（a）田地的各种去噪算法的性能指标

去 噪 算 法	PSNR/dB	ENL	SD	EPI	时间/s
Lee滤波	28.28	7.35	33.01	0.67	0.21
BWS	31.75	12.75	29.54	0.85	0.16
BSS	32.57	14.77	29.15	0.91	33.91
SR	32.89	15.59	29.05	0.93	6.78
BWS-SR	34.03	19.64	28.79	0.95	6.37
BSS-SR	35.10	21.08	28.17	0.97	6.61

（b）森林的各种去噪算法的性能指标

去 噪 算 法	PSNR/dB	ENL	SD	EPI	时间/s
Lee滤波	29.05	6.35	27.87	0.80	0.25
BWS	33.78	10.55	25.73	0.89	0.18
BSS	35.55	12.46	25.70	0.92	33.88
SR	36.05	13.76	25.65	0.96	6.83
BWS-SR	36.17	14.24	25.70	0.96	6.59
BSS-SR	36.66	14.55	25.45	0.98	6.64

（c）城市的各种去噪算法的性能指标

去 噪 算 法	PSNR/dB	ENL	SD	EPI	时间/s
Lee滤波	27.56	7.27	35.53	0.59	0.19
BWS	30.63	11.57	30.45	0.83	0.13
BSS	31.57	17.15	29.18	0.88	33.76
SR	32.55	17.85	28.85	0.90	6.67
BWS-SR	33.97	27.73	28.70	0.93	6.49
BSS-SR	35.57	30.08	28.26	0.96	6.55

（d）湖泊的各种去噪算法的性能指标

去 噪 算 法	PSNR/dB	ENL	SD	EPI	时间/s
Lee滤波	27.89	8.05	30.01	0.71	0.20
BWS	31.55	12.46	28.37	0.87	0.18
BSS	34.57	18.15	28.18	0.92	33.57

续表

去噪算法	PSNR/dB	ENL	SD	EPI	时间/s
SR	34.00	18.59	28.01	0.95	6.73
BWS-SR	35.89	21.77	27.59	0.96	6.32
BSS-SR	36.20	22.01	27.76	0.98	6.59

从表 8-2 所示的各种去噪方法的性能参数来看，BSS-SR 算法也是一种较好的去噪算法。在每一个分表中，BSS-SR 算法都比 BWS-SR 和 BSS 算法的效果好，这应该归功于 Shearlet 变换可以更好地表示图像的优点。与 BSS 相比，可以看到稀疏表示去噪模型在改进去噪效果上具有明显的优势。下面我们来比较一下 BWS-SR 算法与其他算法的去噪表现。首先，对比表 8-2（b）纹理比较少的森林 SAR 图像的去噪效果可以看到，BSS-SR 算法与 SR 算法的 PSNR 相差不大，从 EPI 来看，二者对图像边缘的保护效果也相差不多，只在 ENL 上有一些差异。BSS-SR 算法的视觉效果比较好，是因为森林的 SAR 图像的纹理比较少，对图像使用小波变换和 Shearlet 变换几乎都能得到最优的图像的稀疏表示，因此在 PSNR 和 EPI 上的差别不大，也就是说，这两个算法几乎拥有相同的去噪性能和边缘保护性能。但是 BSS-SR 算法使用的是共轭梯度迭代法，减少了测量矩阵的限制条件，使最优解的收敛性更好，因此 BSS-SR 算法具有更好的视觉效果。

对纹理比较多的城市的 SAR 图像去噪后，就可以看出 BSS-SR 算法的优越性了，该算法不只在 PSNR 上比 SR 算法高出 3dB，而且 EPI 也比其高出 0.06。这表示 BSS-SR 算法具有更好的去噪能力和边缘保持能力，从 ENL 方面分析，该算法的视觉效果远远超出了 SR 算法。这是因为在纹理比较丰富的图像中，小波变换的稀疏性大大降低，而 Shearlet 却能有效地稀疏表示这些纹理，因此 BWS-SR 算法的效果比 SR 算法好很多。

对于纹理丰富介于森林和城市 SAR 图像之间的田地和湖泊 SAR 图像，BWS-SR 算法也具有最高的 PSNR 和 ENL，并且其标准差较小，EPI 最接近于 1。综合上面的分析可知，BSS-SR 算法对 SAR 图像的去噪（尤其是含有丰富纹理的 SAR 图像）能力很强，而且去噪后的视觉效果也很好，具有较强的轮廓保持能力，能更好地保留 SAR 图像的纹理信息。

8.2　基于非局部先验性的稀疏域的 SAR 图像去噪

8.2.1　非局部去噪模型

如果 $\boldsymbol{y}$ 表示含噪图像，k 表示含噪图像序列 $v(i)=\{v(i),i\in y\}$ 中的某一个像素，$\boldsymbol{P}_k$ 表示以 k 为中心的矩形邻域，那么可以通过式（8-28）计算图像 $\boldsymbol{y}$ 中像素 i 和像素 j 之间的权重[6]：

$$a(i,j)=\frac{1}{C(i)}\exp\left(-\frac{\left\|v(\boldsymbol{P}_i)-v(\boldsymbol{P}_j)\right\|_2^2}{h^2}\right) \tag{8-28}$$

其中：

$$C(i)=\sum_j \exp\left(-\frac{\left\|v(\boldsymbol{P}_i)-v(\boldsymbol{P}_j)\right\|_2^2}{h^2}\right) \tag{8-29}$$

其中，$C(i)$表示权重的归一化系数，h 表示图像的平滑参数。参数 h 通过控制指数函数的衰减来控制权重进而控制平滑噪声的程度，当 h 值较小时，幂函数衰减较快，细节保持程度较高，从而能更多地保留图像本身的细节信息。由于像素 i 和像素 j 的相似程度与矩形邻域 $v(\boldsymbol{P}_i)$和 $v(\boldsymbol{P}_j)$的相似程度相关，因此当权重较大时，图像的矩形邻域更为相似。同时，权重 $a(i,j)$满足条件：$0\leqslant a(i,j)\leqslant 1$，$\sum a(i,j)=1$。

虽然非局部均值去噪算法可以有效抑制相干斑噪声，但是受分块和块匹配的影响，基于分块的非局部去噪算法容易产生人造纹理，从而引起视觉上的不适。对于自然物体所形成的 SAR 图像及人造图像而言，这种视觉误差则不容忽视，而基于稀疏表示的去噪算法可以很好地利用图像的稀疏信息解决这个问题，因此，我们结合二者提出了基于非局部先验性的稀疏域 SAR 图像去噪算法（简称 NL-SR）并进行相干斑噪声抑制。

8.2.2　相干斑噪声抑制模型

令 $\boldsymbol{W}^{\mathrm{T}}$ 表示 Shearlet 变换，则 $w_k=\boldsymbol{W}^{\mathrm{T}}y(k)$，为方便起见，将稀疏域噪声抑制过程简化为 $\hat{w}=y_W(z)$，y_W 表示上述的噪声抑制模型。如果只对式（8-1）进行非局部去噪，则有：

$$\mathrm{NL}\big(y(k_1)\big)=\sum_{k_2\in\Omega}\alpha(k_1,k_2)y(k_2) \tag{8-30}$$

其中，$\mathrm{NL}(y(k_1))$为去噪的结果，Ω 为非局部去噪的搜索窗口，$\alpha(k_1, k_2)$为两个相似像素的权重，该权重与两个像素的位置和相似函数的定义有关，可以根据具体的应用进行设计。为了将非局部先验知识加入稀疏噪声抑制模型中，需要对式（8-30）进行如下转换：

$$\begin{aligned}\boldsymbol{W}^{\mathrm{T}}\mathrm{NL}\big(y(k_1)\big)&=\sum_{k_2\in\Omega}\alpha(k_1,k_2)\boldsymbol{W}^{\mathrm{T}}y(k_2)\\ \Leftrightarrow \hat{w}_{\mathrm{NL}}&=\sum_{k_2\in\Omega}\alpha(k_1,k_2)w_{k_2}\end{aligned} \tag{8-31}$$

式（8-31）给出了稀疏域下图像的非局部先验信息。下面我们将式（8-31）表示的非局部先验知识加入稀疏噪声抑制模型中。

要克服稀疏表示噪声抑制模型缺陷，最简单的算法显然是将式（8-31）作为模型（8-30）的限制条件，然后进行模型求解，即：

$$\hat{z}=\arg\min_z\|z\|_0\quad \text{s.t.}\begin{cases}\hat{w}_{\mathrm{NL}}=\sum\limits_{k_2\in\Omega}\alpha(k_1,k_2)w_{k_2}\\ \|s-\boldsymbol{\Phi}z\|_2\leqslant\varepsilon\end{cases} \tag{8-32}$$

为了方便求解，利用拉格朗日乘子法将式（8-32）转换为式（8-33）进行求解：

$$(\hat{w},\hat{z},\hat{\mu})=\arg\min_{\tilde{w},z,\mu}\left(\|s-\boldsymbol{\Phi}z\|_2^2+\gamma\|z\|_0\right)+\mu\left(\tilde{w}-\sum_{k_2\in\Omega}\alpha(k_1,k_2)w_{k_2}\right) \tag{8-33}$$

其中，$\tilde{w}$ 为上一次所求的最优解，γ 为一个常数因子。

由无约束最优化可求解的条件来看，显然式（8-33）可利用 KKT 条件进行求解。最直接的算法就是使用快速交替迭代算法进行求解。

8.2.3　交替算法求解模型

下面利用交替迭代算法求解 8.2.2 节中的去噪模型。在式（8-33）中，有 $\tilde{w}$、z 和 μ 三个未知参数，因此在求解上述公式的时候可以采用固定其中的某个变量，求解另外的变量的策略进行最优值的求解，这种算法称为交替迭代求解算法。

首先，由 $\tilde{w}$ 的定义可知，μ 应该为 0，即式（8-33）转换为式（8-34），这与文献[3]提出的去噪模型是一致的，因此可以采用共轭梯度法进行求解，详细求解算法见文献[3]。

其次，更新 $\tilde{w}$ 为上一步的最优解 $\tilde{z}$，在最后一步定义为 $\tilde{z}_0$，则式(8-33)转换为式(8-34)：

$$(\hat{z},\hat{\mu})=\arg\min_{z,\mu}\left(\|s-\boldsymbol{\Phi}z\|_2^2+\gamma\|z\|_0\right)+\mu\left(\hat{z}_0-\sum_{k_2\in\Omega}\alpha(k_1,k_2)w_{k_2}\right) \tag{8-34}$$

可以看到，式（8-33）的形式与在文献[9]中得到的最优化模型类似，因此可以通过快速双变量迭代算法求解该式的最优解。

这里可先固定 $\tilde{w}$，求解 z 和 μ，然后固定 μ，求解 $\tilde{w}$ 和 z，从而得到整个最优化问题的解。

NL-SR 算法的具体步骤如下：

（1）对输入图像 y 进行 NSST 变换，得到 NSST 系数 w。

（2）通过 $s-\boldsymbol{\Phi}w$ 得到 s。

（3）通过式（8-28）至式（8-31）计算 $\alpha(k_1,k_2)$和 w_{k_2}。

（4）通过交替迭代算法求解式（8-33）。

初始化：令 μ=0，设置迭代数 N 为 50，通过式（8-4）得到 $\hat{z}_0=\hat{z}$。迭代循环如下：

for　i = 1　to N,

1：令 $\tilde{\omega}=\hat{z}$，如下更新 z 和 μ：

$$(\hat{z},\hat{\mu})=\arg\min_{z,\mu}\left(\|s-\boldsymbol{\Phi}z\|_2^2+\gamma\|z\|_0\right)+\mu\left(\tilde{w}_i-\sum_{k_2\in\Omega}\alpha(k_1,k_2)w_{k_2}\right)$$

通过快速双变量迭代算法得到 $\tilde{z}$ 和 μ。

2：令 μ_i=$\hat{\mu}$，如下更新 z 和 $\hat{w}$：

$$(\hat{z},\hat{w})=\arg\min_{z,\tilde{w}}\left(\|s-\boldsymbol{\Phi}z\|_2^2+\gamma\|z\|_0\right)+\mu_i\left(\tilde{w}-\sum_{k_2\in\Omega}\alpha(k_1,k_2)w_{k_2}\right)$$

通过快速双变量迭代算法得到 $\hat{z}$ 和 $\hat{w}$。

令 $\hat{z}_i = \hat{z}$

end

（5）对 $\hat{z}_N$ 应用 NSST 反变换得到去噪后的图像。

8.2.4 实验结果与分析

为了测试 NL-SR 算法的可靠性与有效性，我们对意大利那不勒斯费德里克二世大学的网站上提供的由 TerraSar-X 采集的 3 幅 SAR 图像进行去噪，并对实验结果进行分析，测试图像分别为森林图像、城市图像和湖泊图像，如图 8-8 所示。去噪算法分别为 Frost 滤波，基于稀疏表示的 Shearlet 域贝叶斯阈值收缩去噪算法（BSS-SR）[3]，基于小波域的非局部相干斑噪声抑制算法（SAR-BM3D）[7]，基于连续循环平移理论的 Shearlet 域贝叶斯收缩去噪算法（CS-BSR）[8]，基于加权核范数的盲去噪算法（BWNNM）[9]，以及 NL-SR 算法。森林 SAR 图像去噪后的效果如图 8-9 所示，城市 SAR 图像去噪后的效果如图 8-10 所示，湖泊 SAR 图像去噪后的效果如图 8-11 所示。

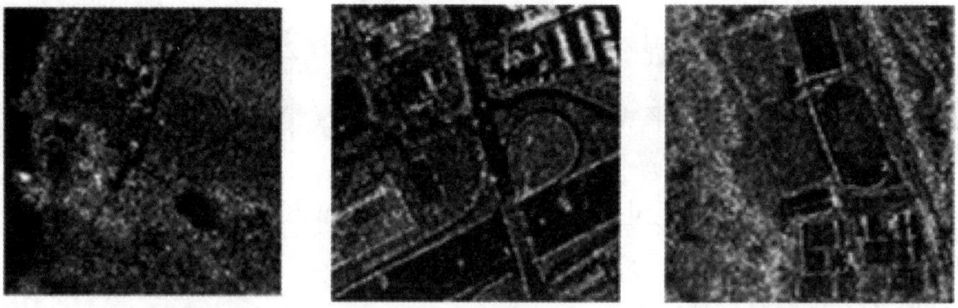

（a）　　　　　　（b）　　　　　　（c）

图 8-8　实际的 SAR 图像

（a）森林；（b）城市；（c）湖泊

从图 8-9 中可以看到，图 8-9（a）使用 Frost 滤波去噪后的图像仍含有很多的相干斑噪声，图 8-9（b）使用 BSS-SR 去噪后，图像的边缘有一些模糊，而图 8-9（c）使用 SAR-BM3D 噪声抑制算法虽然有效地抑制了图像的相干斑噪声，但是丢失了一些细节，图 8-9（d）使用的 CS-BSR 噪声抑制算法虽然有效地抑制了去噪过程中对图像边缘的模糊，但是对噪声的抑制能力有所减弱，而图 8-9（e）使用的 BWNNM 噪声抑制算法虽然对噪声有进一步的抑制，也较好地保留了图像的边缘信息，但是还有一些残余的噪声。图 8-9（f）所示的 NL-SR 算法与 BWNNM 和 SAR-BM3D 算法相比具有更好的视觉效果，而与 BSS-SR 和 CS-BSR 算法相比更有效地抑制了相干斑噪声，因此其去噪效果最好。这充分说明了非局部先验性与稀疏域去噪相结合的优势。

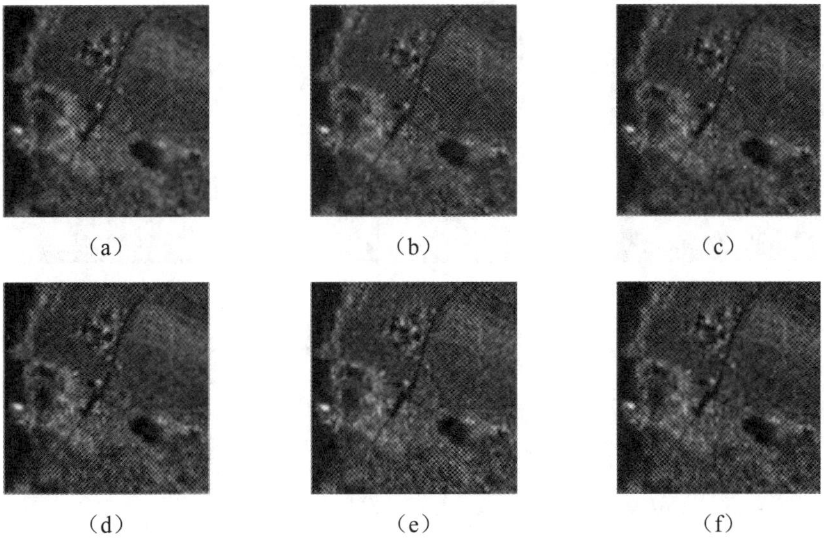

图 8-9　森林 SAR 图像去噪的效果

（a）使用 Frost 滤波去噪；（b）使用 BSS-SR 去噪；（c）使用 SAR-BM3D 去噪；
（d）使用 CS-BSR 去噪；（e）使用 BWNNM 去噪；（f）使用 NL-SR 去噪

从图 8-10 和图 8-11 中可以看出，上述 6 种去噪算法对两种 SAR 图像的去噪效果上表现和图 8-8（a）相似，均是以 NL-SR 算法的去噪效果最好。

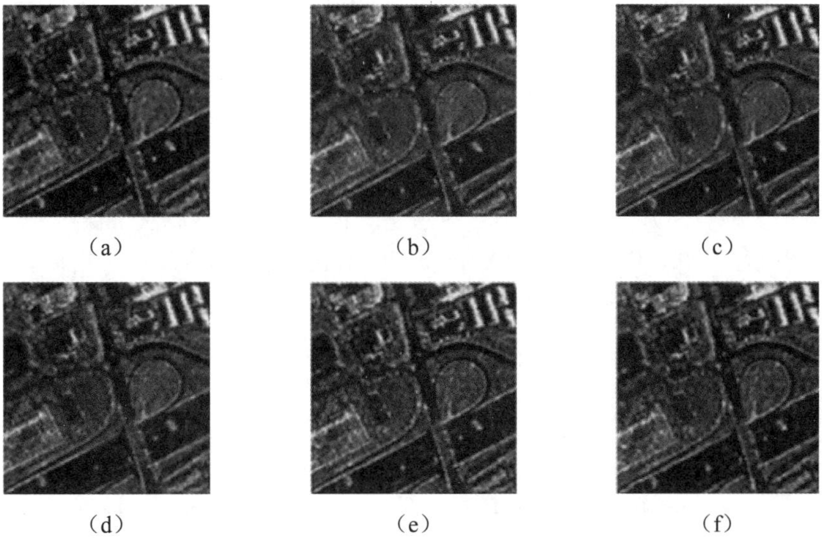

图 8-10　城市 SAR 图像去噪的效果

（a）使用 Frost 滤波去噪；（b）使用 BSS-SR 去噪；（c）使用 SAR-BM3D 去噪；
（d）使用 CS-BSR 去噪；（e）使用 BWNNM 去噪；（f）使用 NL-SR 去噪

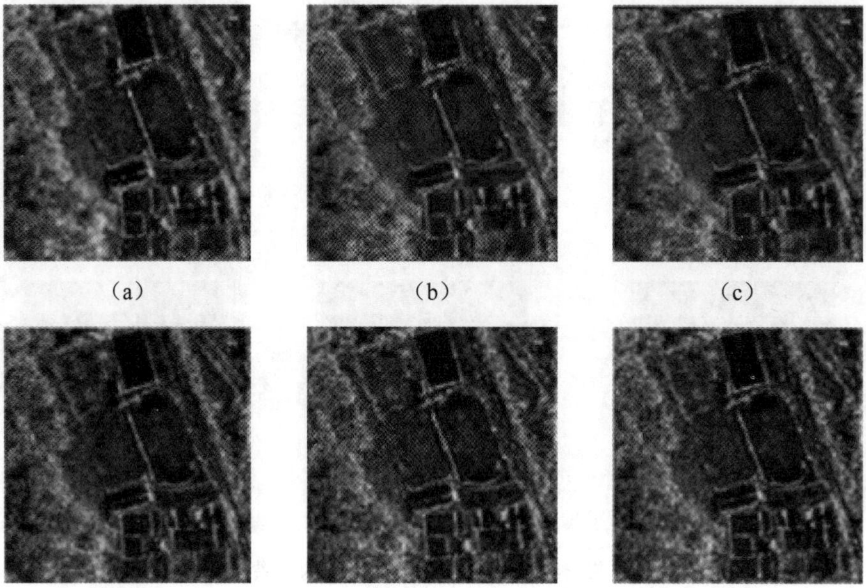

（a）　　（b）　　（c）

（d）　　（e）　　（f）

图 8-11　湖泊 SAR 图像去噪的效果

（a）使用 Frost 滤波去噪；（b）使用 BSS-SR 去噪；（c）使用 SAR-BM3D 去噪；
（d）使用 CS-BSR 去噪；（e）使用 BWNNM 去噪；（f）使用 NL-SR 去噪

为了更好地展示 NL-SR 算法的优越性，我们给出了 3 个客观评价指标来说明该算法的优势。这 3 个评价指标为等效视数（ENL）[10]、边缘保持指数（EPI）[10]、无参考质量评价指数（UMQ）[11]，其中，ENL 越大，表明算法去噪后的视觉效果越好，EPI 越大，表明算法边界保持能力越强，UMQ 越小则说明相干斑噪声抑制算法各方面表现得越优秀。表 8-3 至表 8-5 给出了三幅 SAR 图像的去噪性能指标。可以看出，NL-SR 算法的客观评价指标表现比其他算法好，因此 NL-SR 算法是一种较好的去噪算法。森林 SAR 图像的纹理较少，由表 8-3 可知，CS-BSR、BWNNM 和 NL-SR 算法的客观评价指标要优于其他算法。对比 NL-SR 算法与 BWNNM 算法可以看出，NL-SR 算法与 BWNNM 算法的 EPI 值相近，即这两个算法的边缘保持能力基本一致，但是 NL-SR 算法在 ENL 上提升了 1.5，并且UMQ 降低了 0.5，这充分说明了稀疏域去噪框架的有效性。对比 NL-SR 算法与 CS-BSR 算法可以看到，NL-SR 算法在 ENL 和 EPI 上有所提升，在 UMQ 上有所减小，这充分说明了图像非局部先验性的重要意义。城市 SAR 图像纹理较多，由表 8-4 的评价指标可知，NL-SR 算法的客观评价优于其他算法。湖泊 SAR 图像的纹理丰富程度介于森林和城市 SAR 图像之间，由表 8-5 可知，NL-SR 算法的 ENL 和 EPI 也较高，并且 UMQ 较小。综合上面的分析可知，NL-SR 算法可以有效抑制 SAR 图像中的相干斑噪声，同时能够更好地保留图像的纹理细节信息，提升去噪后图像的视觉效果。

表 8-3　森林SAR图像去噪的客观评价指标

去 噪 算 法	ENL	EPI	UMQ
Frost滤波	9.05	0.82	6.83
BSS-SR	12.75	0.95	5.12
SAR-BM3D	12.64	0.94	4.89
CS-BSR	16.25	0.97	4.65
BWNNM	16.54	0.98	4.79
NL-SR	18.07	0.98	4.27

表 8-4　城市SAR图像去噪的客观评价指标

去 噪 算 法	ENL	EPI	UMQ
Frost滤波	7.85	0.74	8.01
BSS-SR	11.13	0.93	6.21
SAR-BM3D	11.09	0.92	5.78
CS-BSR	14.08	0.95	5.55
BWNNM	15.43	0.94	5.49
NL-SR	16.75	0.97	4.92

表 8-5　湖泊SAR图像去噪的客观评价指标

去 噪 算 法	ENL	EPI	UMQ
Frost滤波	9.06	0.83	6.58
BSS-SR	11.87	0.94	5.65
SAR-BM3D	11.75	0.94	5.35
CS-BSR	15.57	0.96	5.17
BWNNM	15.86	0.95	5.15
NL-SR	17.45	0.96	4.60

8.3　基于纹理强度和加权核范数最小化的 SAR 图像去噪

低秩矩阵近似算法用于从退化的观测图像中恢复图像的低秩性，近年来广泛用于计算机视觉和机器学习领域。作为低秩矩阵分解的凸松弛，核范数最小化问题一直备受关注，尤其是近几年引起了很多学者的研究兴趣。为了使目标函数是凸函数，标准的核范数最小化对每个奇异值平等对待。然而，这种平等对待限制了核范数最小化在实际问题中的应用效果，因此，我们将对不同的奇异值采用不同的权重进行核范数最小化，提出了一种基于纹理强度和加权核范数最小化的 SAR 图像去噪算法(简称 Blind-WNNM),并将其用于 SAR 图像的低秩恢复中。

8.3.1 噪声水平估计

在图像去噪算法中，按照图像噪声水平是否已知可以将其分为盲去噪和非盲去噪。噪声水平是图像去噪、分割和进行超分辨率重建等图像处理问题的重要参数。如果噪声水平估计错误，在处理该图像时则会导致原本优秀的图像处理算法性能下降。对非盲去噪，噪声水平看作已知的参数。对盲去噪，噪声水平未知，通常在去噪过程中被估计。因此，很重要的问题就是去噪算法的噪声水平参数的设置。大多数现存的算法是非盲去噪，人为地加入真实的噪声来验证算法的有效性。然而，即使已知真实的噪声水平，非盲去噪算法的性能仍不一定是最优的。此时有两种方法提高去噪的性能：一种是提高非盲去噪算法本身，力求在已知真实的噪声水平时获得最优的性能；另一种是在去噪过程中不断调整噪声水平参数来更好地适应非盲去噪。目前，大多数现有的算法将噪声水平作为一个已知参数。然而，在 SAR 图像处理中，我们往往只知道接收的含有斑点噪声的图像，而噪声水平是未知的。为了能够将已有的 SAR 图像去噪算法用于实际的图像处理中，有必要首先估计噪声水平。目前为止，对噪声水平的准确估计仍然是一个非常有挑战的问题，特别是对于纹理丰富的输入图像，这个问题更加突出，因此需要一种健壮的噪声水平估计方法。

最常用的噪声模型是高斯白噪声加性模型（Additive White Gaussian Noise，AWGN）。噪声水平估计的目标是在已知观察图像的前提下估计出未知的标准差 σ_n，为此很多学者提出了解决的方法。笔者从文献[12]中获得启发，由一种健壮的噪声水平估计算法估计初始噪声水平，进一步调整噪声水平参数来提升盲去噪算法。

设图像子块：

$$\boldsymbol{y}_i = \boldsymbol{z}_i + \boldsymbol{n}_i,\quad i = 1,2,3,\cdots,M \tag{8-35}$$

每个子块由它的中心像素定义，其中，M 是子块数，z_i 是第 i 个大小为 $N\times N$ 的无噪图像子块，$\boldsymbol{y}_i$ 是相应的噪声图像子块，被均值为 0，方差为 σ_n^2 的独立同分布的噪声污染。假定噪声向量是互不相关的。图像子块可以看成欧氏空间的数据，数据的方差映射到欧氏空间的某个方向，用单位向量 $\boldsymbol{u}$ 定义轴的方向。由于信号与噪声是不相关的，高斯噪声在每一个方向有同样的能量且所有的特征值是一样的，因此映射数据的方差表示为：

$$V(\boldsymbol{u}^{\mathrm{T}}\boldsymbol{y}_i) = V(\boldsymbol{u}^{\mathrm{T}}\boldsymbol{z}_i) + \sigma_n^2 \tag{8-36}$$

这里，$V(\boldsymbol{u}^{\mathrm{T}}z_i)$ 表示在 $\boldsymbol{u}$ 方向的子块 $\{z_i\}$ 的方差，σ_n^2 是高斯噪声的标准差。定义最小方差方向为：

$$\boldsymbol{u}_{\min} = \arg\min_{\mathbf{u}} V(\boldsymbol{u}^{\mathrm{T}}\boldsymbol{y}_i) = \arg\min_{\mathbf{u}} V(\boldsymbol{u}^{\mathrm{T}}z_i) \tag{8-37}$$

Blind-WNNM 算法采用主成分分析法来计算最小方差方向。首先计算协方差矩阵：

$$\boldsymbol{\Sigma}_y=\frac{1}{M}\sum_{i=1}^{M}\boldsymbol{y}_i\boldsymbol{y}_i^{\mathrm{T}} \tag{8-38}$$

其中，M 表示子块的总数。映射到最小方差方向的方差等于协方差矩阵的最小特征值，因此得到：

$$\lambda_{\min}(\boldsymbol{\Sigma}_y)=\lambda_{\min}(\boldsymbol{\Sigma}_z)+\sigma_n^2 \tag{8-39}$$

这里，$\boldsymbol{\Sigma}_y$ 表示含噪子块 $\boldsymbol{y}$ 的协方差矩阵，$\boldsymbol{\Sigma}_z$ 表示无噪子块 z_i 的协方差矩阵，$\lambda_{\min}(\boldsymbol{\Sigma})$ 表示矩阵 $\boldsymbol{\Sigma}$ 的最小特征值。

如果按照等式（8-39）计算噪声子块的协方差矩阵的最小特征值，则很容易估计出噪声水平。由于无噪子块是未知的，因此 $\lambda_{\min}(\boldsymbol{\Sigma}_z)$ 也是未知的，导致式（8-39）的求解是一个“病态”问题。尽管如此，我们仍可以利用自然图像的一些特点来估计噪声水平。由于自然图像存在冗余，自然图像子块 $\{z_i\}\in\mathbb{R}^{N\times N}$ 张成子空间的维数小于 $N\times N$，我们称为低秩子块，其协方差矩阵的最小特征值 $\lambda_{\min}(\boldsymbol{\Sigma}_z)$ 近似为 0。由于高斯噪声在每个方向具有相同的能量，并且每个方向的特征值相同，因此我们可以通过协方差矩阵 $\boldsymbol{\Sigma}_y$ 的特征向量张成的子空间来估计噪声水平。

$$\hat{\sigma}_n^2=\lambda_{\min}(\boldsymbol{\Sigma}_y) \tag{8-40}$$

图 8-12 展示了自然图像和高斯噪声的特征值图像，可以看出，自然图像的第一主成分贡献了大部分能量，而高斯噪声在每一个成分都具有相同的能量。

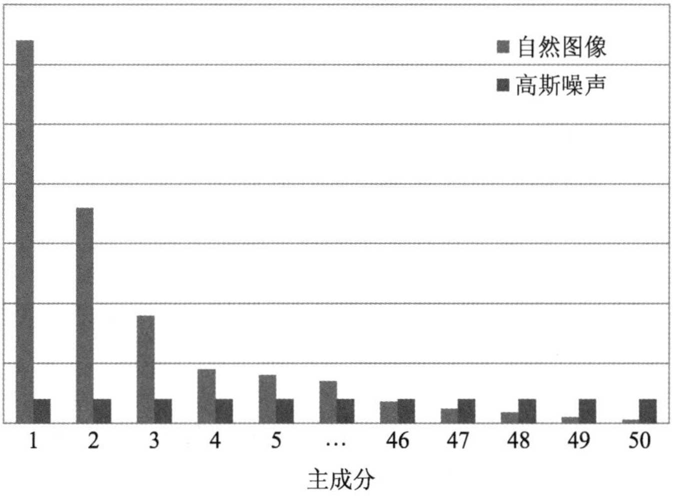

图 8-12　自然图像和高斯噪声的特征值

对于还有微小细节的图像来说，冗余假设并不总是成立的。当场景具有简单的结构信息时，图像子块组成的矩阵是低秩的，在无噪图像中子块的最小特征值近似为 0。此时采用原始的 PCA 方法可以正确地估计噪声水平；然而，当待处理图像具有复杂场景和纹理时，图像子块的最小特征值大于 0，这时采用原始的 PCA 方法会过度估计噪声水平。为了解决这个问题，一种可能的方法是从输入的噪声图像中搜集具有相似结构的低秩子块。广义来讲，具有相似的边界、拐角、纹理等高频成分的子块也属于低秩子块。然而，当图像含有噪声时，很难做到搜集到所有的低秩子块。我们试图搜集没有高频成分的低秩子块，并得到可靠的结果。

在基于子块的噪声水平估计方法中，输入图像以光栅扫描的方式被分成很多子块。为了分析噪声图像的结构并选择合适的子块，需要计算子块的局部方差。受文献[12]的启发，Blind-WNNM 算法首先可以基于局部图像梯度矩阵和统计特性计算纹理强度度量，然后利用纹理强度选择低秩子块。

图像结构可以由梯度协方差矩阵进行有效测量。为了解决这个问题，我们首先从输入的噪声图像中检测低秩子块。图像子块 $\boldsymbol{y}_i$ 的梯度矩阵 $\boldsymbol{G}_{y_i}$ 记作：

$$\boldsymbol{G}_{y_i} = [\boldsymbol{D}_h \boldsymbol{y}_i \ \boldsymbol{D}_v \boldsymbol{y}_i] \tag{8-41}$$

其中，$\boldsymbol{D}_h$ 和 $\boldsymbol{D}_v$ 表示水平方向和垂直方向的导数矩阵。子块 $\boldsymbol{y}_i$ 的梯度协方差矩阵表示如下：

$$\boldsymbol{C}_{y_i} = \boldsymbol{G}_{y_i}^{\mathrm{T}} \boldsymbol{G}_{y_i} = \begin{bmatrix} \boldsymbol{y}_i^{\mathrm{T}} \boldsymbol{D}_h^{\mathrm{T}} \boldsymbol{D}_h \boldsymbol{y}_i & \boldsymbol{y}_i^{\mathrm{T}} \boldsymbol{D}_h^{\mathrm{T}} \boldsymbol{D}_v \boldsymbol{y}_i \\ \boldsymbol{y}_i^{\mathrm{T}} \boldsymbol{D}_v^{\mathrm{T}} \boldsymbol{D}_h \boldsymbol{y}_i & \boldsymbol{y}_i^{\mathrm{T}} \boldsymbol{D}_v^{\mathrm{T}} \boldsymbol{D}_v \boldsymbol{y}_i \end{bmatrix} \tag{8-42}$$

其中，T 表示转置运算。图像子块的很多信息可以通过梯度矩阵或者梯度协方差矩阵来反映，子块矩阵的主导方向和能量可由协方差矩阵的特征值和特征向量测定。将协方差矩阵分解，得到：

$$\boldsymbol{C}_{y_i} = \boldsymbol{V} \begin{bmatrix} s_1^2 & 0 \\ 0 & s_2^2 \end{bmatrix} \boldsymbol{V}^{\mathrm{T}} \tag{8-43}$$

协方差矩阵的迹反映了子块的纹理强度，因此定义纹理强度为：

$$\xi_i = \mathrm{tr}(\boldsymbol{C}_{y_i}) \tag{8-44}$$

其中，tr()表示求矩阵的迹，迹越大则子块纹理越丰富。图 8-13 展示了 3 个具有不同纹理强度的子块。分别计算它们的纹理强度，得到纹理强度的值分别为 52.45、1810.3 和 3227.1，图 8-13（a）所示的第一幅图的纹理强度值较小，从直观上看图像较为平滑，因此我们可以推断，对子块计算纹理强度，当协方差矩阵的迹较小时，子块较为平滑或者具有弱纹理。

当无噪图像中不含有高频成分时，可以通过对纹理强度设定阈值来选择低秩子块。但是，梯度矩阵对噪声是敏感的，因此纹理强度受噪声影响很大。有必要考虑噪声如何影响纹理强度。先考虑特殊情况，即低秩子块是平滑的情况，对于无噪的平滑子块 z_f，梯度矩阵 $\boldsymbol{G}_{z_f}$ 可表示如下：

$$\boldsymbol{G}_{z_f} = [\boldsymbol{D}_h z_f \boldsymbol{D}_v z_f] = [0 \quad 0] \tag{8-45}$$

（a）　　　　　　（b）　　　　　　（c）

图 8-13　不同类型的无噪声子块

则含有标准差为 σ_n 的高斯噪声的平坦子块 y_f 可表示如下：

$$y_f = z_f + \boldsymbol{n} \tag{8-46}$$

其梯度矩阵可表示如下：

$$\boldsymbol{G}_{y_f} = [\boldsymbol{D}_h(z_f + \boldsymbol{n})\boldsymbol{D}_v(z_f + \boldsymbol{n})] = [\boldsymbol{D}_h n \boldsymbol{D}_v \boldsymbol{n}] \tag{8-47}$$

子块 y_f 的纹理强度为：

$$\begin{aligned} \xi_{y_f} &= \operatorname{tr}(\boldsymbol{C}_{y_f}) = \operatorname{tr}(\boldsymbol{G}_{y_f}^{\mathrm{T}} \boldsymbol{G}_{y_f}) \\ &= \operatorname{tr}\begin{bmatrix} \boldsymbol{n}^{\mathrm{T}} \boldsymbol{D}_h^{\mathrm{T}} \boldsymbol{D}_h \boldsymbol{n} & \boldsymbol{n}^{\mathrm{T}} \boldsymbol{D}_h^{\mathrm{T}} \boldsymbol{D}_v \boldsymbol{n} \\ \boldsymbol{n}^{\mathrm{T}} \boldsymbol{D}_v^{\mathrm{T}} \boldsymbol{D}_h \boldsymbol{n} & \boldsymbol{n}^{\mathrm{T}} \boldsymbol{D}_h^{\mathrm{T}} \boldsymbol{D}_v \boldsymbol{n} \end{bmatrix} \\ &= \boldsymbol{n}^{\mathrm{T}} (\boldsymbol{D}_h^{\mathrm{T}} \boldsymbol{D}_h + \boldsymbol{D}_v^{\mathrm{T}} \boldsymbol{D}_v) \boldsymbol{n} \end{aligned} \tag{8-48}$$

文献[12]的作者证明了纹理强度是近似服从伽玛分布的，即

$$\xi_{y_f} \sim \operatorname{Gamma}\left(\frac{N^2}{2}, \frac{2}{N^2} \sigma_n^2 \operatorname{tr}(\boldsymbol{D}_h^{\mathrm{T}} \boldsymbol{D}_h + \boldsymbol{D}_v^{\mathrm{T}} \boldsymbol{D}_v) \right) \tag{8-49}$$

其中，$\operatorname{Gamma}(\alpha, \beta)$ 表示具有形状参数 α 和尺度参数 β 的伽玛分布。

原始的 PCA 噪声估计方法需要计算低秩子块，假设子块是平滑的并被高斯噪声污染，纹理强度的置信区间定义如下：

$$P(0 < \xi_{y_f} < \tau) = \delta \tag{8-50}$$

如果子块的纹理强度小于阈值 τ，则可以看作弱纹理子块。阈值 τ 是置信区间和噪声方差的函数：

$$\tau = \sigma_n^2 F^{-1}\left(\delta, \frac{N^2}{2}, \frac{2}{N^2} \operatorname{tr}(\boldsymbol{D}_h^{\mathrm{T}} \boldsymbol{D}_h + \boldsymbol{D}_v^{\mathrm{T}} \boldsymbol{D}_v)\right) \tag{8-51}$$

其中，$F^{-1}(\delta, \alpha, \beta)$ 是具有形状参数 α 和尺度参数 β 的逆累积伽玛分布函数，δ 表示置信区间。

综上所述，如果能选择低秩子块，则可以准确估计噪声水平，然而用于选择弱纹理子块的阈值却是噪声水平的函数，这类似于“鸡生蛋还是蛋生鸡”的问题，我们采用迭代的

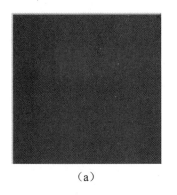

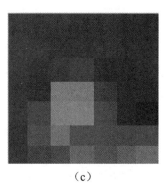

方法来解决这个问题。首先，由输入图像的所有子块计算协方差矩阵，从而估计初始噪声水平 $\hat{\sigma}_n^0$。其次，根据第 k 个估计的噪声水平 $\hat{\sigma}_n^k$ 计算阈值 τ_{k+1}，由阈值选的弱纹理子块得到弱纹理子块集合 W_{k+1}。最后，根据弱纹理子块集合 W_{k+1} 计算第 $k+1$ 个噪声水平 $\hat{\sigma}_n^{k+1}$，重复执行以上步骤直到噪声水平趋于稳定。噪声水平估计算法流程如图 8-14 所示。

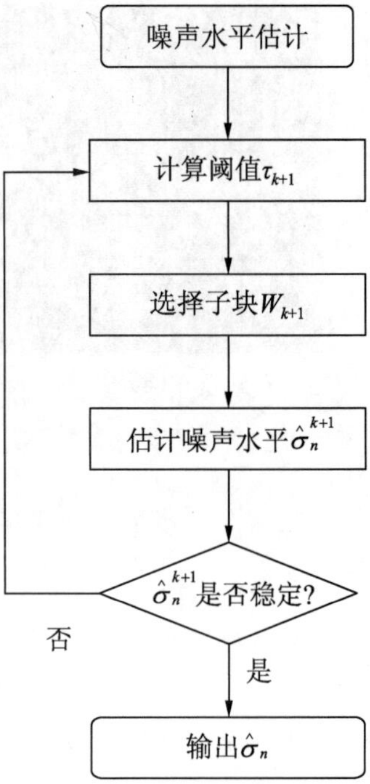

图 8-14　噪声水平估计流程

虽然从理论上难以证明噪声水平迭代估计算法的收敛性，但是可以通过实验来验证。对测试图像分别加入不同方差水平的噪声后，估计算法是趋于稳定的。如表 8-6 所示，我们以 Lena 图像为测试图像，为其加入不同方差的噪声，然后用迭代算法估计噪声方差。可以看到，随着迭代次数的增加，噪声方差是趋于稳定的。

去噪图像的视觉效果得到提升，首先是因为噪声得到了抑制，其次是降低了去噪滤波的模糊效应。实验结果表明，噪声水平参数的设置可以直接影响去噪算法的性能。虽然噪声水平估计算法是盲去噪中一个内置的函数，但是盲去噪算法仍然受噪声水平参数的影响。甚至，即使真实的噪声水平被理想地估计出来，去噪算法也有可能不能取得最好的效果。为了进一步提高目前的去噪算法的性能，我们需要对盲去噪算法调整噪声水平参数。

表 8-6　对测试图像加入不同噪声方差迭代估计的结果

估计的噪声方差		迭代次数								
		1	2	3	4	5	6	7	8	9
加入的噪声方差	1	2.2403	1.7977	1.6692	1.6049	1.5813	1.5724	1.5663	1.5654	1.5656
	5	5.3544	5.1989	5.1747	5.1678	5.1678	5.1678	5.1678	5.1678	5.1678
	10	10.0883	10.0793	10.0785	10.0784	10.0784	10.0784	10.0784	10.0784	10.0784
	15	15.0163	14.9898	14.9906	14.9906	14.9906	14.9906	14.9906	14.9906	14.9906
	20	19.5630	19.5542	19.5522	19.5524	19.5524	19.5524	19.5524	19.5524	19.5524
	25	24.7109	24.7018	24.7031	24.7031	24.7031	24.7031	24.7031	24.7031	24.7031

我们选择 PSNR 和 SSIM 作为客观指标来调整参数，需要说明的是，最优的噪声水平参数是指去噪图像可以通过计算获得的最好的客观指标。噪声水平参数不仅仅与真实的噪声水平有关，而且依赖于图像的具体场景。去噪算法往往倾向于平滑图像，很难对噪声和微小细节进行区分。对于含有丰富纹理的图像，去噪算法往往过度平滑像素。为了提高去噪性能，只利用真实的噪声水平是不够的。我们应该考虑场景的复杂性，因此基于真实的噪声水平和图像场景的复杂性来调整噪声水平参数是十分有必要的。

从前面噪声水平估计算法中可以得到两个不同的噪声水平：一个是由选出的低秩子块

估计的最终噪声水平 $\hat{\sigma}_n$；另一个是由所有子块估计的初始噪声水平 $\hat{\sigma}_n^0$。虽然初始噪声水平不如最终估计的噪声水平准确，但是可以给我们提供一些关于图像纹理复杂性的启示。因此我们可以利用初始噪声水平反映的额外信息进一步调整噪声水平参数。通常，具有复杂纹理的图像，其初始噪声水平往往大于实际的噪声水平，主要是因为在第一次主成分分析时，复杂纹理难以表示。为此，我们必须从噪声图像中选择低秩子块，初始估计对图像纹理的复杂度是敏感的。初始估计和真实噪声的差异反映了图像的复杂度，因此我们可以将调整后的噪声水平表示成 $\hat{\sigma}_n^0$ 和 $\hat{\sigma}_n$ 的函数，即：

$$\hat{\sigma}_n^{'} = R(\hat{\sigma}_n^0, \hat{\sigma}_n; \boldsymbol{\theta}) \tag{8-52}$$

其中，$\hat{\sigma}_n^{'}$ 表示调整后的噪声水平参数，$\hat{\sigma}_n^0$ 表示初始噪声水平初始估计，$\hat{\sigma}_n$ 表示迭代运算后的噪声水平估计，$\boldsymbol{\theta}$ 是未知的模型参数向量。利用初始噪声估计提供的附加信息以及二次回归模型，可以得到调整后的噪声水平参数。当然，二次回归模型只是解决该问题的一个例子，也可以利用其他的回归模型来解决。将 $\hat{\sigma}_n^0$ 和 $\hat{\sigma}_n$ 看作两个变量，模型可以表示如下：

$$\hat{\sigma}_n^{'} = a_0 + a_1\hat{\sigma}_n + a_2\hat{\sigma}_n^0 + a_3\hat{\sigma}_n\hat{\sigma}_n^0 + a_4(\hat{\sigma}_n^0)^2 + a_5(\hat{\sigma}_n)^2 + \varepsilon \tag{8-53}$$

结合具体的去噪算法，可以估计调整后的噪声水平参数。

8.3.2　加权核范数最小化

低秩矩阵近似方法一般可分为两类：低秩矩阵分解法（Low Rank Matrix Factorization，LRMF）和核范数最小化方法（Nuclear Norm Minimization，NNM）。给定已知矩阵 $\boldsymbol{Y}$，LRMF 致力于寻找矩阵 $\boldsymbol{X}$，使得 $\boldsymbol{X}$ 与 $\boldsymbol{Y}$ 在某种数据保真度准则下尽可能接近，进而分解成两个低秩矩阵的乘积。LRMF 问题通常是非凸优化问题。低秩矩阵近似的另一种方法是核范数最小化方法[13]。矩阵 $\boldsymbol{X}$ 的核范数记作 $\|\boldsymbol{X}\|_*$，定义为矩阵的奇异值之和，即：

$$\|\boldsymbol{X}\|_* = \sum_i |\mu_i(\boldsymbol{X})|_1 \tag{8-54}$$

其中，$\mu_i(X)$ 表示矩阵 $\boldsymbol{X}$ 的第 i 个奇异值。核范数最小化致力于从观测矩阵 $\boldsymbol{Y}$ 中估计矩阵 $\boldsymbol{X}$。核范数最小化与非凸 LRMF 相比具有紧致凸松弛的优点，因此近年来引起了学者们极大的研究兴趣。一方面，有学者证明具有 F-范数数据保真度的低秩矩阵近似问题可以通过对奇异值进行软阈值处理而求解，即问题：

$$\hat{\boldsymbol{X}} = \arg\min_X \|\boldsymbol{Y} - \boldsymbol{X}\|_F^2 + \lambda\|\boldsymbol{X}\|_{w,*} \tag{8-55}$$

的解可以表示为：

$$\hat{\boldsymbol{X}} = US_\lambda(\boldsymbol{\Sigma})\boldsymbol{V}^{\mathrm{T}} \tag{8-56}$$

其中，λ 是一个正常数，$\boldsymbol{Y} = U\boldsymbol{\Sigma}\boldsymbol{V}^{\mathrm{T}}$ 是 $\boldsymbol{Y}$ 的奇异值分解，$S_\lambda(\boldsymbol{\Sigma})$ 表示对角阵 $\boldsymbol{\Sigma}$ 的软阈值函数。对 $\boldsymbol{\Sigma}$ 的每一个对角元素 $\boldsymbol{\Sigma}_{ii}$，有：

$$S_\lambda(\boldsymbol{\Sigma})_{ii} = \max(\boldsymbol{\Sigma}_{ii} - \lambda, 0) \tag{8-57}$$

虽然 NNM 已广泛应用于低秩矩阵近似，但是还存在一些问题。为了追求凸性质，标准的核范数最小化是平等对待每一个奇异值，但忽略了我们通常已知的关于矩阵奇异值的先验知识。例如，行（或列）向量通常存在于一个低维子空间中；较大的奇异值通常与主要映射方向是一致的，因此应当被较好地保留，从而保护主要数据成分。显然，核范数最小化及相应的软阈值操作并没有考虑这些先验信息。为了充分利用先验信息，提高核范数最小化方法对实际问题的处理能力，对 Y 的奇异值赋予不同的权重，因此，矩阵 $\boldsymbol{X}$ 的加权核范数可表示如下：

$$\|\boldsymbol{X}\|_{w,*} = \sum_i |w_i \mu_i(\boldsymbol{X})|_1 \tag{8-58}$$

其中，权重向量 $\boldsymbol{w} = [w_1, \cdots, w_n]$，每一个权重 $\hat{\boldsymbol{X}} = \boldsymbol{U}\boldsymbol{S}_w(\boldsymbol{\Sigma})\boldsymbol{V}^{\mathrm{T}}$ 是对应奇异值 μ_i 的非负值。因此，式（8-55）可以进一步更新如下：

$$\hat{\boldsymbol{X}} = \arg\min_{\boldsymbol{X}} \|\boldsymbol{Y} - \boldsymbol{X}\|_F^2 + \|\boldsymbol{X}\|_{w,*} \tag{8-59}$$

显然，当 $w_1 = w_2 \cdots = w_n$ 时，加权核范数最小化问题（Weighted Nuclear Norm Minimization，WNNM）就变成核范数最小化问题。通常情况下，加权核范数最小化求解是非凸问题，对该问题的求解比核范数最小化问题求解更难。

GU 等人[13]证明在了不同的条件下，WNNM 的求解情况：

- 当权重满足非递增排列，即 $w_1 \geqslant w_2 \cdots \geqslant w_n \geqslant 0$ 时，WNNM 问题存在闭合解。
- 当权重按照任意顺序排列时，WNNM 是非凸问题，不存在全局最优解，此时需要采用迭代方法求解。
- 当权重按照非递减顺序排列时，即 $0 \leqslant w_1 \leqslant w_2 \cdots \leqslant w_n$，迭代算法求解仍存在闭合解。

显然，在上述条件中，第一个条件在图像去噪中是非常重要的。因为矩阵的奇异值通常是按照非递增的顺序排列的，大的奇异值往往对应矩阵重要成分的子空间。因此我们应当尽量保留大的奇异值并且赋予较小的权重，而对小的奇异值则赋予较大的权重。GU 等人[13]证明了当权重满足 $w_1 \geqslant w_2 \cdots \geqslant w_n \geqslant 0$ 时，闭合解如下：

$$\hat{\boldsymbol{X}} = \boldsymbol{U}\boldsymbol{S}_w(\boldsymbol{\Sigma})\boldsymbol{V}^{\mathrm{T}} \tag{8-60}$$

其中，$\boldsymbol{Y} = \boldsymbol{U}\boldsymbol{\Sigma}\boldsymbol{V}^{\mathrm{T}}$ 表示 $\boldsymbol{Y}$ 的 SVD 分解，$\boldsymbol{S}_w(\boldsymbol{\Sigma})$ 表示对对角阵 $\boldsymbol{\Sigma}$ 按照权重 $\boldsymbol{w}$ 进行软阈值处理。具体来讲，对 $\boldsymbol{Y}$ 的第 i 个奇异值 μ_i，有：

$$\boldsymbol{S}_w(\boldsymbol{\Sigma})_i = \max(\mu_i - w_i, 0) \tag{8-61}$$

因此，在实际应用中，我们不需要迭代计算，可以直接求出闭合解。

8.3.3 基于纹理强度和加权核范数最小化的 SAR 图像盲去噪算法

本小节我们利用加权核范数最小化方法对 SAR 图像进行降噪处理。首先利用对数变换将乘性噪声转换成加性模型，然后设含噪图像是 $\boldsymbol{y}$，对局部子块 $\boldsymbol{y}_i$，先在非局部区域寻找其相似子块，之后再把所有的相似子块组成矩阵 $\boldsymbol{Y}_j$，则：

$$Y_j = X_j + N_j \tag{8-62}$$

其中，X_j 表示待恢复的子块，N_j 表示噪声子块。SAR 拍摄的自然场景图像具有低秩性，因此可以用 WNNM 进行恢复。首先利用噪声方差对 F 范数数据保真项进行标准化处理，从而得到能量函数：

$$\hat{X}_j = \arg\min_{x_j} \frac{1}{\sigma_n^2}\left\|Y_j - X_j\right\|_F^2 + \left\|X_j\right\|_{w,*} \tag{8-63}$$

显然，最关键的问题是如何确定权重向量。我们知道，由自然图像得到矩阵，大的奇异值代表矩阵的主要成分，在去噪时，应对大的奇异值尽可能地保留。因此，权重应当与奇异值相关，设：

$$w_i = c\sqrt{n} / (\mu_i(X_j) + \varepsilon) \tag{8-64}$$

其中，$\mu_i(X_j)$ 是矩阵 X_j 的第 i 个奇异值，c 是正的实常数，n 是观测矩阵 $\hat{X} = US_w(\Sigma)V^{\mathrm{T}}$ 中的相似子块的数量，设置极小数 $\varepsilon = 10^{-16}$ 是为了避免除数等于 0。上式表明，权重与奇异值是成反比的。由式（8-64）定义的权重，利用加权核范数最小化方法可以对观测图像进行降噪处理。但是在式（8-64）中，无噪矩阵的奇异值是未知的。我们假设噪声能量在 U 和 V 张成的子空间中均匀分布，则无噪矩阵的初始奇异值可以表示如下：

$$\hat{\mu}_i(X_j) = \sqrt{\max(\mu_i^2(Y_j) - n\sigma_n^2, 0)} \tag{8-65}$$

其中，$\mu_i(Y_j)$ 是观测矩阵子块 Y_j 的第 i 个特征值，σ_n^2 是估计的噪声方差。奇异值通常是按照非递增顺序排列的，因此计算的权重应按照非递减顺序排列。对每一个子块应用 WNNM 恢复原始子块，然后将恢复子块放回原始矩阵，从而得到重建后的图像。具体算法如下：

（1）对原始图像采用对数变换，得到 $Y_{\text{noise}} = \ln(Y)$，将乘性噪声转化成加性噪声。

（2）利用滑动窗口在 Y_{noise} 中逐像素滑动，将图像分割成许多重叠子块 y_i。由这些子块估计初始噪声水平 $\hat{\sigma}_n^0$。

（3）由 k 个噪声估计水平 $\hat{\sigma}_n^k$ 计算阈值 τ_{k+1}。

（4）根据阈值 τ_{k+1} 选择弱纹理子块 W_{k+1}。

（5）利用选择的弱纹理子块 W_{k+1} 估计第（k+1）个噪声水平 $\hat{\sigma}_n^{k+1}$。迭代执行第（3）～（5）步，直到噪声水平 $\hat{\sigma}_n$ 趋于稳定。

（6）利用估计的噪声水平 $\hat{\sigma}_n$ 和观测图像子块矩阵奇异值估计原始无噪图像子块的奇异值。利用估计的奇异值 $\mu_i(X_j)$ 可以得到每一个奇异值对应的权重。

（7）将 Y_j 进行奇异值分解从而得到估计子块 $\hat{X}_j = US_w(\Sigma)V$，然后将所有的估计子块聚集从而得到去噪后的图像 X_{clear}。

（8）执行指数变换 X_{clear}，得到去噪后的 SAR 图像。

8.3.4 实验结果与分析

为了验证 Blind_WNNM 算法的有效性，首先对测试图像加入视数为 2 的乘性噪声。测试图像如图 8-15（a）所示，该图有点和线等结构，因此可以很好的衡量去噪算法对轮廓和细节的保护能力。对比算法采用核范数最小化方法、传统的 Gamma MAP 滤波器[14]、非局部均值去噪算法（NLM）[15]，BLS-GSM 滤波算法[16]及非局部均值结构相似（NLM-SSIM）[17]算法。在 NLM-SSIM 和经典的 NLM 算法中，子块大小为 7×7。在我们的方法中，子块大小由估计的噪声水平自适应调整。

（a）　　　　　　　　　　　　（b）

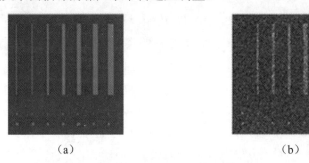

图 8-15　原始图像和噪声图像

（a）原始测试图像；（b）加入视数为 2 的斑点噪声图像

如图 8-16 所示为对含有视数为 2 的噪声图像采用不同的算法去噪后的结果。从图 8-16（a）中可以看出，原始的核范数最小化方法不能很好地恢复测试图像中的某些“点”信息，并且在均质区域产生了明显的扰动，小细节的丢失是因为对所有的特征值采取了相同的软阈值。进行 Gamma MAP 及 NLM 滤波后，图像中仍存留了很多斑点噪声。在图 8-16（c）中，可以看出最左侧的一条垂直的细线没有恢复出来。BLS-GSM 和 NLM-SSIM 算法能够较好地压缩斑点噪声，但是原始图像中原有的第一排圆点几乎都被擦除了。从以上例子可以看出，Blind_WNNM 算法在保护纹理方面优于其他的算法。

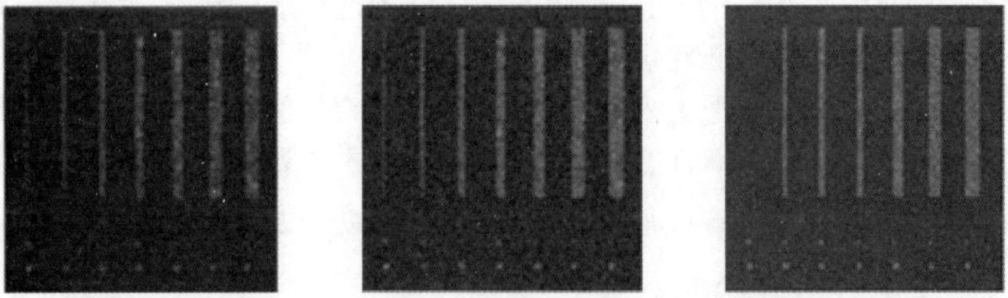

（a）　　　　　　（b）　　　　　　（c）

图 8-16　去噪后的图像

（a）使用 NNM 去噪；（b）使用 Gamma MAP 去噪；（c）使用 NLM 去噪

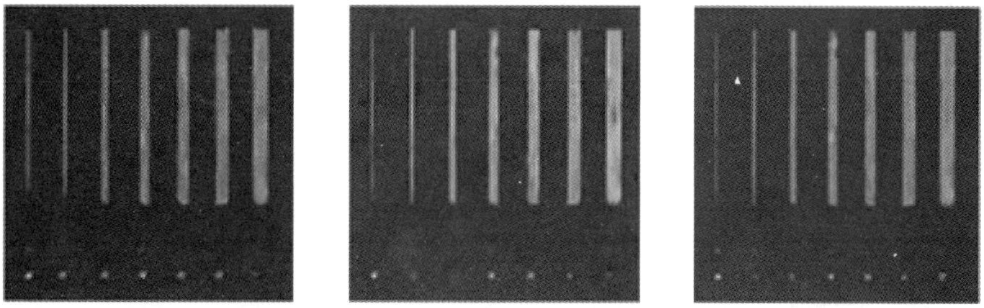

（d）　　（e）　　（f）

图 8-16　去噪后的图像（续）

（d）使用 BLS-GSM 去噪；（e）使用 NLM-SSIM 去噪；（f）使用 Blind_WNNM 去噪

笔者在真实的 SAR 图像中也进行了验证。实验数据是一幅 X 频带机载雷达拍摄的农田图像，如图 8-17 所示。如图 8-18 所示为采用不同的算法降噪后的结果。可以看出，NNM 算法去掉了原始图像中的一些细节，同时产生了一些伪影信息。使用传统的 Gamma MAP 和 NLM 算法滤波后仍能看到很多斑点噪声，滤波效果不理想。BLS-GSM 和 NLM-SSIM 滤波算法能够较好地压缩斑点噪声，但是会出现人造纹理。我们所提出的算法采用噪声水平估计方法估计原始 SAR 图像的噪声方差，然后依据 WNNM 滤波算法调整噪声参数，利用估计的噪声水平对图像子块进行加权核范数最小化恢复，能较好地对斑点噪声进行抑制，从图 8-18（f）中还可以看出，Blind_WNNM 算法对农田的轮廓信息的保护较好，同时没有产生过多的伪影信息。为了更清楚地表征各种算法对噪声的抑制能力，笔者给出了原始图像和去噪后的图像之间的比值图像，如图 8-19 所示。理想情况下，比值图像应该只包含斑点噪声，而不应包含纹理和轮廓等信息。从图 8-19 中可以看出，本小节提出的算法（Blind_WNNM）确实能够抑制斑点噪声而且没有过度地损失轮廓信息。

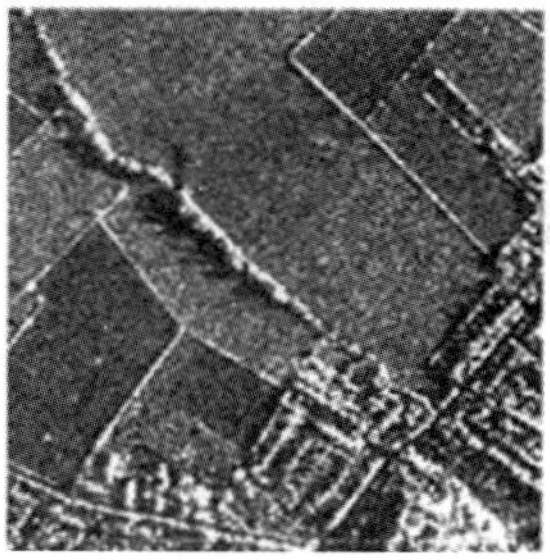

图 8-17　原始的农田 SAR 图像

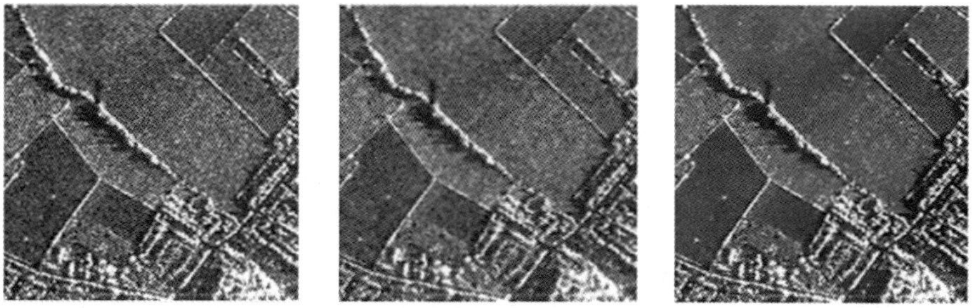

（a）　　（b）　　（c）

图 8-18　对原始的农田 SAR 图像采用不同算法去噪后的效果

（a）使用 NNM 去噪；（b）使用 Gamma MAP 去噪；（c）使用 NLM 去噪

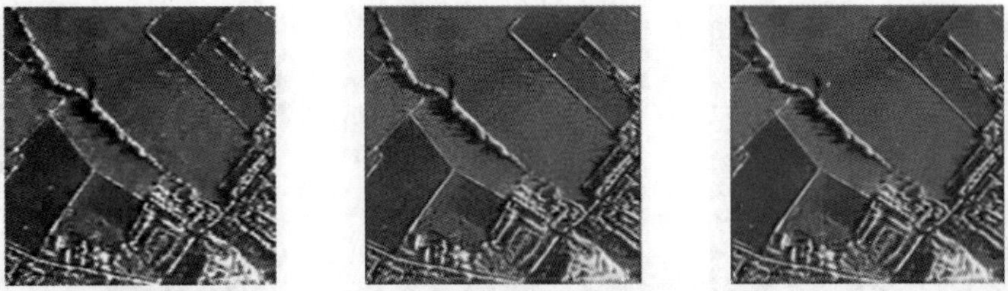

（d）　　（e）　　（f）

图 8-18　对原始的农田 SAR 图像采用不同算法去噪后的效果（续）

（d）使用 BLS-GSM 去噪；（e）使用 NLM-SSIM 去噪；（f）使用 Blind_WNNM 去噪

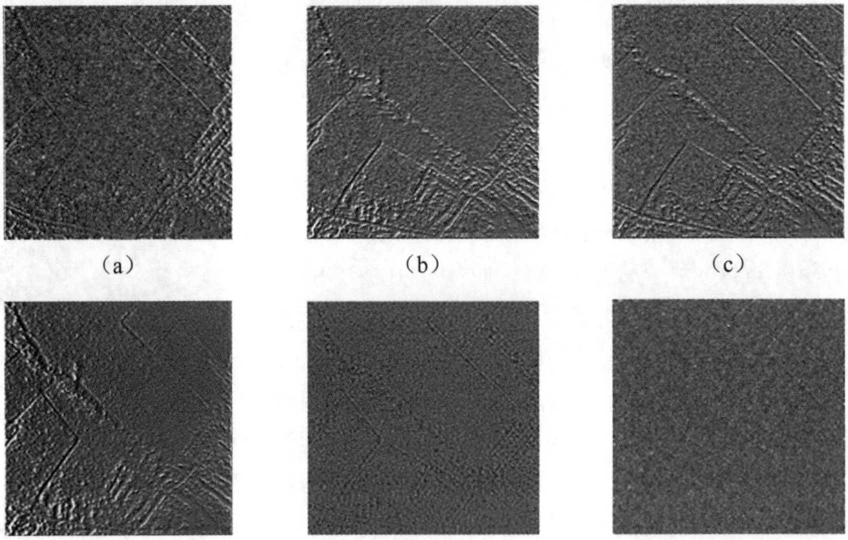

（a）　　（b）　　（c）

（d）　　（e）　　（f）

图 8-19　不同算法得到的比值图像

（a）NNM 噪声图像；（b）Gamma MAP 噪声图像；（c）NLM 噪声图像；（d）BLS-GSM 噪声图像；（e）NLM-SSIM 噪声图像；（f）Blind_WNNM 噪声图像

为了对去噪后的图像进行客观评价，笔者计算了测试图像的评价指标，包括峰值信噪比（PSNR）、等效视数（ENL）和边缘保护指数（EPI），如表 8-7 所示。ENL 选择了原始图像中的一块均质区域来计算，ENL 值越大，说明抑制噪声能力越强，EPI 越大，表明去噪算法能保留更多的边界信息。对真实的 SAR 图像，考虑到没有无噪声参考图像，因此笔者只计算了 ENL 和 EPI，如表 8-8 所示。各种去噪性能参数显示，Blind-WNNM 算法是一种较好的去噪算法，该算法不仅具有最高的 PSNR 和 ENL 且 EPI 最接近 1。由此可以得出，Blind_WNNM 算法可以适用于未知噪声水平情况下真实的 SAR 图像的降噪处理，这在实际应用中是非常重要的。

表 8-7　对图 8-15（b）采用不同算法降噪后计算的客观评价指标

	NNM	Gamma MAP	NLM	BLS-GSM	NLM-SSIM	Blind_WNNM
PSNR（dB）	27.86	28.34	33.83	34.52	35.56	38.68
ENL	7.49	12.69	20.95	21.23	32.45	37.69
EPI	0.82	0.84	0.79	0.77	0.92	0.95

表 8-8　对图 8-17 采用不同算法降噪后计算的客观评价指标

	NNM	Gamma MAP	NLM	BLS-GSM	NLM-SSIM	Blind_WNNM
ENL	6.46	11.98	17.95	19.36	37.43	49.45
EPI	0.68	0.72	0.70	0.65	0.89	0.91

8.4　结合加权核范数最小化与灰色理论的 SAR 图像去噪

WNNM 算法虽然能很好地抑制散斑，但是很容易使边缘模糊，造成视觉不适。灰色理论可以提高非局部去噪算法的性能和计算效率，如果将图像的灰色理论加入基于 WNNM 的散斑抑制中，则会大大提高去噪图像的噪声抑制能力和视觉效果。因此，我们将灰色理论应用于 WNNM 的块匹配中，从而得到一种新的基于 WNNM 的噪声抑制算法，然后将该去噪算法推广到散斑抑制，同时利用 WNNM 和灰色理论的优点，提出了一种结合 WNNM 和灰色理论的散斑抑制算法（简称 GT-WNNM）。实验结果表明，该算法不但能有效地去除斑点噪声，还能较好地保留图像中的细节信息。

8.4.1　灰色理论

下面我们将灰色理论应用于 WNNM 的块匹配中。假设 $\boldsymbol{y}$ 表示含噪图像，k 表示含噪图像序列 $v(i)=\{v(i),i\in y\}$ 中的某一个像素位置，$\boldsymbol{P}_k$ 表示以 k 为中心的矩形邻域，那么可以通过式（8-66）计算图像 $\boldsymbol{y}$ 中像素 i 和像素 j 之间的权重[14]：

$$a(i,j)=\frac{1}{C(i)}\exp\left(-\frac{\|v(\boldsymbol{P}_i)-v(\boldsymbol{P}_j)\|_2^2}{h^2}\right) \tag{8-66}$$

其中：

$$C(i)=\sum_j\exp\left(-\frac{\|v(\boldsymbol{P}_i)-v(\boldsymbol{P}_j)\|_2^2}{h^2}\right) \tag{8-67}$$

其中，$C(i)$ 表示权重的归一化系数，h 表示图像的平滑参数。权重 $a(i, j)$较大时，图像的矩形邻域更为相似，且有$0 \leqslant a(i,j) \leqslant 1$，$\sum a(i,j)=1$。通过计算得到权重以后，就可以根据权重的大小将这些非局部的块进行分组从而得到式（8-59）中的 $\boldsymbol{Y}$。

在传统的非局部算法中，由式（8-66）计算 $a(i,j)$时主要是利用图像的空域局部密度，因此容易受到搜索窗口大小和块大小的影响，导致去噪后的图像边缘区域出现模糊，降低图像去噪算法的纹理保持能力，而灰色理论可以有效地根据图像的结构信息来衡量图像块的相似度，因此这里基于灰色理论计算权重 $a(i,j)$。

灰色理论将不确定型系统作为研究对象，该系统的特点是样本数量少且信息贫乏。在客观世界中，许多因素之间的关系是灰色的，即很难判断因素之间的相关程度，因而很难找出其主要矛盾和主要特性。灰色因素关联分析法旨在定量地表征因素之间的关联程度，从而揭示灰色系统的主要特征。我们采用相邻块与参考块之间的关联度作为权重相似度量。

图像块之间的关联度与关联系数紧密相关，因而我们首先计算块之间的关联系数。设参考块 $\boldsymbol{N}_i=\left\{\boldsymbol{N}_i(1),\boldsymbol{N}_i(2),\cdots,\boldsymbol{N}_i(M^2)\right\}$ 和相似块 $\boldsymbol{N}_j=\left\{\boldsymbol{N}_j(1),\boldsymbol{N}_j(2),\cdots,\boldsymbol{N}_j(M^2)\right\}$ 是需要计算相似权重的两个图像块，则它们之间的关联系数可以用下式进行计算[10]：

$$\eta_{i,j}(k)=\frac{\min\limits_j\min\limits_i\left|\nabla_{i,j}(l)\right|+P\max\limits_j\max\limits_i\left|\nabla_{i,j}(l)\right|}{\left|\nabla_{i,j}(k)\right|+P\max\limits_j\max\limits_i\left|\nabla_{i,j}(l)\right|} \tag{8-68}$$

其中，$\left|\nabla_{i,j}(l)\right|=\left|\boldsymbol{N}_i(l)-\boldsymbol{N}_j(l)\right|$表示第 l 点 $\boldsymbol{N}_i$ 和 $\boldsymbol{N}_j$ 的绝对差，$\max\limits_j\max\limits_i\left|\nabla_{i,j}(l)\right|$表示两级最大差，即根据每个序列中找出的最大差来寻找所有序列中的最大差。$\min\limits_j\min\limits_i\left|\nabla_{i,j}(l)\right|$表示两级最小差，其含义类似于两级最大差。$P$ 表示分辨率，$0<P<1$，通常采用 P=0.5。

一般在进行去噪时图像都已经归一化到了 0～1 之间，因此为了提高计算效率，在式（8-68）中省去了归一化的步骤。

关联系数仅表示参考序列和比较序列之间的相关程度，为了了解图像所有序列之间的相关程度，需要求出它们的平均值，即所谓的关联度。因此，计算关联度的公式为[10]：

$$r_{i,j}=\tfrac{1}{n}\sum_{k=1}^{M^2}\eta_{i,j}(k) \tag{8-69}$$

我们直接利用 $r_{i,j}$ 替换 $a(i,j)$进行块的分组，至此，我们已将灰色理论应用到 WNNM 的块分组中。

8.4.2 结合 WNNM 与灰色理论的相干斑噪声抑制

SAR 图像的主要噪声为相干斑噪声，通常情况下，我们认为完全发育的相干斑噪声可以用乘性噪声模型来表示，即：

$$\boldsymbol{F}=\boldsymbol{R}\bullet\boldsymbol{N} \tag{8-70}$$

其中，$\boldsymbol{F}$ 表示含噪声的 SAR 图像，$\boldsymbol{R}$ 表示应得到的干净的 SAR 图像，$\boldsymbol{N}$ 表示斑点噪声，通常认为 $\boldsymbol{R}$ 与 $\boldsymbol{N}$ 是相互独立的随机过程。为了便于去噪处理，我们采用同态滤波的方式对式（8-70）进行对数变换，即乘性噪声被转换为加性噪声。

$$\log(\boldsymbol{F})=\log(\boldsymbol{R})+\log(\boldsymbol{N}) \tag{8-71}$$

为简单起见，可以将式（8-71）记为式（8-2），显然 WNNM 算法的去噪框架是适合这种情况的。GT-WNNM 算法的具体步骤如下：

（1）使用式（8-71）将含噪声的 SAR 图像对数化，即将乘性噪声模型转化为加性噪声模型。

（2）利用式（8-69）进行相关块之间的相似度量，从而将式（8-70）转换为式（8-71）。

（3）使用文献[18]中提出的噪声估计方法来估计图像 $\boldsymbol{Y}_j$ 的噪声方差 σ_n^2。

（4）通过奇异值分解算法计算矩阵 $\boldsymbol{Y}_j$ 的奇异值 $\sigma_i(\boldsymbol{Y}_j)$，然后使用加权核范数最小化计算去噪后优化问题的最优解 $\hat{\boldsymbol{X}}_j$。

（5）重复执行步骤 3 和步骤 4，直到噪声方差 σ_n^2 的变化趋于平稳，此时对应的 $\hat{\boldsymbol{X}}_j$ 即为迭代去噪后的图像。

（6）将 $\hat{\boldsymbol{X}}_j$ 依照图像块的堆叠顺序进行复位，最后进行指数变换从而得到最终的去噪图像。

8.4.3　实验结果与分析

为了更好地说明算法的有效性，将 8.4.2 小节提出的 GT-WNNM 算法与 Lee 滤波、加权核范数最小化算法（简称 WNNM）[13]、基于灰色理论的非局部均值图像去噪算法（简称 GT-NL）[19]进行比较。我们利用斯坦福大学提供的模拟 SAR 图像进行实验，图 8-20（a）为原始图像，图 8-20（b）为添加了乘性噪声的含噪图像（噪声视数 L=4），实验结果如图 8-21 所示。

（a）　　　　　　　　（b）

图 8-20　原始图像和噪声图像

（a）原始图像；（b）噪声图像

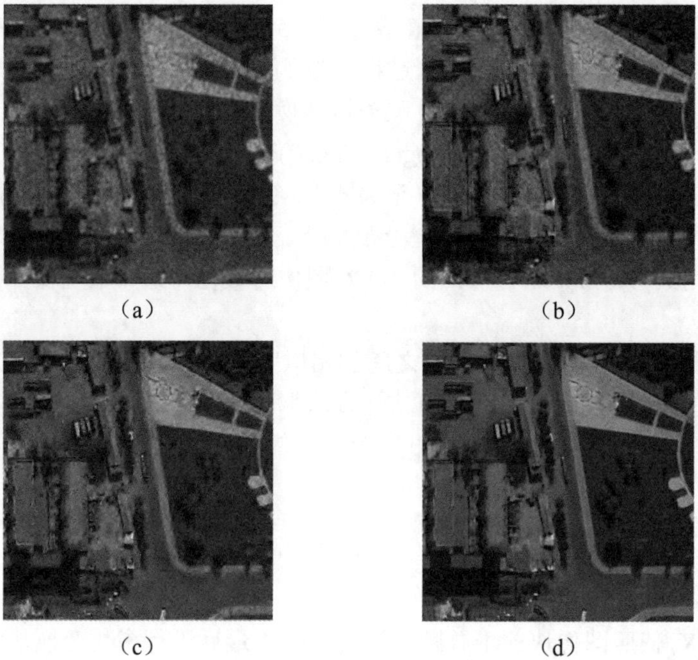

图 8-21 模拟 SAR 图像去噪的效果

(a) 使用 Lee 滤波去噪；(b) 使用 WNNM 去噪；(c) 使用 GT-NL 去噪；(d) 使用 GT-WNNM 去噪

从实验结果可以看到，图 8-21（a）使用 Lee 滤波去噪后的图像比较模糊且丢失了大量的细节，图 8-21（b）使用 WNNM 噪声抑制算法虽然有效地抑制了图像的相干斑噪声，但是去噪图像的边缘比较模糊，图 8-21（c）使用 GT-NL 噪声抑制算法虽然有效地抑制了去噪过程中对图像边缘的模糊，但是对噪声的抑制能力有所减弱，图 8-21（d）所示的 GT-WNNM 算法的视觉效果比 WNNM 算法更好，并且噪声抑制能力比 GT-NL 算法强，因此 GT-WNNM 算法具有更好的去噪效果，这也充分说明了灰色理论与 WNNM 算法相结合的优势。

为了更好地展示 GT-WNNM 算法的优越性，我们使用 4 个客观评价指标来证明 GT-WNNM 算法的优势，具体包括峰值信噪比（PSNR）[10]、等效视数（ENL）[10]、边缘保持指数（EPI）[10]和结构相似性指数（SSIM）[10]。我们对噪声视数分别为 2、4 和 16 的含噪图像进行去噪，并对去噪后的图像进行客观评价，如表 8-9 所示。

表 8-9 模拟SAR图像去噪的客观评价指标

噪声视数	去噪算法	PSNR	ENL	EPI	SSIM
L=2	Lee滤波	18.19	7.04	0.80	0.85
	WNNM	20.37	8.00	0.85	0.89
	GT-NL	20.05	8.50	0.87	0.90
	GT-WNNM	21.52	9.24	0.90	0.92

续表

噪声视数	去噪算法	PSNR	ENL	EPI	SSIM
L=4	Lee滤波	20.63	7.29	0.78	0.87
	WNNM	22.48	8.54	0.90	0.92
	GT-NL	22.17	9.77	0.92	0.93
	GT-WNNM	23.21	9.85	0.95	0.96
L=16	Lee滤波	23.18	7.50	0.85	0.89
	WNNM	25.62	8.73	0.92	0.93
	GT-NL	25.51	10.11	0.93	0.95
	GT-WNNM	26.21	11.02	0.97	0.97

从表 8-8 所示的客观评价指标中可以看出，GT-NL 和 GT-WNNM 算法的 EPI 和 SSIM 都比 WNNM 算法高，说明基于灰色理论的算法可以更好地保持图像的纹理结构信息，而 GT-WNNM 和 WNNM 算法的 PSNR 值比 GT-NL 算法高，说明 WNNM 算法可以更好地抑制噪声。由此看出，结合灰色理论和加权核范数最小化进行去噪，可以得到更好的去噪效果。

为了对真实的 SAR 图像测试 GT-WNNM 算法的相干斑噪声抑制效果，我们选择陕西省物理网络实验研究中心提供的电力线路 SAR 图像进行测试，如图 8-22 所示。

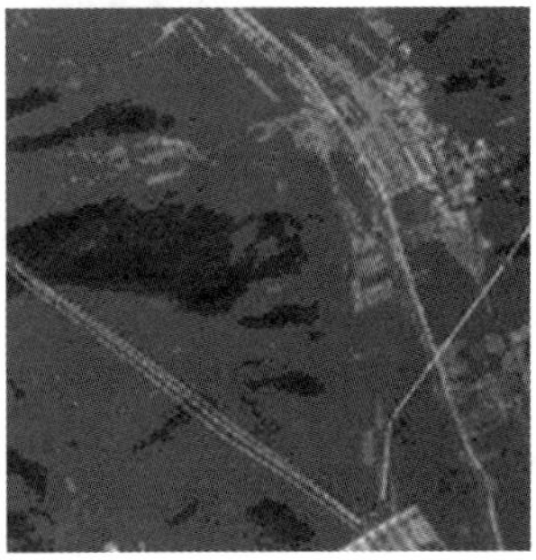

图 8-22　电力线路 SAR 图像

为了更好地评价 GT-WNNM 算法的有效性，我们将 GT-WNNM 算法与 Lee 滤波、BSS-SR 算法[3]、WNNM 算法[13]、基于复合策略的 WNNM 图像去噪（MS-WNNM）[20]、基于纹理强度和 WNNM 的图像去噪（BWNNM）[9]、GT-NL 算法[19]和基于 LLMMSE 的 SAR 图像去噪算法（SAR-BM3D）[7]进行对比实验，实验结果如图 8-23 所示。我们还利用客观评价指标对各种去噪算法进行量化评价，具体包括 ENL、EPI、SSIM 和 UMQ[11]。SAR 图像去噪算法的客观评价数值如表 8-10 所示。

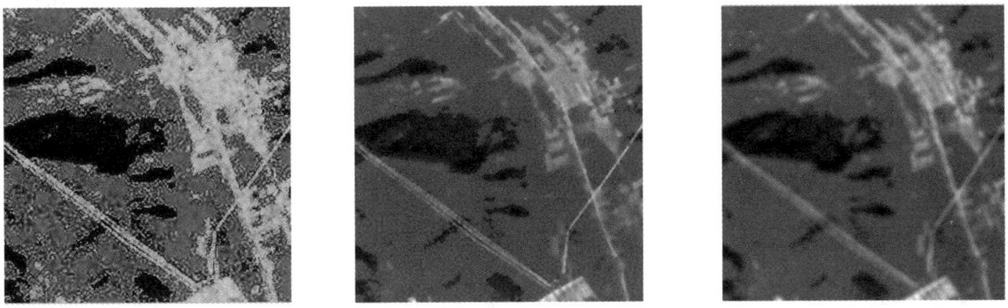

（a）　　　　（b）　　　　（c）

图 8-23　电力线路 SAR 图像去噪的效果

（a）使用 Lee 滤波去噪；（b）使用 BSS-SR 去噪；（c）使用 WNNM 去噪

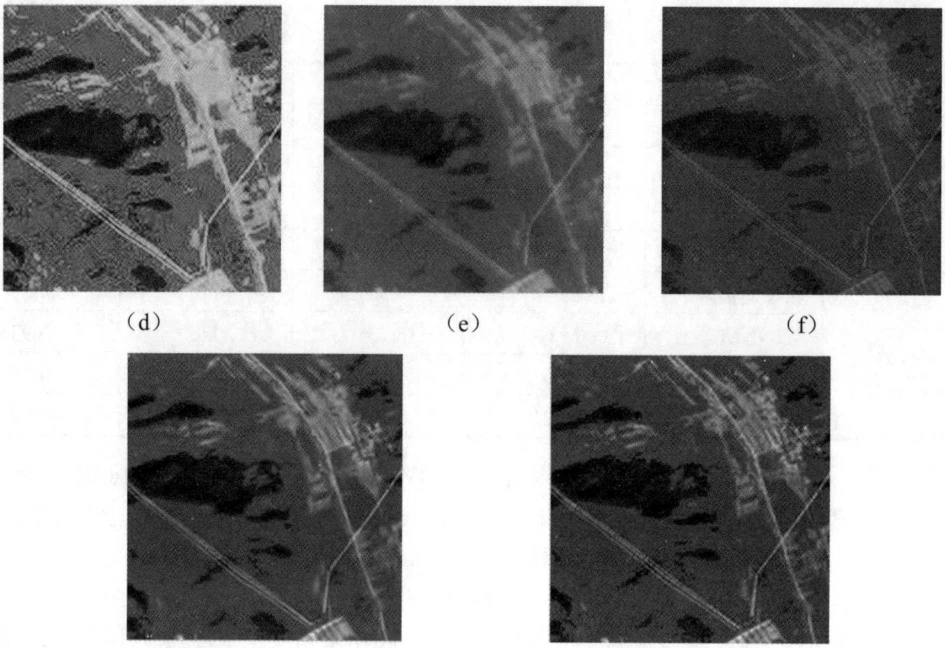

（d）　　（e）　　（f）

（g）　　（h）

图 8-23　电力线路 SAR 图像去噪的效果（续）

（d）使用 GT-NL 去噪；（e）使用 MS-WNNM 去噪；（f）使用 BWNNM 去噪；（g）使用 SAR-BM3D 去噪；（h）使用 GT-WNNM 去噪

表 8-10　电力线路SAR图像去噪的客观评价指标

去 噪 算 法	ENL	EPI	UMQ	SSIM
Lee滤波	11.04	0.85	8.70	0.86
BSS-SR	16.91	0.95	7.56	0.94
WNNM	13.21	0.95	10.23	0.93
GT-NL	13.45	0.96	7.34	0.95
MS-WNNM	13.55	0.95	9.75	0.94
BWNNM	14.95	0.95	7.18	0.95
SAR-BM3D	12.54	0.94	6.99	0.94
GT-WNNM	17.16	0.96	6.78	0.97

从图 8-23 所示的实验结果来看，图 8-23（a）的效果最差，这也说明 Lee 滤波对 SAR 图像的相干斑噪声处理的效果不佳，在去噪后的图像中还存在较多的相干斑噪声。图 8-23（d）与图 8-23（c）相比虽然保留了较多的图像结构纹理信息，但是相干斑噪声抑制效果变差了，这说明灰色理论虽然可以有效地保留图像的结构，但是在一定程度上削弱了相干斑噪声抑制的效果。对比图 8-23（c）和图 8-23（e）可以发现，WNNM 和 MS-WNNM

的视觉效果很接近。对比图 8-23（h）、图 8-23（c）和图 8-23（e）可以发现，尽管 WNNM 和 MS-WNNM 可以很好地抑制噪声，但是图像的部分边缘被模糊，可以看出，在图 8-23（c）中，下方的电线模糊得很严重，因此很难区分线的数量。对比图 8-23（h）和图 8-23（b）可以发现，在图 8-23（b）中仍然包含一些噪声。可以看出，图 8-23（f）至图 8-23（h）的视觉效果优于其他图，即 BWNNM、SAR-BM3D 和 GT-WNNM 具有更好的视觉效果。为了更好地说明 GT-WNNM 算法的有效性，表 8-10 给出了 SAR 图像去噪算法的客观评价数值。可以看出，GT-WNNM 算法的 UMQ 比 SAR-BM3D 算法小 0.2 左右，比 BWNNM 算法小 0.4。而 GT-WNNM 算法的其他指标是所有算法中最高的，这充分说明了该算法的有效性。

为了更好地说明 GT-WNNM 算法在抑制 SAR 图像斑点方面的有效性，我们从 MSTAR 数据集中选取了 T72 坦克的 100 幅 SAR 图像来测试上述斑点抑制算法的性能。如图 8-24 所示为 100 幅 T72 坦克图像的其中两幅，如图 8-25 所示为每种散斑抑制算法对 100 幅去噪图像各目标评价准则的平均值。

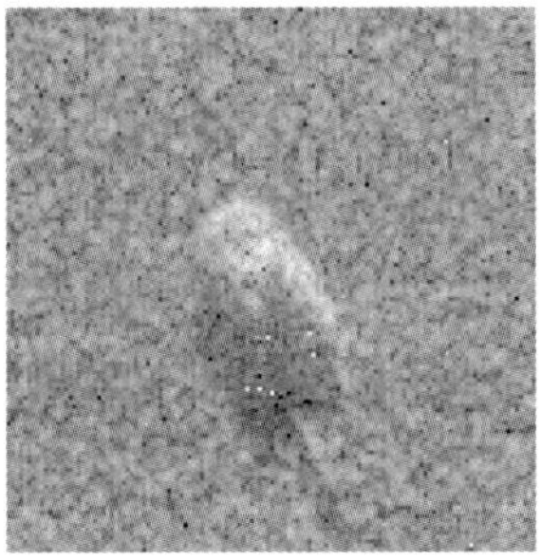

（a）

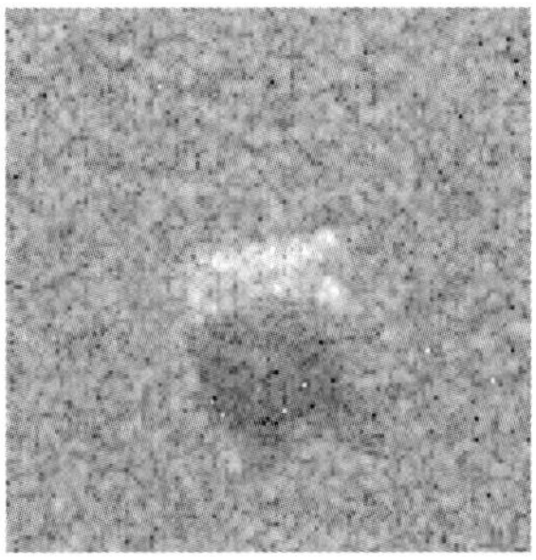

（b）

图 8-24　T72 坦克图像示例

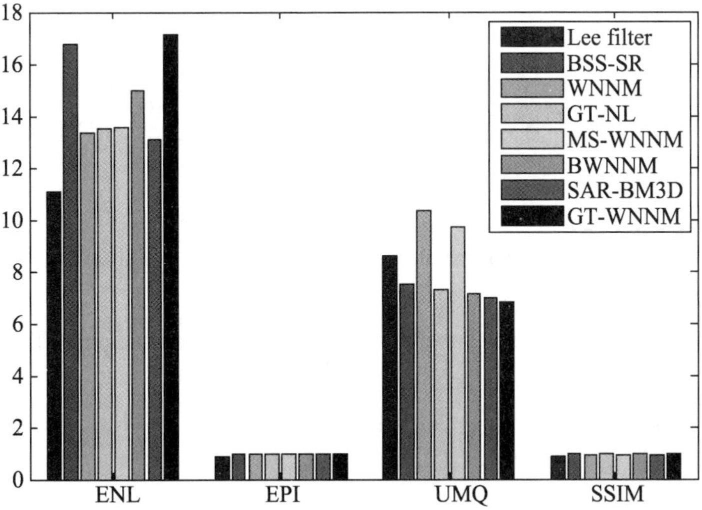

图 8-25　T72 坦克 SAR 图像去噪的客观评价

如图 8-25 所示，与其他散斑抑制算法相比，GT-WNNM 算法具有最佳的客观评价指标，尤其是 ENL 指标远高于其他算法，而 UMQ 值远低于其他算法。实验结果表明，该算法对 SAR 图像的散斑抑制非常有效。

8.5 本章小结

本章结合稀疏表示理论给出了基于稀疏表示的Shearlet域SAR图像去噪和基于非局部先验性的稀疏域 SAR 图像去噪，并结合矩阵的低秩性，给出了基于纹理强度和加权核范数最小化的 SAR 图像去噪算法及结合灰色理论和加权核范数最小化的 SAR 图像去噪算法。这些算法充分利用了图像的先验知识，可以有效保持图像纹理结构信息并有效抑制斑点噪声。实验表明，这些算法既可以有效地进行相干斑噪声抑制，又能尽量保留图像的纹理结构信息。

参考文献

[1] ZHAO R，LIU X，LI C，et al. Wavelet denoising via sparse representation [J]. Science in China Series F，2009，52(8)：1371-1377.

[2] 刘帅奇，胡绍海，肖扬. 基于稀疏表示的 Shearlet 域 SAR 图像去噪 [J]. 电子与信息学报，2012，34(9)：2110-2115.

[3] LIU S，HU，XIAO Y，et al. Bayesian Shearlet shrinkage for SAR image de-noising via sparse representation [J]. Multidimensional Systems and Signal Processing，2013，25(4)：1-19.

[4] DAI M，PENG C，CHAN A，et al. Bayesian wavelet shrinkage with edge detection for SAR image despeckling [J]. IEEE Transactions on Geoscience and Remote Sensing，2004，42(8)：1642-1648.

[5] HOU B，ZHANG X，BU X，et al. SAR image despeckling based on nonsubsampled shearlet transform [J]. IEEE Journal of Selected Topics in Applied Earth Observations and Remote Sensing，2012，5(3)：809-823.

[6] LIU S，HU Q，LI P，et al. Speckle Suppression Based on Sparse Representation with Non-Local Priors [J]. Remote Sensing，2018，10(3)：439.

[7] PARRILLI S，PODERICO M，ANGELINO C V，et al. A Nonlocal SAR Image Denoising Algorithm Based on LLMMSE Wavelet Shrinkage [J]. IEEE Transactions on Geoscience & Remote Sensing，2012，50(2)：606-616.

[8] LIU S，LIU M，LI P，et al. SAR Image Denoising via Sparse Representation in Shearlet

Domain Based on Continuous Cycle Spinning [J]. IEEE Transactions on Geoscience & Remote Sensing，2017，55(5)：2985-2992.
[9] FANG J，LIU S，XIAO Y，et al. SAR image de-noising based on texture strength and weighted nuclear norm minimization [J]. Journal of Systems Engineering & Electronics，2016，27(4)：807-814.
[10] LIU S，HU Q，LI P，et al. Speckle Suppression Based on Weighted Nuclear Norm Minimization and Grey Theory [J]. IEEE Transactions on Geoscience and Remote Sensing，2018，57(5)：1-9.
[11] GOMEZ L，OSPINA R，FRERY A C. Unassisted quantitative evaluation of despeckling filters [J]. Remote Sensing，2017，9(4)：389-392.
[12] LIU X，TANAKA M，OKUTOMI M. Single-image noise level estimation for blind denoising [J]. IEEE Transactions on Image Processing，2013，22(12)：5226-5237.
[13] GU S，ZHANG L，ZUO W，et al. Weighted nuclear norm minimization with application to image denoising[C]//2014 IEEE Conference on Computer Vision and Pattern Recognition. Columbus，OH，USA：IEEE，2014：2862-2869.
[14] GAGNON L，JOUAN A. Speckle filtering of SAR images - A comparative study between complex-wavelet-based and standard filters[C]//SPIE Annual Meeting：Wavelet Applications in Signal and Image Processing V. 1997，3169：80-91.
[15] BUADES A，COLL B，MOREL J M. A non-local algorithm for image denoising [C]// 2005 IEEE Computer Society Conference on Computer Vision and Pattern Recognition (CVPR'05). San Diego，CA，USA：IEEE，2005：60-65.
[16] PORTILLA J，STRELA V，WAINWRIGHT M J. Image denoising using scale mixtures of Gaussians in the wavelet domain [J]. IEEE Transactions on Image Processing，2003，12(11)：1338-1351.
[17] 易子麟，尹东，胡安洲. 基于非局部均值滤波的 SAR 图像去噪 [J]. 电子与信息学报，2012，34(4)：950-955.
[18] 李天翼，王明辉，吴亚娟，等. 图像噪声方差的小波域估计算法 [J]. 北京工业大学学报，2012(9)：1402-1407.
[19] LI H，SUEN C Y. A novel Non-local means image denoising method based on grey theory [J]. Pattern Recognition，2016，49(1)：237-248.
[20] LIU X，JING X，TANG G，et al. Image denoising using weighted nuclear norm minimization with multiple strategies [J]. Signal Processing，2017，135：239-252.

第 9 章 基于深度学习的 SAR 图像去噪

近年来，随着对低级视觉中各种逆向问题的研究，学者们发现，基于模型的优化方法和判别式学习方法成为解决该类问题包括图像去噪问题的重要策略，而 CNN 是深度学习常用的判别式模型之一。基于深度学习的方法在图像处理（如图像去噪、超分辨率）中得到了广泛的应用并取得了很好的效果。深度学习的本质是特征提取，即通过对输入数据的低层特征学习形成更为抽象的高层表示，从而获得最佳特征。而基于 CNN 的图像去噪算法只针对某一特定噪声水平图像去噪非常有效，不能实现盲去噪。本章将结合基于向导滤波的图像融合（Guided Filtering based Fusion，GFF）算法和噪声水平估计算法提出两种基于 CNN 的 SAR 图像盲去噪算法。

9.1 基于 CNN 先验的图像降噪模型

9.1.1 图像降噪模型

通常，对退化的观察模型 $\boldsymbol{y}=\boldsymbol{x}+\boldsymbol{v}$ 进行图像去噪的目的是恢复基本干净的图像 $\boldsymbol{x}$，其中，$\boldsymbol{y}$ 代表观察到的图像，$\boldsymbol{v}$ 是加性白高斯噪声，其标准偏差为 σ。因此，降噪问题可以转换为以下能量最小化问题[1]：

$$\hat{x}=\arg\min_{x}\frac{1}{2}\|\boldsymbol{y}-\boldsymbol{x}\|^2+\lambda\boldsymbol{\Phi}(\boldsymbol{x}) \tag{9-1}$$

其中，$\frac{1}{2}\|\boldsymbol{y}-\boldsymbol{x}\|^2$ 是保真项，它可以确保去噪图像和原图像之间的相似性。$\boldsymbol{\Phi}(\boldsymbol{x})$ 是抑制噪声的正则化项，它包含图像先验信息。也就是说，保真项确保解决方案符合退化过程，而正则化项则实现输出的预期结果。λ 是权衡参数，以平衡保真项和正则项之间的关系。

通常，用于求解式（9-1）的算法可以分为两类：判别学习算法和基于模型的优化算法。基于模型的优化算法通常使用迭代推理的一些耗时的优化算法直接求解式（9-1）。与之相反，判别式学习算法通过模型训练获得先验参数 Θ 进行去噪。判别式学习算法常采用损失函数对模型进行优化，优化的目标为：

$$\min_{\Theta} \ell(\hat{x}, \boldsymbol{x}) \quad \text{s.t.}\ \hat{x} = \arg\min_{x} \frac{1}{2}\|\boldsymbol{y}-\boldsymbol{x}\|^2 + \lambda \boldsymbol{\Phi}(\boldsymbol{x};\Theta) \tag{9-2}$$

基于模型的优化算法能够通过特定的退化矩阵灵活地处理噪声，这往往很耗时。相反，判别式学习算法由于牺牲了灵活性，因此可以实现相对较快的速度，而且利用端到端训练与优化相结合，可以获得更好的去噪效果。因此，利用这两种策略进行降噪是一个直观的想法。半二次分割算法用于结合以上两种算法来解决图像去噪逆问题。基于此框架，我们仅描述基于 CNN 先验的去噪模型。

为了将 CNN 降噪器插入优化过程中，我们依据半二次分割算法，首先将降噪器插入迭代方案中，以将保真项和正则项分离。式（9-1）可以被转换为与保真项有关的子问题和去噪子问题。通过引入辅助变量 z，可以将式（9-1）重新定义如下：

$$\hat{\boldsymbol{x}} = \arg\min_{x} \frac{1}{2}\|\boldsymbol{y}-\boldsymbol{x}\|^2 + \lambda \boldsymbol{\Phi}(\boldsymbol{z}) \quad \text{s.t.}\ \boldsymbol{z} = \boldsymbol{x} \tag{9-3}$$

然后，通过半二次分割法来解决式（9-3）。首先构造以下代价函数：

$$L_{\mu}(\boldsymbol{x}, \boldsymbol{z}) = \frac{1}{2}\|\boldsymbol{y}-\boldsymbol{x}\|^2 + \lambda \boldsymbol{\Phi}(\boldsymbol{z}) + \frac{\mu}{2}\|\boldsymbol{z}-\boldsymbol{x}\|^2 \tag{9-4}$$

其中，惩罚参数 μ 是以非递减顺序迭代变化的。显然，可以通过使式（9-4）最小化来获得式（9-3）的解。由于无约束优化的条件可以被解决，因此可以通过使用 Karush–Kuhn–Tucker（KKT）条件来解决式（9-4）。最直接的算法是交替方向乘子法（Alternating Direction Method of Multipilers，ADMM），ADMM 通过将凸优化问题分解为较小的部分，从而使每个问题都更易于处理。目前，ADMM 在神经影像时间序列中的图像恢复和自回归识别等多个领域得到了应用。如果固定 $\boldsymbol{z}=\boldsymbol{z}_k$ 且 $\lambda \boldsymbol{\Phi}(\boldsymbol{z}) = \lambda \boldsymbol{\Phi}(\boldsymbol{z}_k)$ 是常数，公式（9-4）可以转换为式（9-5），即

$$\boldsymbol{x}_{k+1} = \arg\min_{x} \|\boldsymbol{y}-\boldsymbol{x}\|^2 + \mu\|\boldsymbol{x}-\boldsymbol{z}_k\|^2 \tag{9-5}$$

如果固定 $\boldsymbol{x} = \boldsymbol{x}_{k+1}$ 且 $\frac{1}{2}\|\boldsymbol{y}-\boldsymbol{x}\|^2 = \frac{1}{2}\|\boldsymbol{y}-\boldsymbol{x}_{k+1}\|^2$ 是常数，最小化 $L_{\mu}(\boldsymbol{x}, \boldsymbol{z})$ 可以转换为式（9-6），即

$$\boldsymbol{z}_{k+1} = \arg\min_{z} \frac{\mu}{2}\|\boldsymbol{z}-\boldsymbol{x}_{k+1}\|^2 + \lambda \boldsymbol{\Phi}(\boldsymbol{z}) \tag{9-6}$$

可以发现，保真项和正则项被分离为两个子问题。显然，z_k 可以看作解决式（9-5）的一个常量。解决式（9-5）和最小化 $f(\boldsymbol{x}) = \|\boldsymbol{y}-\boldsymbol{x}\|^2 + \mu\|\boldsymbol{x}-\boldsymbol{z}_k\|^2$ 的方式相同。下面对 $f(\boldsymbol{x})$ 进行微分，即：

$$\begin{aligned}
\frac{\mathrm{d}f(\boldsymbol{x})}{\mathrm{d}\boldsymbol{x}} &= \frac{\mathrm{d}(\|\boldsymbol{y}-\boldsymbol{x}\|^2 + \mu\|\boldsymbol{x}-\boldsymbol{z}_k\|^2)}{\mathrm{d}\boldsymbol{x}} \\
&= \frac{\mathrm{d}((\boldsymbol{y}-\boldsymbol{x})^{\mathrm{T}}(\boldsymbol{y}-\boldsymbol{x}))}{\mathrm{d}\boldsymbol{x}} + \frac{\mathrm{d}((\boldsymbol{x}-\boldsymbol{z}_k)^{\mathrm{T}}(\boldsymbol{x}-\boldsymbol{z}_k))}{\mathrm{d}\boldsymbol{x}} \\
&= -2(\boldsymbol{y}-\boldsymbol{x}) + 2\mu(\boldsymbol{x}-\boldsymbol{z}_k)
\end{aligned} \tag{9-7}$$

令 $\frac{\mathrm{d}f(\boldsymbol{x})}{\mathrm{d}\boldsymbol{x}}=0$，可以最小化 $f(\boldsymbol{x})$ 得到 $\boldsymbol{x}_{k+1}$，即

$$\frac{\mathrm{d}f(\boldsymbol{x})}{\mathrm{d}\boldsymbol{x}}=0 \Rightarrow -2(\boldsymbol{y}-\boldsymbol{x})+2\mu(\boldsymbol{x}-\boldsymbol{z}_k)=0 \Rightarrow \boldsymbol{x}=\frac{\boldsymbol{y}+\mu\boldsymbol{z}_k}{1+\mu} \Rightarrow \boldsymbol{x}_{k+1}=\boldsymbol{x}=\frac{\boldsymbol{y}+\mu\boldsymbol{z}_k}{1+\mu} \tag{9-8}$$

将式（9-6）的两边同时除以 λ，并且该运算对 z_{k+1} 无影响，可以将其重新定义如下：

$$\boldsymbol{z}_{k+1}=\arg\min_{z}\frac{1}{2(\sqrt{\lambda/\mu})^2}\left\|\boldsymbol{x}_{k+1}-\boldsymbol{z}\right\|^2+\boldsymbol{\Phi}(\boldsymbol{z}) \tag{9-9}$$

从贝叶斯最大后验概率可知，式（9-9）表示图像 x_{k+1} 可以由噪声水平为 $\sqrt{\lambda/\mu}$ 的高斯降噪器去噪。因此，任何高斯降噪器都可以作为一个模块化的部分来求解式（9-1）。这意味着任何降噪器都可以通过 x_{k+1} 获得降噪后的图像 z_{k+1}。设 Denoiser()表示一个降噪函数，则式（9-9）可以重写为：

$$\boldsymbol{z}_{k+1}=\mathrm{Denoiser}(\boldsymbol{x}_{k+1},\sqrt{\lambda/\mu}) \tag{9-10}$$

由式（9-9）和式（9-10）可知，图像先验构造的正则项 $\boldsymbol{\Phi}(\,)$ 可以隐式地用降噪器替换。显然，图像正则项 $\boldsymbol{\Phi}(\,)$ 可以是未知的，同时也可以使用具有互补性的不同图像先验的降噪器来解式（9-10）。这里采用的是文献[1]中训练的 CNN 降噪器。下面对 CNN 降噪器进行简单介绍。

9.1.2 CNN 降噪器

基于 CNN 先验的图像降噪模型使用的 CNN 的架构与文献[1]相同，如图 9-1 所示。它是由 3 个不同的模块组成的七层网络。在图 9-1 中，DCON-s 表示膨胀卷积，s=1、2、3 和 4，BN 表示批量归一化，ReLU 表示整流线性单元，即第一层为“膨胀卷积＋修正线性单元”，其膨胀卷积操作为：卷积核中的每个参数都根据膨胀因子向上、下、左和右 4 个方向膨胀，卷积核参数的数量不变但感受野变大。图 9-2 给出了膨胀卷积过程的示例。图 9-2（a）是常规卷积，经过 1 层卷积后，可以得到 3×3 的感受野。图 9-2（b）是由图 9-2（a）通过 2-膨胀卷积后获得的，可以得到 7×7 的感受野。图 9-2（c）是由图 9-2（b）通过 4-膨胀卷积得到的，可以得到 15×15 的感受野。中间层有五块。每一块代表“膨胀卷积+批量归一化+整流线性单元”，最后一层是“膨胀卷积”块。在去噪模型中将 3×3 膨胀卷积的膨胀因子从前向后分别设置为 1、2、3、4、3、2 和 1。每个中间层的特征图数量设置为 64。下面说明网络设计和训练的重要细节。

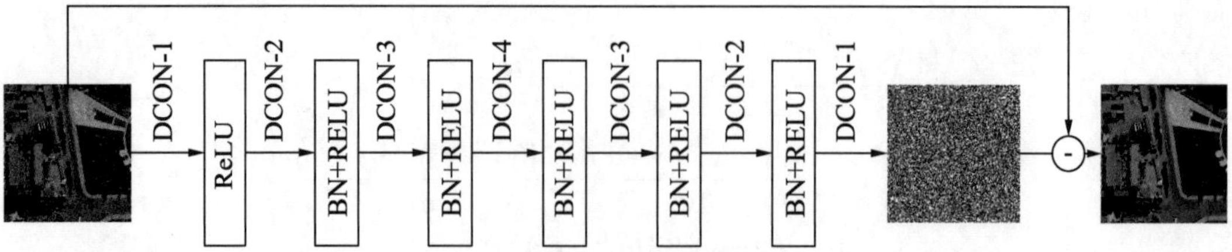

图 9-1　降噪器网络架构

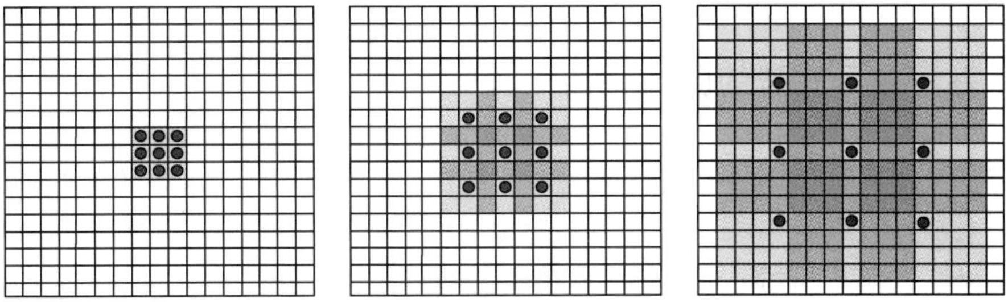

（a）　　（b）　　（c）

图 9-2　膨胀卷积过程示例

1．网络模型使用膨胀卷积来平衡感受野的大小和网络的深度

膨胀卷积在感受野具有很强的扩展能力，同时保留了传统 3×3 卷积的优点。具有膨胀因子 s 的膨胀滤波器可以转换为简单的(2s+1)(2s+1)稀疏滤波器，其中只有 9 个固定位置项可以不为 0。因此，每层的等效感受野分别为 3、5、7、9、7、5 和 3，这样可以很容易地得到所提出的网络的感受野是 33×33。

2．去噪算法使用的网络模型采用批量归一化和残差学习来加快训练速度

批量归一化和残差学习是 CNN 结构设计中应用最广泛的两种体系结构设计技术，二者的结合可以使 CNN 不仅能快速、稳定地训练，而且易于产生更好的去噪性能。

3．去噪算法使用的网络模型采用小尺寸的训练样本来避免边界伪影现象

由于卷积运算的特点，图像边界处理不当可能会使 CNN 去噪后的图像引入边界伪影。张凯等人[1]发现在零填充边界扩展策略中使用小尺寸的训练样本有助于避免边界伪影，原因是裁剪成小块可以使 CNN 看到更多的边界信息。因此，我们在该网络模型中将图像块裁剪成大小为 35×35 的小的非重叠块，以增强图像的边界信息。

为了训练 CNN，实验使用了一个由 400 个大小为 180×180 的 Berkeley 分割数据集图像组成的数据集，如文献[1]中所述。为方便起见，本实验将图像转换为灰色图像，然后将图像裁剪为 35×35 的小块，并选择 12 000 个块进行训练。对于产生对应的噪声斑块问题，在训练过程中通过向干净的块中添加加性高斯噪声来解决。在训练过程中，CNN 的损失函数与文献[1]中的损失函数相同。

最后，该网络模型采用小间隔的噪声水平针对不同噪声水平训练具体的降噪器。理想情况下，降噪器应使用当前噪声水平的训练集来训练网络模型。张凯等人[1]训练了一组噪声水平范围为[0,50]且按照步长为 2 划分的降噪器，即共产生了 25 个降噪器。由于 SAR 图像噪声水平小的波动对去噪结果的影响不大，因此基于 CNN 先验的图像降噪选择噪声水平为 5、10、15、20 和 25 的 CNN 降噪器分别对 SAR 图像进行去噪，然后融合 5 幅去噪后的图像得到最终的去噪图像。下面简单介绍一下 GFF 图像融合算法。

9.1.3 基于向导滤波的图像融合

向导滤波器从局部线性模型派生而来，它通过向导图像的信息来计算滤波输出。向导图像可以是输入图像本身，也可以是其他图像。向导滤波器可以用于保留图像边缘的平滑算子，如流行的双边滤波器一样，但是它在图像边缘附近的性能表现更好。向导滤波也具有除平滑之外的更通用的作用：它可以将向导图像的结构传递到滤波输出，而且无论核大小和强度范围如何，向导滤波器都具有快速且非近似的线性时间算法。因此，向导滤波被广泛应用于图像处理领域[2]。假设向导图像为 $\boldsymbol{I}$，输入图像为 $\boldsymbol{p}$（即需要过滤的图像），输出图像为 $\boldsymbol{q}$。局部线性模型是在向导图像和输出图像之间进行引导过滤的重要假设，即：

$$\boldsymbol{q}_i = a_k \boldsymbol{I}_i + b_k,\ \ \forall i \in \boldsymbol{\omega}_k \tag{9-11}$$

其中，a_k, b_k 是线性系数，i 是像素索引，$\boldsymbol{\omega}_k$ 是在向导图像 $\boldsymbol{I}$ 中以点 k 为中心的局部窗口。$\boldsymbol{\omega}_k$ 是一个正方形窗口，其大小为 $(2r+1)(2r+1)$。

此时图像的边缘保留滤波问题就转化为最优化问题。最优化问题是在满足式（9-11）中的线性关系时将 $\boldsymbol{p}$ 和 $\boldsymbol{q}$ 之间的差异最小化。也就是说，我们应该解决最小化优化问题，如式（9-12）所示。

$$\boldsymbol{E}(a_k, b_k) = \sum_{i \in \boldsymbol{\omega}_k} ((a_k \boldsymbol{I}_i + b_k - \boldsymbol{p}_i)^2 + \varepsilon a_k^2) \tag{9-12}$$

其中，ε 表示归一化因子，则可以使用线性回归求解式（9-12）的解：

$$a_k = \frac{\dfrac{1}{N_{\omega}} \sum_{i \in \boldsymbol{\omega}_k} \boldsymbol{I}_i \boldsymbol{p}_i - \mu_k \overline{\boldsymbol{p}}_k}{\sigma_k^2 + \varepsilon} \tag{9-13}$$

$$b_k = \overline{\boldsymbol{p}}_k - a_k \mu_k \tag{9-14}$$

其中，μ_k 和 σ_k^2 表示 $\boldsymbol{I}$ 在局部窗口 $\boldsymbol{\omega}_k$ 中的均值和方差。N_{ω} 是窗口内的像素数，$\overline{\boldsymbol{p}}_k$ 表示 $\boldsymbol{p}$ 在窗口 $\boldsymbol{\omega}_k$ 中的均值。为了使式（9-11）中的 $\boldsymbol{q}_i$ 的计算量不随局部窗口的变化而发生变化，在求得 a_k 和 b_k 后需要在局部窗口中进行均值滤波。为了简单起见，我们采用 $\boldsymbol{G}_{r,\varepsilon}(\boldsymbol{p},\boldsymbol{I})$ 表示向导滤波，其中，r 表示滤波核的大小，ε 表示归一化因子。如图 9-3 为 r=4 和 ε=0.04 时的向导滤波过程。

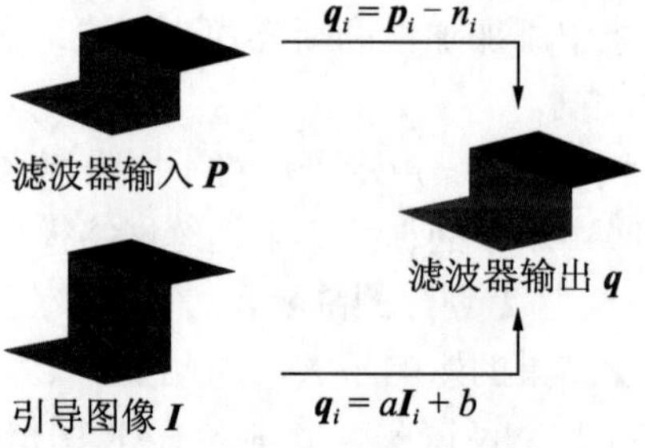

图 9-3　向导滤波过程示例

图 9-4 为一种基于向导滤波的图像融合算法[3]。首先，将源图像 $\boldsymbol{I}_n$ 通过均值滤波分解成两个尺度，即基础层 B_n 和细节层 D_n。其次，对每个源图像 $\boldsymbol{I}_n$ 应用拉普拉斯滤波来获得其高通部分 H_n，再利用 H_n 绝对值的局部平均值构造显著图 $\boldsymbol{S}_n$，接着选择源图像中大的显著图构造权重图 $\boldsymbol{P}_n$。最后，利用相应的源图像 $\boldsymbol{I}_n$ 作为向导图像对每个权重图 $\boldsymbol{P}_n$ 进行向导图像滤波，可得：

$$\boldsymbol{W}_n^{\boldsymbol{B}} = \boldsymbol{G}_{r_1,\varepsilon_1}(\boldsymbol{P}_n,\boldsymbol{I}_n),\boldsymbol{W}_n^{\boldsymbol{D}} = \boldsymbol{G}_{r_2,\varepsilon_2}(\boldsymbol{P}_n,\boldsymbol{I}_n) \tag{9-15}$$

其中，r_1,ε_1,r_2 和 ε_2 是滤波器的参数，$\boldsymbol{W}_n^{\boldsymbol{B}}$ 和 $\boldsymbol{W}_n^{\boldsymbol{D}}$ 是基础层和细节层的最终权重图。

通过加权平均将不同源图像的基础层和细节层进行融合：

$$\bar{\boldsymbol{B}} = \sum_{n=1}^{N}\boldsymbol{W}_n^{\boldsymbol{B}}\boldsymbol{B}_n \quad , \quad \bar{\boldsymbol{D}} = \sum_{n=1}^{N}\boldsymbol{W}_n^{\boldsymbol{D}}\boldsymbol{D}_n \tag{9-16}$$

最终通过 $\boldsymbol{F} = \bar{\boldsymbol{B}} + \bar{\boldsymbol{D}}$ 获得融合图像 $\boldsymbol{F}$。

在 GFF 中，$\boldsymbol{\omega}_k$ 的大小应通过实验来确定。为了融合基础层，$\boldsymbol{\omega}_k$ 的大小为$(2r_1+1)\times(2r_1+1)$。较大过滤器尺寸 r_1 是更好的选择。为了融合细节层，$\boldsymbol{\omega}_k$ 的大小为$(2r_2+1)\times(2r_2+1)$，且当滤波器尺寸 r_2 太大或太小时，融合性能会变差。在实验中，将 r_1 的值设置为 45，r_2 的值设置为 7。GFF 的流程如图 9-4 所示。

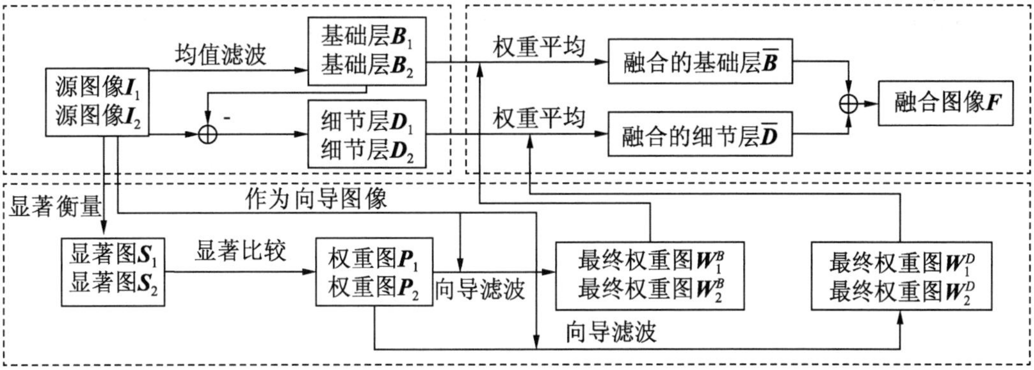

图 9-4　图像融合算法流程

9.1.4　基于 CNN 先验和向导滤波的 SAR 图像去噪

图 9-5 为基于 CNN 先验和向导滤波的 SAR 图像算法的流程。

基于 CNN 先验的图像降噪算法的详细流程如下：

（1）通过同态滤波处理原始 SAR 图像得到待去噪图像 $\boldsymbol{y}$。

（2）训练 CNN 先验降噪器。

（3）设置 $\boldsymbol{x}_k$ 的初始值为 $\boldsymbol{x}_k$=$\boldsymbol{y}$。

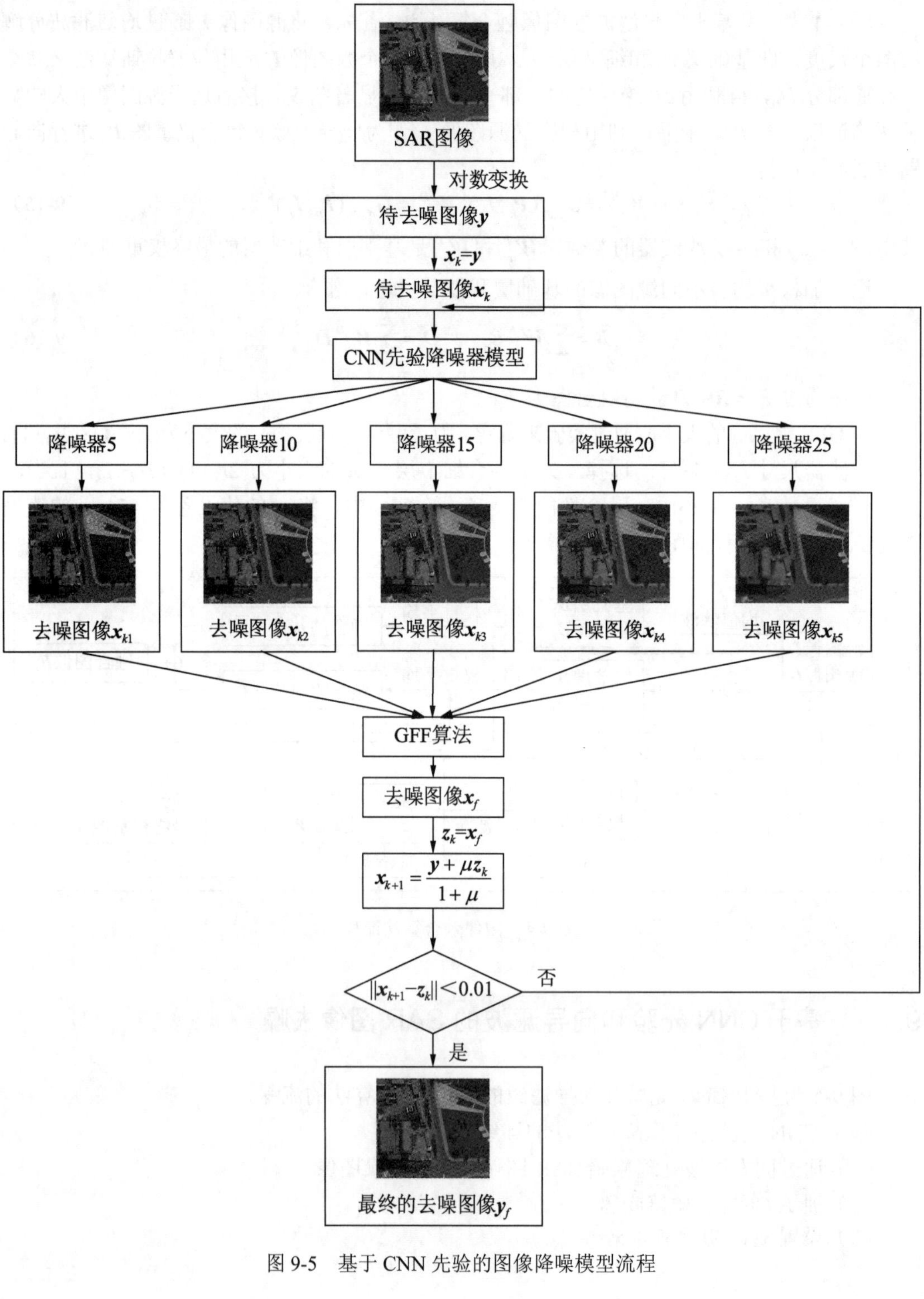

图 9-5　基于 CNN 先验的图像降噪模型流程

（4）采用噪声水平分别为 5、10、15、20 和 25 的 CNN 降噪器对图像 $\boldsymbol{x}_k$ 进行去噪并通过式（9-10）获得去噪后的图像 $\boldsymbol{x}_{k1}$、$\boldsymbol{x}_{k2}$、$\boldsymbol{x}_{k3}$、$\boldsymbol{x}_{k4}$ 和 $\boldsymbol{x}_{k5}$。

（5）将去噪图像 $\boldsymbol{x}_{k1}$、$\boldsymbol{x}_{k2}$、$\boldsymbol{x}_{k3}$、$\boldsymbol{x}_{k4}$ 和 $\boldsymbol{x}_{k5}$ 通过 GFF 融合算法用式（9-15）和式（9-16）进行融合，获得去噪图像 $\boldsymbol{x}_f$。

（6）将 x_f 的值分配给 z_k，由式（9-8）可得 $\boldsymbol{x}_{k+1}$。

（7）令 $k=k+1$，重复第（5）步、第（6）步和第（7）步，直到 $\boldsymbol{x}_{k+1}$ 和 z_k 的范数小于 0.01。

（8）对图像 $\boldsymbol{x}_{k+1}$ 进行指数变换以获得最终去噪图像 y_f。

9.1.5　实验结果与分析

为了验证CNN-GFF算法的可靠性和有效性，在模拟SAR图像上对该算法进行了测试。实验的具体步骤如下：

（1）通过使用对数函数将干净的 SAR 图像转换到对数域，获得对数化 SAR 图像。

（2）根据不同的噪声方差，生成与对数 SAR 图像大小相同的随机矩阵，我们采用的噪声方差分别为 0.04、0.05 和 0.06。然后将高斯噪声的随机矩阵添加到对数 SAR 图像中获得模拟的噪声 SAR 图像。

（3）以模拟的噪声 SAR 图像作为输入，使用所提出的算法获得去噪图像。

图 9-6（a）和图 9-6（b）分别给出了原始图像和噪声图像，图 9-6（c）至图 9-6（g）5 幅图像是使用噪声水平为 5、10、15、20 和 25 的降噪器所产生的去噪图像，图 9-6（h）是使用 9.1.4 小节所提出的算法得到的最终去噪后的图像。由图 9-6（c）可知，当所选择的降噪器水平小于真实噪声水平时，去噪后的图像仍旧有许多噪声存在，而图 9-6（f）和图 9-6（g）表明当所选择的降噪器水平比真实噪声水平大时，去噪后的图像会出现过平滑现象。因此，使用 GFF 算法融合所有去噪后的图像可以获得更好的去噪结果，如图 9-6（h）所示。事实证明，通过该算法获得的去噪图像在保持细节纹理的同时具有较少的噪声和良好的视觉效果。

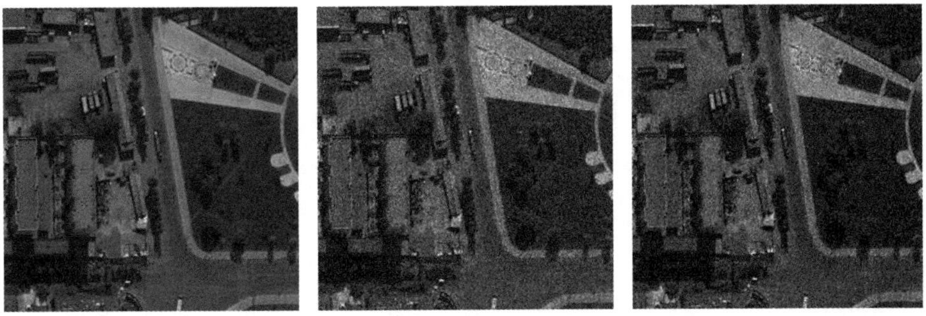

（a）　　（b）　　（c）

图 9-6　使用不同水平降噪器的去噪图像

（a）源图像；（b）噪声图像；（c）降噪器为 5

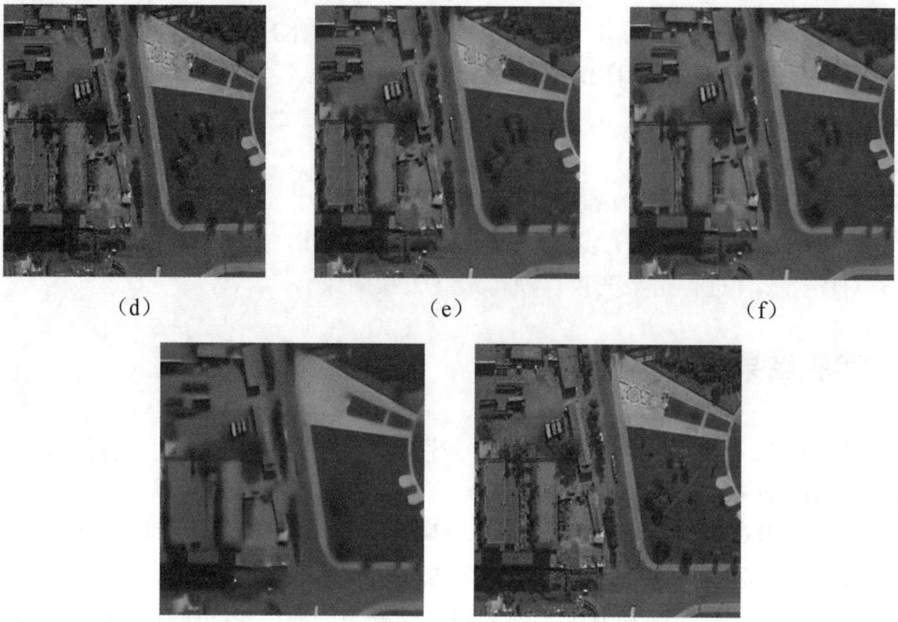

（d）　　（e）　　（f）

（g）　　（h）

图 9-6　使用不同水平降噪器的去噪图像（续）

（d）降噪器为 10；（e）降噪器为 15；（f）降噪器为 20；（g）降噪器为 25；（h）CNN-GFF 算法

图 9-7 给出了 CNN-GFF 算法与其他去噪算法的去噪效果对比，图中所有算法进行去噪的图像均为添加了噪声方差为 0.05 的高斯噪声的含噪图像。去噪算法分别为 Lee 滤波，基于稀疏表示的 Shearlet 域贝叶斯阈值收缩去噪算法（BSS-SR）[4]，基于小波域的非局部相干斑噪声抑制算法（SAR-BM3D）[5]，基于连续循环平移理论的 Shearlet 域贝叶斯收缩去噪算法（CS-BSR）[6]，基于概率块权重的迭代加权最大似然去噪算法（PPB）[7]，基于纹理增强和加权核范数最小化的盲去噪算法（BWNNM）[8]，基于深度残差 CNN 的 SAR 图像去噪算法（DnCNN）[9]以及我们提出的去噪算法（CNN-GFF）。

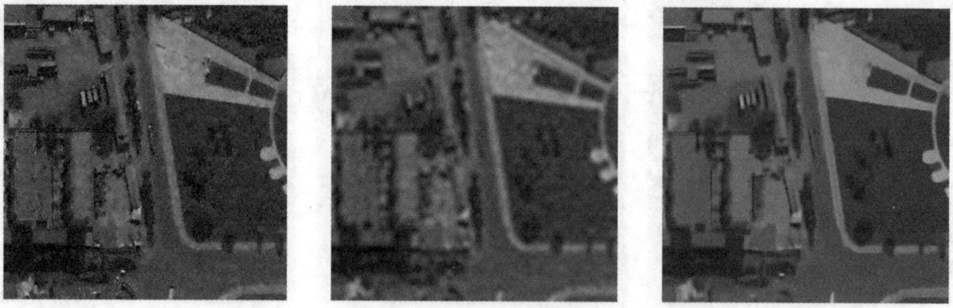

（a）　　（b）　　（c）

图 9-7　使用不同算法的去噪效果

（a）使用 Lee 滤波去噪；（b）使用 BSS-SR 去噪；（c）使用 SAR-BM3D 去噪

（d）

（e）

（f）

（g）

（h）

图 9-7　使用不同算法的去噪效果（续）

（d）使用 CS-BSR 去噪；（e）使用 PPB 去噪；（f）使用 BWNNM 去噪；
（g）使用 DnCNN 去噪；（h）使用 CNN-GFF 去噪

从实验结果中可以看出，图 9-7（a）经过 Lee 滤波后仍旧存在许多噪声，图 9-7（b）和图 9-7（d）经过 BSS-SR 和 CS-BSR 算法后图像边缘出现了模糊。虽然 SAR-BM3D 和 PPB 算法有效地抑制了噪声，但是丢失了一些细节，并且出现过平滑现象，如图 9-7（c）和图 9-7（e）所示。BWNNM 和 DnCNN 算法有不错的噪声抑制作用，也较好地保留了边缘，但还是有一些残留噪声，如图 9-7（f）和图 9-7（g）所示。图 9-7（h）所示的 CNN-GFF 算法和 BWNNM、SAR-BM3D 相比视觉效果更好，和 BSS-SR 和 CS-BSR 相比噪声抑制作用更好。这些实验结果表明了基于 CNN 和向导滤波的去噪算法的优势。

为了进一步验证 CNN-GFF 算法的优势，我们使用 5 个客观评价指标来评估以上去噪算法，这 5 个指标分别是 PSNR、ENL、EPI、SSIM 和 UM，如表 9-1 所示。

表 9-1　所有去噪算法的评估参数值

噪 声 方 差	去噪算法	PSNR	ENL	EPI	SSIM
0.04	Lee滤波	32.51	6.94	0.82	0.75
	BSS-SR	31.65	7.84	0.71	0.62
	SAR-BM3D	33.61	8.08	0.62	0.69
	CS-BSR	31.48	8.92	0.63	0.58
	PPB	30.87	7.56	0.66	0.71

续表

噪声方差	去噪算法	PSNR	ENL	EPI	SSIM
0.04	BWNNM	33.42	7.28	0.66	0.75
	DnCNN	31.51	6.02	0.71	0.72
	CNN-GFF	38.29	6.46	0.81	0.94
0.05	Lee滤波	30.76	6.64	0.66	0.70
	BSS-SR	31.58	7.85	0.75	0.62
	SAR-BM3D	33.72	8.34	0.68	0.67
	CS-BSR	31.49	8.96	0.79	0.58
	PPB	33.42	7.56	0.73	0.71
	BWNNM	32.93	7.35	0.77	0.74
	DnCNN	32.98	6.95	0.74	0.77
	CNN-GFF	39.06	6.57	0.80	0.94
0.06	Lee滤波	31.60	6.27	0.62	0.63
	BSS-SR	31.65	7.83	0.71	0.61
	SAR-BM3D	34.28	8.63	0.65	0.66
	CS-BSR	31.64	8.95	0.74	0.58
	PPB	33.41	7.57	0.84	0.71
	BWNNM	32.49	7.60	0.81	0.89
	DnCNN	30.29	5.78	0.86	0.90
	CNN-GFF	41.57	6.48	0.90	0.93

由表 9-1 可知，当所加噪声方差为 0.04 时，CNN-GFF 算法具有最高的 PSNR 值，表明该算法能够更有效地抑制相干斑。CNN-GFF 算法的 ENL 值与 DnCNN 算法相比有所提升，表明基于向导滤波图像融合算法的有效性。由于 CNN 的复杂性和固有的去噪结构，与其他算法相比 CNN-GFF 的 ENL 值较低。CNN-GFF 算法在保留图像边缘信息和纹理细节方面取得了令人满意的结果，EPI 值比大部分算法高约 0.1 到 0.2。同时，SSIM 的结果表明 CNN-GFF 算法保持了图像结构的完整性且结构失真最小。

在图像上加入方差为 0.05 的噪声时，CNN-GFF 算法在 PSNR、EPI 和 SSIM 这 3 个评价指标上也取得了最佳结果。由表 9-1 可知，BSS-SR、SAR-BM3D 和其他算法的 SSIM 值较低，这意味着这些算法无法保留细节的同时减少失真，但是 CNN-GFF 算法的效果令人满意而且该算法的 ENL 值保持稳定，优于 DnCNN。当向图像添加方差为 0.06 的噪声时，实验结果与上面分析的结果相同。

总体来讲，无论噪声水平是多少，CNN-GFF 算法都能保留图像的结构信息，有效地抑制噪声并在一定程度上保留边缘信息。

最后，我们利用真实的 SAR 图像对 CNN-GFF 算法进行测试。测试图像是 TerraSar-X 的 SAR 图像，如图 9-8 所示。这些图像可以从意大利那不勒斯费里德克二世大学的网站上下载。

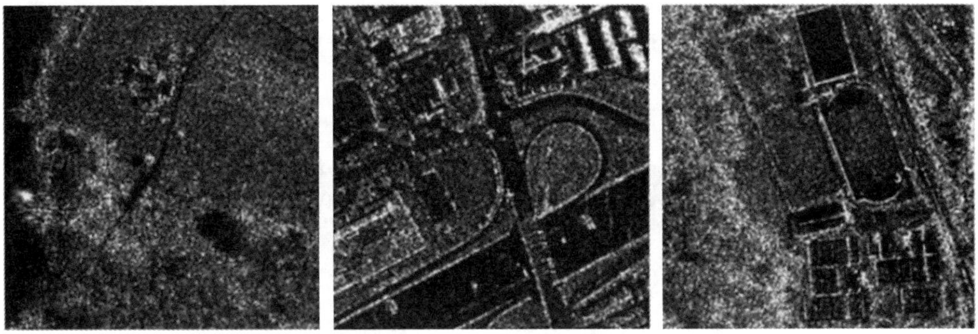

（a）　　（b）　　（c）

图 9-8　真实的 SAR 图像

（a）森林；（b）城市；（c）湖泊

下面通过上述去噪算法对这些图像进行去噪。图 9-9 所示为对图 9-8（a）森林去噪后的 SAR 图像，图 9-10 所示为对图 9-8（b）城市去噪后的 SAR 图像，图 9-11 所示为对图 9-8（c）湖泊去噪后的 SAR 图像。此外，在图 9-9 至图 9-11 中，我们用方框标出了客观评估参数 UM 的区域，具体值会在客观评估指标部分中给出。从图 9-9 中可以看出，Lee 滤波是最差的降噪算法，BSS-SR 和 CS-BSR 模糊了一些边缘纹理，而 SAR-BM3D 和 PPB 几乎没有人造纹理，BWNNM 和 DnCNN 产生了过平滑。CNN-GFF 算法不仅很好地保留了纹理和边缘信息，而且还抑制了人造纹理的生成。

如图 9-10 和图 9-11 所示，8 种去噪算法的性能和图 9-9 显示的结果相似，CNN-GFF 算法的去噪效果最好。

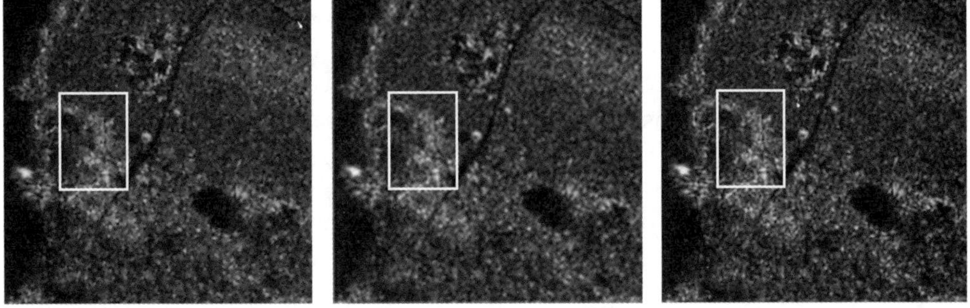

（a）　　（b）　　（c）

图 9-9　使用所有去噪算法后得到的森林 SAR 去噪图像

（a）使用 Lee 滤波去噪；（b）使用 BSS-SR 去噪；（c）使用 SAR-BM3D 去噪

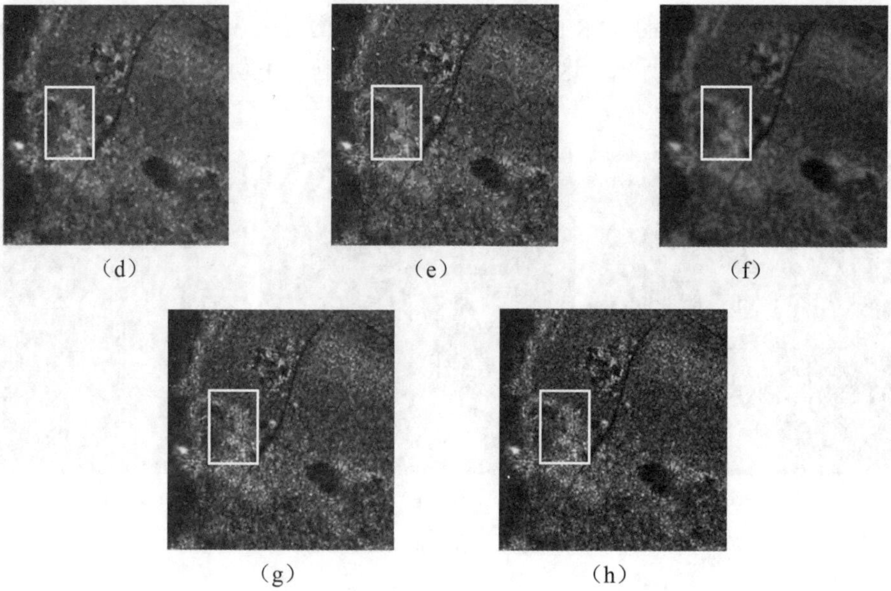

图 9-9　使用所有去噪算法后得到的森林 SAR 去噪图像（续）

（d）使用 CS-BSR 去噪；（e）使用 PPB 去噪；（f）使用 BWNNM 去噪；
（g）使用 DnCNN 去噪；（h）使用 CNN-GFF 去噪

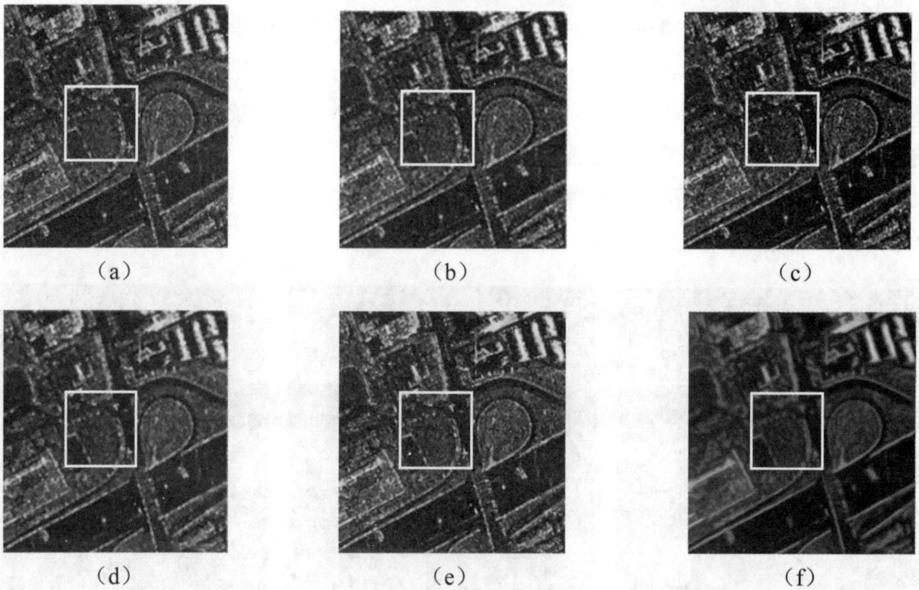

图 9-10　使用所有去噪算法后得到的城市 SAR 去噪图像

（a）使用 Lee 滤波去噪；（b）使用 BSS-SR 去噪；（c）使用 SAR-BM3D 去噪；
（d）使用 CS-BSR 去噪；（e）使用 PPB 去噪；（f）使用 BWNNM 去噪

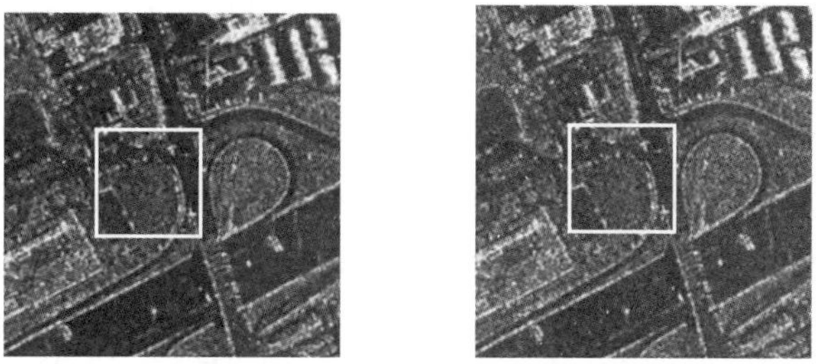

（g）　　　　　　　　　（h）

图 9-10　使用所有去噪算法后得到的城市 SAR 去噪图像（续）

（g）使用 DnCNN 去噪；（h）使用 CNN-GFF 去噪

（a）　　　　　　　　　（b）　　　　　　　　　（c）

（d）　　　　　　　　　（e）　　　　　　　　　（f）

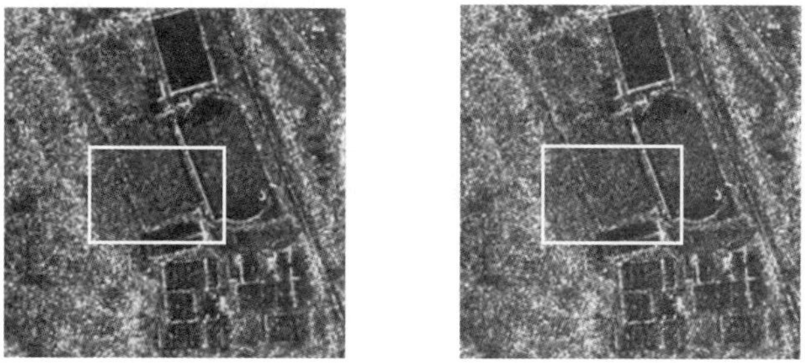

（g）　　　　　　　　　（h）

图 9-11　使用所有去噪算法后得到的湖泊 SAR 去噪图像

（a）使用 Lee 滤波去噪；（b）使用 BSS-SR 去噪；（c）使用 SAR-BM3D 去噪；（d）使用 CS-BSR 去噪；（e）使用 PPB 去噪；（f）使用 BWNNM 去噪；（g）使用 DnCNN 去噪；（h）使用 CNN-GFF 去噪

为了更好地展示 CNN-GFF 算法的有效性，如文献[5]所描述的一样我们计算了去噪比例图。去噪比例图是由原始 SAR 图像和去噪 SAR 图像之间逐点相除获得的。比例图像仅包含噪点时，降噪效果是最理想的。相反，比例图像中存在与原始图像有关的结构或细节时，表明该算法不仅去除了噪声，而且还去除了一些有用的信息。图 9-12、图 9-13 和图 9-14 为图 9-9、图 9-10 和图 9-11 的比例图像。

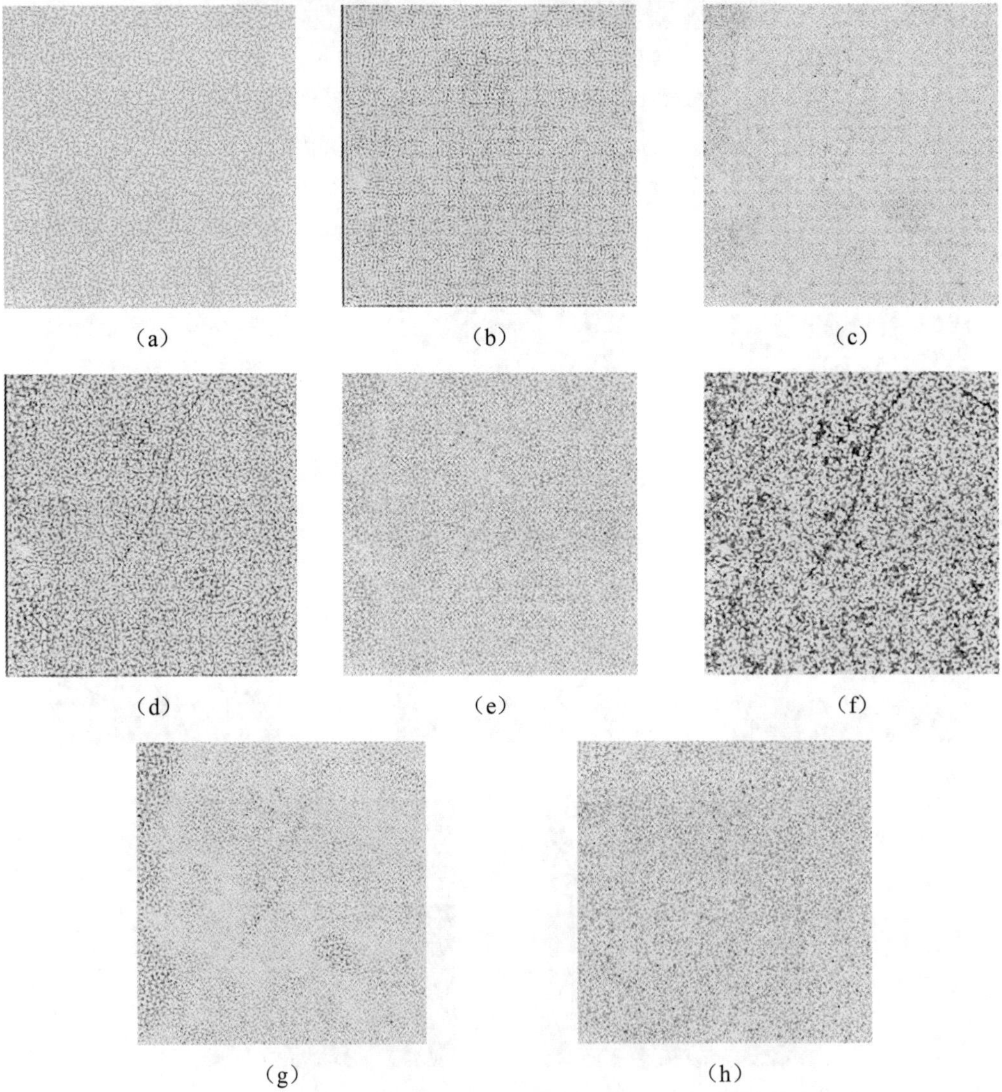

图 9-12　使用所有去噪算法后得到的森林 SAR 图像的比例图像

（a）使用 Lee 滤波去噪；（b）使用 BSS-SR 去噪；（c）使用 SAR-BM3D 去噪；（d）使用 CS-BSR 去噪；（e）使用 PPB 去噪；（f）使用 BWNNM 去噪；（g）使用 DnCNN 去噪；（h）使用 CNN-GFF 去噪

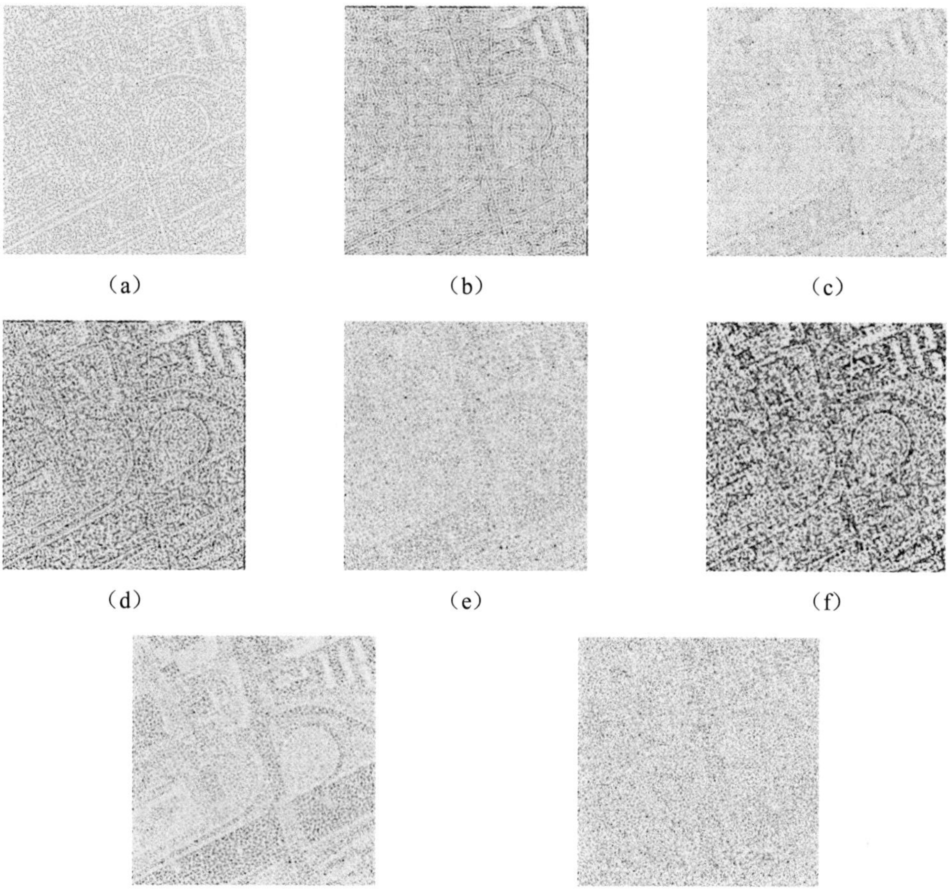

（a）　（b）　（c）　（d）　（e）　（f）　（g）　（h）

图 9-13　使用所有去噪算法后得到的城市 SAR 图像的比例图像

（a）使用 Lee 滤波去噪；（b）使用 BSS-SR 去噪；（c）使用 SAR-BM3D 去噪；（d）使用 CS-BSR 去噪；（e）使用 PPB 去噪；（f）使用 BWNNM 去噪；（g）使用 DnCNN 去噪；（h）使用 CNN-GFF 去噪

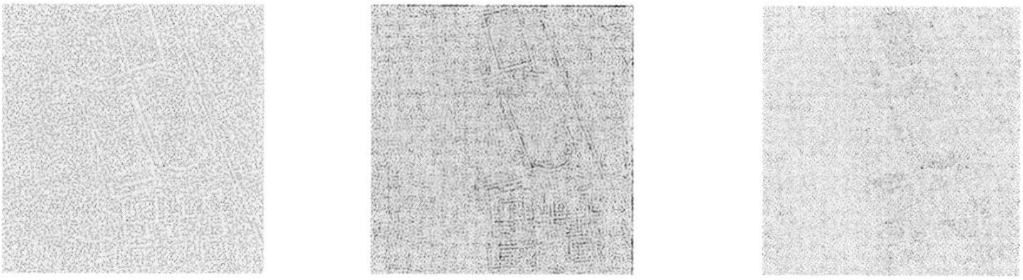

（a）　（b）　（c）

图 9-14　使用所有去噪算法后得到的湖泊 SAR 图像的比例图像

（a）使用 Lee 滤波去噪；（b）使用 BSS-SR 去噪；（c）使用 SAR-BM3D 去噪

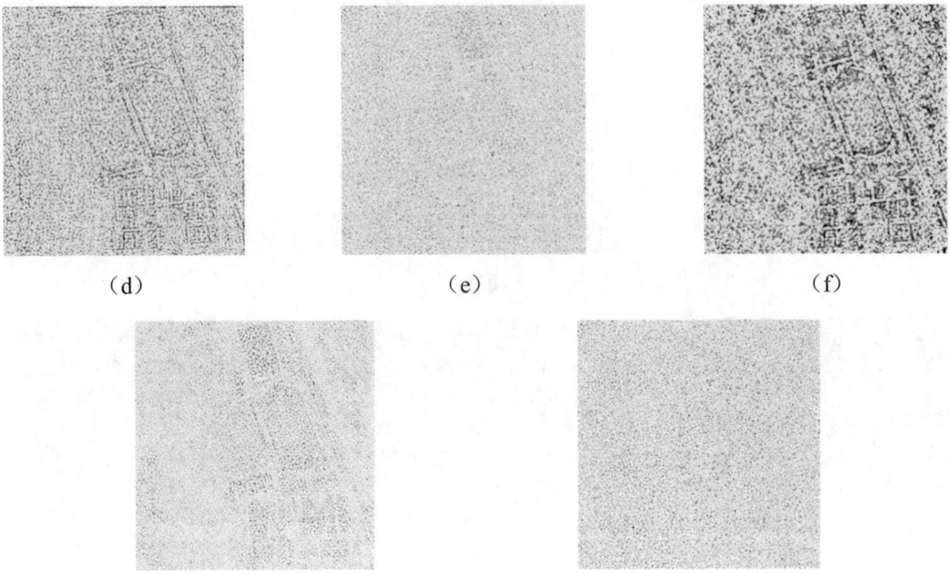

（d）　（e）　（f）

（g）　（h）

图 9-14　使用所有去噪算法后得到的湖泊 SAR 图像的比例图像（续）

（d）使用 CS-BSR 去噪；（e）使用 PPB 去噪；（f）使用 BWNNM 去噪；
（g）使用 DnCNN 去噪；（h）使用 CNN-GFF 去噪

从图 9-12 中可以看出 CNN-GFF 算法的比例图像更接近相干斑。从图 9-12、图 9-13 和图 9-14 所示的比例图像中可以发现，CNN-GFF 算法没有明显的图像纹理，包含的细节信息也最少。从这个角度来看，CNN-GFF 算法可以获得更好的视觉效果。

为了更好地展示 CNN-GFF 算法的优越性，下面给出各种去噪算法几种常用的客观评价指标，包括 UM、ENL、EPI 和 SSIM。如表 9-2 至表 9-4 给出了 3 幅 SAR 图像客观评价指标的实验结果。

表 9-2　各种去噪算法对森林SAR图像的去噪性能指标

去 噪 算 法	UM	ENL	EPI	SSIM
Lee滤波	27.30	3.17	0.72	0.93
BSS-SR	33.01	4.46	0.93	0.94
SAR-BM3D	32.10	3.82	0.84	0.96
CS-BSR	34.98	5.37	0.95	0.97
PPB	28.75	4.13	0.93	0.91
BWNNM	32.51	4.18	0.95	0.94
DnCNN	31.83	3.59	0.77	0.93
CNN-GFF	25.40	3.61	0.98	0.98

表 9-3　各种去噪算法对城市SAR图像的去噪性能指标

去噪算法	UM	ENL	EPI	SSIM
Lee滤波	32.96	1.98	0.79	0.95
BSS-SR	40.67	2.04	0.91	0.86
SAR-BM3D	34.53	1.87	0.88	0.97
CS-BSR	36.30	2.30	0.92	0.75
PPB	31.02	1.93	0.83	0.94
BWNNM	30.18	1.99	0.94	0.96
DnCNN	32.54	1.80	0.80	0.93
CNN-GFF	25.26	1.81	0.95	0.98

表 9-4　各种去噪算法对湖泊SAR图像的去噪性能指标

去噪算法	UM	ENL	EPI	SSIM
Lee滤波	39.60	3.72	0.74	0.93
BSS-SR	38.51	3.78	0.90	0.84
SAR-BM3D	31.96	3.35	0.89	0.97
CS-BSR	31.03	4.32	0.92	0.73
PPB	33.25	3.65	0.77	0.92
BWNNM	31.45	3.73	0.95	0.93
DnCNN	32.26	3.19	0.82	0.96
CNN-GFF	30.60	3.26	0.96	0.98

表 9-2 为对森林 SAR 图像经过 8 种算法去噪后的各项评价指标结果。首先，CNN-GFF 算法的 UM 值为 25.40，在所有算法中最小且最佳，在相干斑抑制等方面的综合性能比较优秀。其次，对于森林 SAR 图像来说，CNN-GFF 算法的 ENL 结果并不理想，比 Lee 滤波的 ENL 值大，出现这种现象的原因不只是仿真阶段所分析的那样，而且与 SAR 图像的纹理、明暗也有一定的关系。最后，不难看出 CNN-GFF 算法的 EPI 值及 SSIM 值都最接近 1，这表明该算法的边缘保持能力是最强的，图像结构的完整性也是保持最好的。通过表 9-3 和表 9-4 的实验结果可以看出，8 种去噪算法表现出的性能与表 9-2 的结果基本一致，CNN-GFF 算法无论是 UM、EPI 还是 SSIM，相较于其他算法都得到了显著提高。综上所述，CNN-GFF 算法不仅去噪能力最好，具有最强的边缘保持能力和细节保存能力，并且兼顾了视觉效果。

一般情况下，CNN-GFF 算法的平滑与细节保持能力是有些矛盾的。虽然 CNN-GFF 算法的 ENL 值比 Lee 滤波器更好，但是不如 PPB 和 SAR-BM3D 等算法好。因为 CNN 模型与基于向导滤波的融合算法是凭经验选择，如果有更合适的模型与融合算法，那么其性能可能会有所提高。

通过对实际的相干成像图像的去噪研究结果表明，CNN-GFF 算法具有较强的去噪能力，并且具有较好的边缘保持能力，普适性也比较好，因此是一种较好的 SAR 图像去噪算法。

9.2 基于 FFDNet 去噪模型的 SAR 图像盲去噪

在传统的去噪算法中，如果输入的噪声水平与真实噪声水平差异比较大，尤其是输入噪声水平远高于真实噪声水平时，在去噪时可能会产生视觉伪影，本节利用基于峰度的尺度不变性和分段平稳性进行图像噪声水平估计，并将图像拉伸为噪声水平图作为 CNN 的输入，实现 SAR 图像盲去噪。

9.2.1 自然图像中的噪声和峰度的尺度不变性假设

自然图像统计分析的一个重要主题是研究变换域中的系数分布，其中，累积量和矩是基本的统计工具。由于均值和方差之类的低阶统计不能提供关于分布的足够信息，因此广泛采用了峰度之类的高阶统计量。具体来说，对于随机变量 X，其峰度定义为：

$$\kappa(X) \triangleq \frac{C_4(X)}{C_2^2(X)} \tag{9-17}$$

其中，$C_k()$是第 k 个峰度函数。峰度表示图像经过变换以后系数分布的峰值。对于高斯分布，峰度值为 0，而对于比高斯分布更集中（更不集中）的分布，其峰度为正（负）。峰度的一个明显的特性是尺度不变性，即对于任何 $a>0$，$\kappa(aX)=\kappa(X)$。Zoran 和 Weiss[13] 研究了 DCT 边缘滤波器响应分布的峰度并作了以下假设：峰度在整张干净的图像中应保持恒定，并且任何系统变化都归因于白噪声的增加。基于此假设，ZORAN 通过明确建立峰度与噪声方差之间的关系，提出了一种有效的噪声水平估计方法。

在上述关于峰度尺度不变性的假设中，空间/像素域中的变化已被完全忽略。在语义上有意义的图像构造（如边缘和表面纹理）是由空间上连续的像素形成的，这表明图像信号是分段的，而不具有全局的统计平稳性。通过实践发现，峰度值通常围绕平均值波动，并且峰度值是通过计算图像的整体像素得出的，因此偏差的大小不可忽略。如果将图像粗略地划分为两个具有不同特性的区域并分别计算这两个区域的峰度值就可以发现这种波动被抑制了。因此，对于给定的清晰图像，更合理的假设是峰度值在小范围内保持恒定或接近恒定，尽管它们可能经常在不同场景中发生变化。根据上述观察，笔者考虑通过图像信号固有的分段平稳性来拓展先前的峰度不变假设，而且这种广义的新峰度模型也能使噪声水平估计受益。

9.2.2　基于峰度的尺度不变性和分段平稳性的图像噪声水平估计

基于峰度的尺度不变性和分段平稳性的图像噪声水平估计算法的框架如图 9-15 所示。使用在后面将要介绍的基于 K-均值的图像分区算法，将输入的噪声图像划分为一系列不重叠的块，然后将提出的噪声水平估计算法应用于分区块，最后通过评估校正模块提高评估性能。

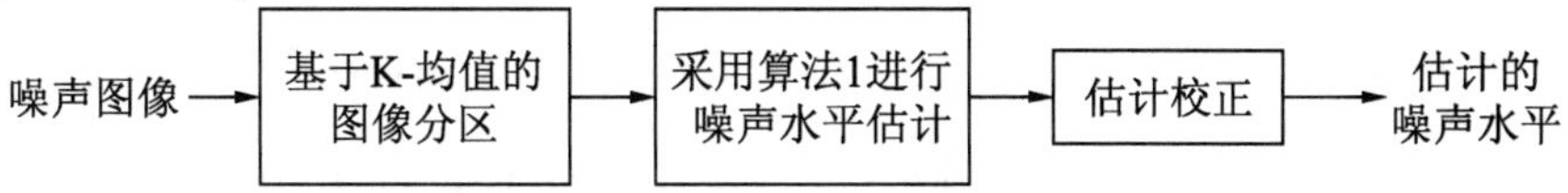

图 9-15　噪声水平估计算法框架

首先给出核心部分的详细信息，即基于峰度的尺度不变性和分段平稳性的噪声水平估计。

1. 基于峰度的尺度不变性和分段平稳性的噪声水平估计

首先，假设空域加性白高斯噪声模型如下：

$$\boldsymbol{y}=\boldsymbol{x}+\boldsymbol{n} \tag{9-18}$$

其中，$\boldsymbol{x}$ 和 $\boldsymbol{y}$ 分别表示矢量化的干净图像块和噪点图像块。n 是零均值、方差为 σ_n^2 的高斯白噪声（Additive White Gaussian Noise，AWGN），它的噪声水平是未知的，应进行估计。为了代替在空域上执行噪声水平估计，考虑在线性变换域中使用以下噪声模型：

$$\underbrace{\boldsymbol{d}_j^{'}\boldsymbol{y}}_{\boldsymbol{y}_j}=\underbrace{\boldsymbol{d}_j^{'}x}_{\boldsymbol{x}_j}+\underbrace{\boldsymbol{d}_j^{'}\boldsymbol{n}}_{\boldsymbol{n}_j} \tag{9-19}$$

其中，$\boldsymbol{d}_j$ 表示来自完整正交基矩阵 $\boldsymbol{D}$ 的第 j 个基向量，$\boldsymbol{y}_j$、$\boldsymbol{x}_j$ 和 $\boldsymbol{n}_j$ 分别是第 j 个带通通道中 $\boldsymbol{y}$、$\boldsymbol{x}$ 和 $\boldsymbol{n}$ 的响应。后续中，我们也称 j 为尺度指数，其取值范围是 1 到设定的常数 M。在变换域中进行噪声水平估计的主要优势在于，它们提供了统一的方式来处理各种噪声类型，包括高斯和许多非高斯情况[10]。这是因为线性变换可以将空间域中的高斯或非高斯噪声混合到变换域中的高斯噪声。

由于 $\boldsymbol{D}$ 的正交性，可以将噪声项 $\boldsymbol{n}_j$ 视为遵循零均值高斯分布的随机变量，即 $\boldsymbol{n}_j \sim N(0,\sigma_n^2)$。由于 $\boldsymbol{x}_j$ 和 $\boldsymbol{n}_j$ 是独立的，因此由式（9-19）可得：

$$\sigma_{\boldsymbol{y}_j}^2=\sigma_{\boldsymbol{x}_j}^2+\sigma_{\boldsymbol{n}_j}^2 \tag{9-20}$$

$$C_4(\boldsymbol{y}_j)=C_4(\boldsymbol{x}_j)+C_4(\boldsymbol{n}_j) \tag{9-21}$$

由于 $C_2(\boldsymbol{x}_j)=\sigma_{\boldsymbol{x}_j}^2$，可将式（9-21）扩展为：

$$\sigma_{\boldsymbol{y}_j}^4\kappa(y_j)=\sigma_{\boldsymbol{x}_j}^4\kappa(\boldsymbol{x}_j)+\sigma_{n_j}^4\kappa(\boldsymbol{n}_j) \tag{9-22}$$

式（9-22）表达了峰度和噪声方差之间的基本关系，即 $\kappa(\boldsymbol{y}_j)$可以由 $\kappa(\boldsymbol{x}_j)$和 $\kappa(\boldsymbol{n}_j)$的线

性组合表示。由于 n_j 遵循高斯分布，因此 $\kappa(\boldsymbol{n}_j)=0$ 成立，从而消除了式（9-22）的最后一项。考虑到事实：对于自然图像，线性变换系数的分布通常更趋于尖峰（比高斯分布更集中），有 $\kappa(\boldsymbol{x}_j)$，$\kappa(\boldsymbol{y}_j)\geqslant 0$。用 $\sigma_{y_j}^2$ 代替 $\sigma_{x_j}^2-\sigma_{n_j}^2$，式（9-22）可重写为：

$$\sqrt{\kappa(\boldsymbol{y}_j)}=\sqrt{\kappa(\boldsymbol{x}_j)}-\frac{\sigma_n^2}{\sigma_{y_j}^2}\sqrt{\kappa(\boldsymbol{x}_j)} \tag{9-23}$$

在式（9-23）中有两个未知数：要估计的噪声方差 σ_n^2 和与干净图像相关的峰度 $\kappa(\boldsymbol{x}_j)$。$\kappa(\boldsymbol{y}_j)$ 和 $\sigma_{y_j}^2$ 可以由噪声图像计算出来，因此可以直接使用。本质上，此等式将未知的 σ_n^2 与可以观察到的统计量 $\kappa(\boldsymbol{y}_j)$ 和 $\sigma_{y_j}^2$ 联系了起来。但是，由于未知量的个数大于方程个数，因此不能直接确定噪声方差 σ_n^2。为了解决这个问题，可以通过带通域中峰度的尺度不变性和空域中峰度的分段平稳性来获得更好的噪声水平估计值。

具体来说，将给定的噪声图像划分为 S 个不相交的区域，假定每个区域的干净图像与峰度相关，该峰度在干净图像经过各种线性变换后是恒定且未知的。关于如何确定这些 S 区域的详细介绍，请参见后面的内容。

令 $\kappa(\boldsymbol{y}_j^i)$ 和 $\sigma_{y_j}^2$ 分别是从噪声图像的第 j 个标度和第 i 个区域计算出的观测峰度和方差。式（9-23）中描述的第 i 个区域的峰度模型可以表示如下：

$$\sqrt{\kappa(\boldsymbol{y}_j^i)}=\sqrt{\kappa(\boldsymbol{x}^i)}-\frac{\sigma_n^2}{\sigma_{y_j^i}^2}\sqrt{\kappa(\boldsymbol{x}^i)} \tag{9-24}$$

其中，比例系数 j 在 $\kappa(\boldsymbol{x}_j^i)$ 中被删除的原因是假设所有给定 i 的 j 都是恒定的。然后将 σ_n^2 的估计转化为以下问题，使 σ_n^2 的估计在所有区域和所有尺度上最佳拟合峰度模型，即式（9-24）：

$$\begin{aligned}&\left\{\hat{\sigma}_n^2,\left\{\hat{\kappa}(\boldsymbol{x}^i)\right\}_{i=1}^S\right\}\\&=\mathop{\arg\min}_{\sigma_n^2,\left\{\kappa(\boldsymbol{x}^i)\right\}_{i=1}^S}\left\{\sum_{i=1}^S\alpha_i\sum_{j=1}^M\left(\sqrt{\kappa(\boldsymbol{y}_j^i)}-\sqrt{\kappa(\boldsymbol{x}^i)}+\frac{\sigma_n^2}{\sigma_{y_j^i}^2}\sqrt{\kappa(\boldsymbol{x}^i)}\right)^2-\lambda\sum_{k=1}^s\sum_{l=1}^s\left(\sqrt{\kappa(\boldsymbol{x}^k)}-\sqrt{\kappa(\boldsymbol{x}^l)}\right)^2\right\}\\&\text{s.t.}\quad \kappa(\boldsymbol{x}^i)\geqslant\frac{1}{M}\sum_{j=1}^M\kappa(\boldsymbol{y}_j^i),\ i=1,2,\cdots,S\end{aligned} \tag{9-25}$$

其中，$\kappa(x_i)$ 表示与第 i 个区域相关的恒定但未知的峰度。目标函数由两项组成，第一项为峰度模型拟合误差项，第二项表示正则化项。目标函数第一项中的加权因子 α_i 指定如下：

$$\alpha_i=\frac{\sum_j\kappa(\boldsymbol{y}_j^i)}{\sum_{ij}\kappa(\boldsymbol{y}_j^i)} \tag{9-26}$$

可以看出，峰度值较大的区域分配有较大的加权因子，因为这些区域通常包含更有意义的信息。采用正则化项是预计不同区域的峰度值会有所不同，否则应合并这些区域。正

则化参数 λ 用于控制正则化项的相对重要性，在实验中根据经验将其设置为 0.01。在优化式（9-25）中采用的约束集是限制优化变量 $\kappa(\boldsymbol{x}_i)$的可行空间，以反映添加噪声通常会减少峰度的现象。

很容易看出，式（9-25）中的目标函数是非凸的，因为在求解过程中需要同时优化 $\boldsymbol{\kappa}$ 和 $\boldsymbol{\sigma}_n^2$。因此，可以采用固定一个变量并优化另一个变量的策略进行问题求解。此迭代交替优化过程在算法 1 中给出。

算法 1 的具体过程如下：

（1）输入 i,j 所对应的峰度 $\kappa(\boldsymbol{y}_j^i)$ 和方差 $\sigma_{\boldsymbol{y}_j}^2$。

（2）初始化：$\hat{\kappa}(\boldsymbol{x}^i)\leftarrow 0$ 及 $\hat{\sigma}_n^2 \leftarrow \frac{1}{\mathrm{SM}}\sum_{ij}\sigma_{y_j^i}^2$。

（3）设定 $\boldsymbol{\sigma}_n^2$，通过解决式（9-27）更新 $\{\hat{\kappa}(\boldsymbol{x}^i)\}_{i=1}^S$。

$$
\begin{aligned}
\underset{\sigma_n^2,\{\kappa(\boldsymbol{x}^i)\}_{i=1}^S}{\arg\min} & \left\{\sum_{i=1}^{S}\alpha_i\sum_{j=1}^{M}\left(\sqrt{\kappa(\boldsymbol{y}_j^i)}-\sqrt{\kappa(\boldsymbol{x}^i)}+\frac{\sigma_n^2}{\sigma_{y_j^i}^2}\sqrt{\kappa(\boldsymbol{x}^i)}\right)^2\right. \\
& \left.-\lambda\sum_{k=1}^{s}\sum_{l=1}^{s}\left(\sqrt{\kappa(\boldsymbol{x}^k)}-\sqrt{\kappa(\boldsymbol{x}^l)}\right)^2\right\} \qquad (9\text{-}27) \\
\text{s.t.}\ \ & \kappa(\boldsymbol{x}^i)\geqslant\frac{1}{M}\sum_{j=1}^{M}\kappa(\boldsymbol{y}_j^i),\quad i=1,2,\cdots,S
\end{aligned}
$$

（4）设定 $\left\{\hat{\kappa}(\boldsymbol{x}^i)\right\}_{i=1}^S$，通过式（9-28）更新 $\hat{\sigma}_n^2$：

$$
\underset{\hat{\sigma}_n^2}{\arg\min}\sum_{i=1}^{S}\alpha_i\sum_{j=1}^{M}\left(\sqrt{\kappa(\boldsymbol{y}_j^i)}-\sqrt{\kappa(\boldsymbol{x}^i)}+\frac{\sigma_n^2}{\sigma_{y_j^i}^2}\sqrt{\hat{\kappa}(\boldsymbol{x}^i)}\right)^2 \qquad (9\text{-}28)
$$

（5）重复步骤（2）和步骤（3）直到目标函数收敛。

（6）估计 $\hat{\sigma}_n^2$ 和 $\{\hat{\kappa}(\boldsymbol{x}^i)\}_{i=1}^S$。

具体而言，噪声水平估计算法首先通过解决式（9-27）子问题更新峰度值，该子问题是标准约束二次规划问题。适当地选择正则化参数 λ，可以利用现有工具箱（如 cvx）有效地解决该问题。此时，式（9-27）可以被写为式（9-29）：

$$
\begin{aligned}
& \sum_{i=1}^{S}\sum_{j=1}^{M}\alpha_i\kappa(\boldsymbol{y}_j^i)+2\sum_{i=1}^{S}\sum_{j=1}^{M}\alpha_i\sqrt{\kappa(\boldsymbol{y}_j^i)}\left(\frac{\sigma_n^2}{\sigma_{y_j^i}^i}-1\right)\sqrt{\kappa(\boldsymbol{x})^i} \\
& +\sum_{i=1}^{S}\sum_{j=1}^{M}\alpha_i\left(\frac{\sigma_n^2}{\sigma_{y_j^i}^i}-1\right)^2\kappa(\boldsymbol{x})^i-\lambda\sum_{i=1}^{S}\sum_{j=1}^{S}\left(\sqrt{\kappa(\boldsymbol{x}^i)}-\sqrt{\kappa(\boldsymbol{x}^j)}\right)^2
\end{aligned} \qquad (9\text{-}29)
$$

由于第一项与优化变量无关，可以将其从优化中删除，然后将其余两项简化为以下矩阵形式：

$$k^{'}(\boldsymbol{H}-\lambda\boldsymbol{R})k+\boldsymbol{c}^{'}k \tag{9-30}$$

其中，$k=[\sqrt{\kappa(\boldsymbol{x}^1)},\sqrt{\kappa(\boldsymbol{x}^2)},\cdots,\sqrt{\kappa(\boldsymbol{x}^S)}]'$，$\boldsymbol{H}$ 是大小为 $S\times S$ 的对角矩阵，其对角元素为：

$$\boldsymbol{H}_{ii}=\sum_{j=1}^{M}\alpha_i\left(\frac{\sigma_n^2}{\sigma_{y_j^i}^2}-1\right)^2 \tag{9-31}$$

在式（9-30）中，$\boldsymbol{R}$ 是一个对称矩阵：

$$\boldsymbol{R}_{ij}=\begin{cases}S-1, & i=j\\ -1, & 其他\end{cases} \tag{9-32}$$

在式（9-30）中，$\boldsymbol{c}$ 是长度 S 的向量：

$$\boldsymbol{c}_i=\sum_{j=1}^{M}2\alpha_i\sqrt{\kappa(\boldsymbol{y}_j^i)}\left(\frac{\sigma_n^2}{\sigma_{y_j^i}^2}-1\right) \tag{9-33}$$

如果$(\boldsymbol{H}-\lambda\boldsymbol{R})$是正定的，则优化问题式（9-27）是凸的。当 $\lambda=0.01$ 时，所有测试图像的$(\boldsymbol{H}-\lambda\boldsymbol{R})$始终是正定的。

然后，在式（9-28）中更新估计的方差，考虑式（9-28）的目标函数：

$$L(\sigma_n^2)=\sum_{i=1}^{S}\alpha_i\sum_{j=1}^{M}\left(\sqrt{\kappa(\boldsymbol{y}_j^i)}-\sqrt{\kappa(\boldsymbol{x}^i)}+\frac{\sigma_n^2}{\sigma_{y_j^i}^2}\sqrt{\hat{\kappa}(\boldsymbol{x}^i)}\right)^2 \tag{9-34}$$

为了最小化 $L()$，对 σ_n^2 取 $L()$的偏导数并将其设置为 0，得出：

$$2\sum_{i=1}^{S}\sum_{j=1}^{M}\alpha_i\left(\sqrt{\kappa(\boldsymbol{y}_j^i)}-\sqrt{\kappa(\boldsymbol{x}^i)}+\frac{\sigma_n^2}{\sigma_{y_j^i}^2}\sqrt{\hat{\kappa}(\boldsymbol{x}^i)}\right)\frac{\sqrt{\hat{\kappa}(\boldsymbol{x}^i)}}{\sigma_{y_j^i}^2}=0 \tag{9-35}$$

最后可以通过以下式子获得 $\hat{\sigma}_n^2$：

$$\hat{\sigma}_n^2=\frac{\sum_{ij}\alpha_i(\sqrt{\hat{\kappa}(\boldsymbol{x}^i)}-\sqrt{\kappa(\boldsymbol{y}_j^i)})}{\sum_{ij}\frac{\alpha_i}{\sigma_{y_j^i}^2}\sqrt{\hat{\kappa}(\boldsymbol{x}^i)}} \tag{9-36}$$

在式（9-28）中，仅针对 σ_n^2 进行了优化，因此删除了目标函数的第二项和约束。重复交替更新过程，直到目标函数收敛为止。实验发现，目标函数大约在 10 次迭代后会收敛。

2．基于K-均值的图像分区

下面介绍如何确定 S 个不相交的区域，这是前面所提的算法的噪声水平估计的重要前期步骤。假定每个不相交的区域与带通域中恒定但未知的峰度值相关联，对于图像分割，一种直接的方法是使用现有的超分割或超像素方法。在噪声水平估计中，执行图像分割是为了将表现出类似峰度值的图像区域聚类到单个区域，这与一般的超分割或超像素方法的目的不同。此外，根据边际滤波器响应来计算峰度，以正方形区域计算滤波。因此，适当的选择是从固定的正方形块中提取峰度特征，而不是通过常规的超分割或超像素方法生成具有不规则形状的图像块中提取。

图像分区利用基于 K-均值的图像分割算法进行区域划分，区域划分的示意如图 9-16 所示。

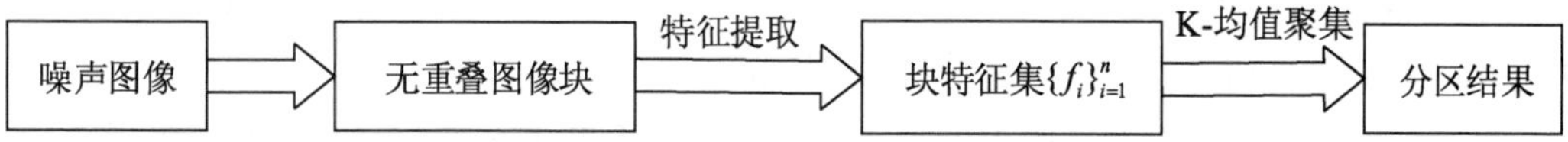

图 9-16　基于 K-均值的图像分区框架

首先将噪声图像均匀地分割为 $p \times p$ 个不重叠的正方形块（在本次实验中设置 p=16）。然后，将每个块与从 $d \times d$ 线性变换基础中选择的 2D 带通滤波器 B_k 进行卷积。这里 k 是带通滤波器的索引，并且 $0 \leqslant k \leqslant d^2-1$。然后可以通过以下方式给出响应图像块：

$$R_k = P \otimes B_k \tag{9-37}$$

其中，R_k 和 P 分别表示响应图像块和噪声图像块。与 R_k 相关的峰度值由 $\kappa(R_k)$ 表示。

最后计算 R_k 的峰度值，可得图像块 P 的特征向量为：

$$\boldsymbol{f} = [\kappa(R_1), \kappa(R_2), \cdots, \kappa(R_{d^2-1})]' \tag{9-38}$$

请注意，上述特征向量中不包含 R_0，因为 R_0 的分布高度偏斜，峰度无法捕获这种偏斜。接下来利用 K-均值聚类算法用于对特征向量 $\boldsymbol{f}$ 进行聚类，从而确定 S 区域。在实验中 S 被设置为 3。

3．通过噪声注入进行估计校正

自然图像通常包含突出的结构和复杂的纹理，很难有效地区分图像信号和噪声，因此图像内容可能会在某种程度上放大或减弱噪声影响，由图像内容引起的估计偏差的假设也是合理的。为了进一步减少估计偏差，我们利用噪声注入进行估计校正。

具体来说，使用以下线性模型来估算的噪声水平 $\hat{\sigma}$ 与潜在真实噪声水平 σ 之间的关系

$$\hat{\sigma} = \rho\sigma \tag{9-39}$$

显然，在式（9-39）中有两个未知变量 ρ 和 σ。从单个方程式揭示这两个未知数是一个不适定的问题。为了应对这个问题，可以将噪声注入策略作为一个附加方程对线性模型进行约束。相同类型的方差为 σ_t^2 的加性噪声被注入噪声图像并进行另一轮噪声估计。由原始噪声和注入噪声之间的独立性，可得：

$$\begin{cases} \hat{\sigma}_1^2 = \rho^2\sigma^2 \\ \hat{\sigma}_2^2 = \rho^2(\sigma^2 + \sigma_t^2) \end{cases} \tag{9-40}$$

其中，$\hat{\sigma}_1^2$ 和 $\hat{\sigma}_2^2$ 分别表示注入前后的估计噪声方差，这里假设 ρ 的值在这两轮噪声水平估计中是不变的。这个假设是合理的，因为 ρ 仅取决于固定的原始图像内容。从式（9-40）

中可以很容易解出 σ^2：

$$\tilde{\sigma}^2 = \frac{\hat{\sigma}_1^2 \sigma_t^2}{\hat{\sigma}_2^2 - \hat{\sigma}_1^2} \tag{9-41}$$

理论上，注入噪声的方差可以任意设置。然而，在实际中，注入太大的噪声方差往往会消除图像内容所带来的信息。一个合理的选择是将注入的噪声方差设置为第一个噪声方差估计值，即 $\sigma_t^2 = \hat{\sigma}_1^2$ 。噪声注入后噪声水平变大，即 $\hat{\sigma}_2^2 > \hat{\sigma}_1^2$ 。然后可以通过 $\tilde{\sigma}^2 = \hat{\sigma}_1^4 / (\hat{\sigma}_2^2 - \hat{\sigma}_1^2)$ 估算潜在的真实噪声方差值。

由于此线性模型很简单，所求的噪声水平可能仍会略偏离实际噪声水平。为了进行更可靠的估计，可以通过线性凸组合融合噪声注入前后的估计结果：

$$\hat{\sigma}_F^2 = \beta_0 \tilde{\sigma}^2 + \beta_1 \hat{\sigma}_1^2 \tag{9-42}$$

其中，σ_F^2 表示最终估计，β_0 和 β_1 是满足 $\beta_0+\beta_1=1$ 的加权因子。在实验中设置 $\beta_0=0.606$，$\beta_1=0.394$，这是通过离线训练过程获得的。实验采用的训练集有 200 多个自然图像。

为了验证以上假设，我们对 200 个合成噪声图像测试了噪声估计算法，其中，噪声水平范围为 1～30。在不进行噪声校正的情况下，噪声方差的估计结果如图 9-17（a）所示，可以看到，基于峰度的尺度不变性和分段平稳性的噪声水平估计算法估计的噪声水平在真实噪声水平附近，并且所获得的噪声水平估计值和真实噪声水平之间的关系近似线性。经过校正的估计结果如图 9-17（b）所示。可以看出，估计偏差被进一步减小。

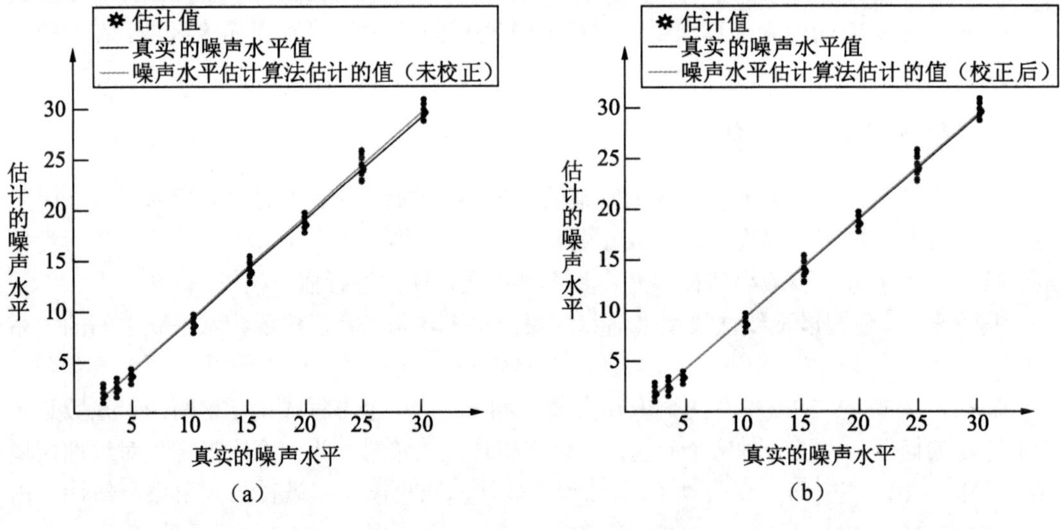

图 9-17　噪声水平估计偏差校正

9.2.3　噪声水平图

大多数基于模型的去噪算法通常旨在解决以下问题。

$$\hat{\boldsymbol{x}} = \arg\min_x \frac{1}{2\sigma^2}\|\boldsymbol{y}-\boldsymbol{x}\|^2 + \lambda\boldsymbol{\Phi}(\boldsymbol{x}) \tag{9-43}$$

其中，$\frac{1}{2\sigma^2}\|\boldsymbol{y}-\boldsymbol{x}\|^2$ 是噪声水平为 σ 的数据保真项，$\boldsymbol{\Phi}(\boldsymbol{x})$ 是与图像先验有关的正则项，λ 用于控制数据保真项和正则项之间的平衡。在实践中，λ 用于控制降噪和细节保存之间的平衡。λ 太小，会残留很多噪声；反之，λ 太大则会在抑制噪声的同时细节会被平滑。

通过一些优化算法，式（9-43）的解决可以定义为一个隐式函数：

$$\hat{\boldsymbol{x}} = F(\boldsymbol{y},\sigma,\lambda;\Theta) \tag{9-44}$$

由于 λ 可以被吸收到 σ 中，式（9-44）可以被重写为：

$$\hat{\boldsymbol{x}} = F(\boldsymbol{y},\sigma;\Theta) \tag{9-45}$$

从这个意义上讲，设置噪声水平 σ 也起到设置 λ 的作用，可以控制降噪和保留细节之间的平衡。总之，基于模型的算法通过指定式（9-45）中的 σ，可以灵活地处理具有各种噪声水平的图像。

根据以上分析可知，利用 CNN 学习式（9-45）的显式映射是可取的，可以将噪声图像和噪声水平作为网络的输入。但是 y 和 σ 具有不同的维度，因此不容易将它们直接输入 CNN。基于块的去噪算法将每个块设置为 σ，通过把噪声水平 σ 拉伸到噪声水平图 $\boldsymbol{M}$ 来解决维度不匹配问题，即在 $\boldsymbol{M}$ 中，所有元素都是 σ。受其启发，式（9-45）可以进一步变换如下：

$$\hat{\boldsymbol{x}} = F(\boldsymbol{y},\boldsymbol{M};\Theta) \tag{9-46}$$

9.2.4　网络结构

FFDNet 的体系结构如图 9-18 所示。第一层是可逆的下采样操作，将尺寸为 $W \times H \times C$ 的含噪图像 y 重新调整为 4 个尺寸为 $\frac{W}{2}\times\frac{H}{2}\times 4C$ 的下采样子图像，其中，C 是通道的数量，即灰度图像的 C=1，彩色图像的 C=3。FFDNet 将可调噪声水平图 M 与下采样子图像连接，以形成大小为 $\frac{W}{2}\times\frac{H}{2}\times(4C+1)$ 的张量 $\tilde{\boldsymbol{y}}$ 作为 CNN 的输入。对于具有噪声水平 σ 的空间不变 AWGN，M 是均匀映射，其中所有元素都是 σ。

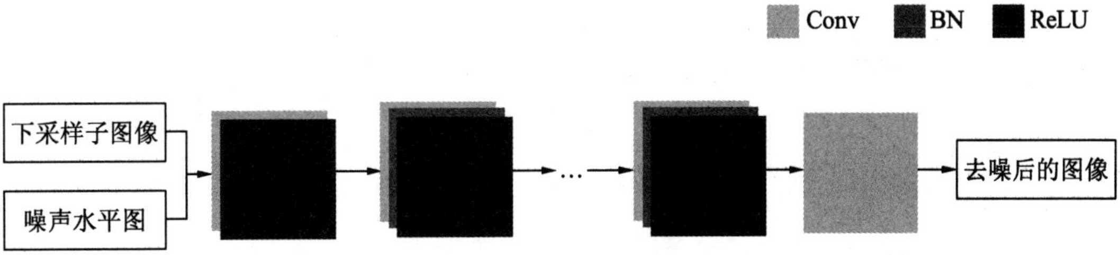

图 9-18　FFDNet 网络结构

以张量 $\tilde{y}$ 作为输入，CNN 由一系列 3×3 卷积层组成。每层由 3 种类型的操作组成：卷积（Conv）、整流线性单元（ReLU）和批量归一化（BN）。具体来说，第一层为 Conv+ReLU，中间层为 Conv+BN+ReLU 的形式，最后一层为 Conv 的形式。零填充用于在每次卷积后保持特征映射大小不变。在最后一个卷积层之后，应用放大操作作为在输入端应用的下采样运算符的反向运算符，以产生尺寸为 $W \times H \times C$ 的被估计的干净图像 $\hat{x}$。与 DnCNN[9]不同的是 FFDNet 不预测噪声。由于 FFDNet 对下采样子图像进行操作，因此不必采用膨胀卷积增加感受野。考虑到复杂性和性能二者的平衡，卷积层的数量设置为 15，特征映射的通道设置为 64。

9.2.5 SAR 图像盲去噪算法

去噪算法首先利用 K-均值对噪声图像进行分区，接着依据峰度的尺度不变性和分段平稳性进行噪声水平估计，并进行估计校正。然后将得到的噪声水平值、下采样图像及噪声水平图作为 FFDNet 网络的输入参数，利用 FFDNet 去噪网络对噪声图像进行去噪，得到最终的去噪图像。图 9-19 为基于 FFDNet 去噪模型的 SAR 图像盲去噪算法（简称 BFFDNet）的去噪流程。

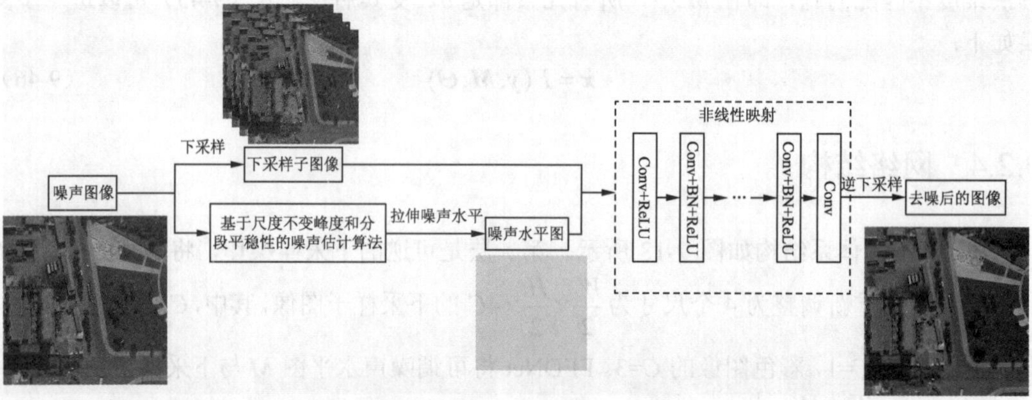

图 9-19　BFFDNet 的算法流程

具体的算法步骤如下：

（1）将原始的 SAR 图像进行同态滤波得到图像 y。

（2）将 SAR 图像进行下采样操作得到 4 个下采样子图像。

（3）利用基于峰度的尺度不变性和分段平稳性的噪声估计算法对 SAR 图像进行噪声估计并得到噪声水平 $\hat{\sigma}$。

（4）拉伸所估计的噪声水平 $\hat{\sigma}$ 得到噪声水平图 M。

（5）训练 FFDNet 去噪模型。

（6）采用步骤（2）、步骤（3）和步骤（4）所得到的下采样图像、噪声水平值 $\hat{\sigma}$ 及噪声水平图 M 作为 FFDNet 去噪模型的输入参数，并利用训练好的网络对 SAR 图像进行图像去噪得到去噪后的图像 y_f。

（7）对得到的图像 y_f 进行指数化，得到最终的去噪图像。

9.2.6　实验结果与分析

1. 模拟SAR图像实验部分

本实验对干净的 SAR 图像分别添加等效视数为 4、8 和 16 的高斯噪声，即噪声方差为 0.25、0.125 和 0.0625，得到仿真后的 SAR 图像。当图像所加等效视数为 4 时即噪声方差为 0.25，利用噪声水平估计算法估计所得噪声方差为 0.26。当图像所加等效视数为 8 时即噪声方差为 0.125，利用噪声水平估计算法估计所得噪声方差为 0.13。当图像所加等效视数为 16 时即噪声方差为 0.0625，利用噪声水平估计算法估计所得噪声方差为 0.06。在这 3 种情况下估计所得到的噪声水平值十分接近真实的噪声水平值，有力地证明了噪声水平估计算法噪声估计的有效性和可行性。

图 9-20 分别给出了原始图像和噪声图像的 BFFDNet 算法与其他去噪算法的对比图，图中所有进行去噪的图像均为添加了等效视数为 4 的高斯噪声的含噪图像。去噪算法分别为 Lee 滤波、基于概率块权重的迭代加权最大似然去噪算法（PPB）[7]、基于稀疏表示的 Shearlet 域贝叶斯阈值收缩去噪算法（BSS-SR）[4]、基于连续循环平移理论的 Shearlet 域贝叶斯收缩去噪算法（CS-BSR）[6]、基于小波域的非局部相干斑噪声抑制算法（SAR-BM3D）[5]、基于深度学习 CNN 降噪器先验图像恢复算法（IRCNN）[1]、基于深度残差 CNN 的 SAR 图像去噪算法（DnCNN）[9]以及本小节提出的基于 FFDNet 去噪模型的 SAR 图像盲去噪算法（BFFDNet）。

（a）　　（b）　　（c）　　（d）

图 9-20　使用不同算法去噪后的效果

（a）原图；（b）加噪图像；（c）Lee 滤波；（d）PPB 算法

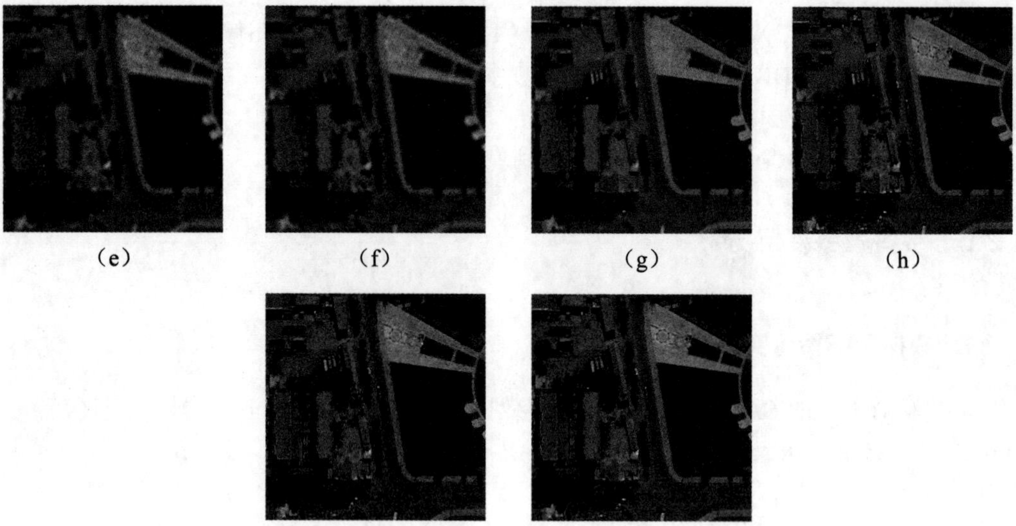

（e）　　（f）　　（g）　　（h）

（i）　　（j）

图 9-20　使用不同算法去噪后的效果（续）

（e）BSS-SR 算法；（f）CS-BSR 算法；（g）SAR-BM3D 算法；（h）IRCNN 算法；（i）DnCNN 算法；（j）BFFDNet 算法

由实验结果可以看出，在图 9-20（c）中 Lee 滤波出现了一些人造纹理，图 9-20（d）和图 9-20（g）所示的去噪结果存在较严重的过平滑现象，丢失了大部分细节信息，图 9-20（e）和图 9-20（f）去噪后的图像边缘产生了模糊，视觉效果较差，图 9-20（h）和图 9-20（i）的边缘细节信息保留较好，也有效抑制了相干斑噪声，但仍存在过平滑现象。图 9-20（j）所示的 BFFDNet 算法结果比其他大部分噪声抑制算法的视觉效果更好，细节和边缘信息也得到了更有效的保留。

为了更好地展示 BFFDNet 算法的优越性，采用 4 个客观评价指标来展示该算法的优势，它们分别为 PSNR、ENL、EPI 和 SSIM。表 9-5 为利用上述 8 种算法对含有不同噪声水平的噪声图像去噪后的客观评价结果。

表 9-5　不同去噪算法的客观评价指标

等效视数	去噪算法	PSNR	ENL	EPI	SSIM
4	Lee滤波	31.77	6.79	0.62	0.71
	PPB	33.62	7.93	0.53	0.69
	BSS-SR	31.52	7.87	0.37	0.62
	CS-BSR	31.52	7.87	0.37	0.62
	SAR-BM3D	33.61	8.41	0.34	0.68
	IRCNN	32.62	7.04	0.45	0.75
	DnCNN	30.44	5.96	0.57	0.63
	BFFDNet	32.88	6.85	0.62	0.77

续表

等效视数	去噪算法	PSNR	ENL	EPI	SSIM
8	Lee滤波	32.66	7.08	0.71	0.74
	PPB	33.59	7.71	0.44	0.70
	BSS-SR	31.61	7.82	0.36	0.63
	CS-BSR	31.62	7.82	0.35	0.63
	SAR-BM3D	33.34	7.87	0.35	0.70
	IRCNN	33.57	6.85	0.51	0.80
	DnCNN	32.01	6.36	0.65	0.75
	BFFDNet	33.81	6.70	0.71	0.83
16	Lee滤波	32.71	7.26	0.71	0.66
	PPB	33.50	7.61	0.41	0.71
	BSS-SR	31.74	7.87	0.34	0.64
	CS-BSR	31.74	7.87	0.34	0.63
	SAR-BM3D	33.44	7.67	0.37	0.72
	IRCNN	36.89	6.65	0.69	0.90
	DnCNN	35.27	6.45	0.70	0.88
	BFFDNet	37.54	6.61	0.74	0.91

由表 9-5 可知：对于 PSNR，当加等效视数为 4 时，BFFDNet 算法的 PSNR 值是所有算法中最高的；当加等效视数为 8 时，BFFDNet 算法的 PSNR 值比其他算法高大约 0.4dB；当所加等效视数为 16 时，BFFDNet 算法比其他算法的 PSNR 值高大约 0.6dB。对于 ENL，BFFDNet 算法虽然不是最好的，但是比 DnCNN 算法好一些，这可能是 CNN 本身所存在的缺陷。对于 EPI 和 SSIM，随着图像所加等效视数的增大，大部分算法的 EPI 和 SSIM 值都在增大，但仍然低于 BFFDNet 算法的值。BFFDNet 算法在这两种评价指标中都取得了最好的结果，并且有效地保留了细节信息和边缘信息。

总体来讲，BFFDNet 算法在不同噪声方差下比其他算法更令人满意，这说明了噪声水平估计算法的必要性及该算法的有效性。

2. 真实的SAR图像实验部分

该部分将利用真实的 SAR 图像来验证 BFFDNet 算法的可行性。图 9-21 给出了 3 幅真实的 SAR 图像，分别为 SAR1、SAR2 和 SAR3。

图 9-22 为对图 9-21（a）经过 BFFDNet 算法及其他对比算法去噪后得到的 SAR1 图像。

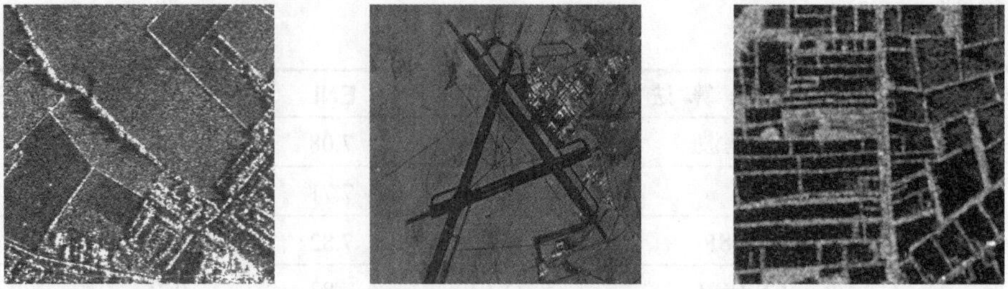

（a）　　（b）　　（c）

图 9-21　真实的 SAR 图像

（a）SAR1；（b）SAR2；（c）SAR3

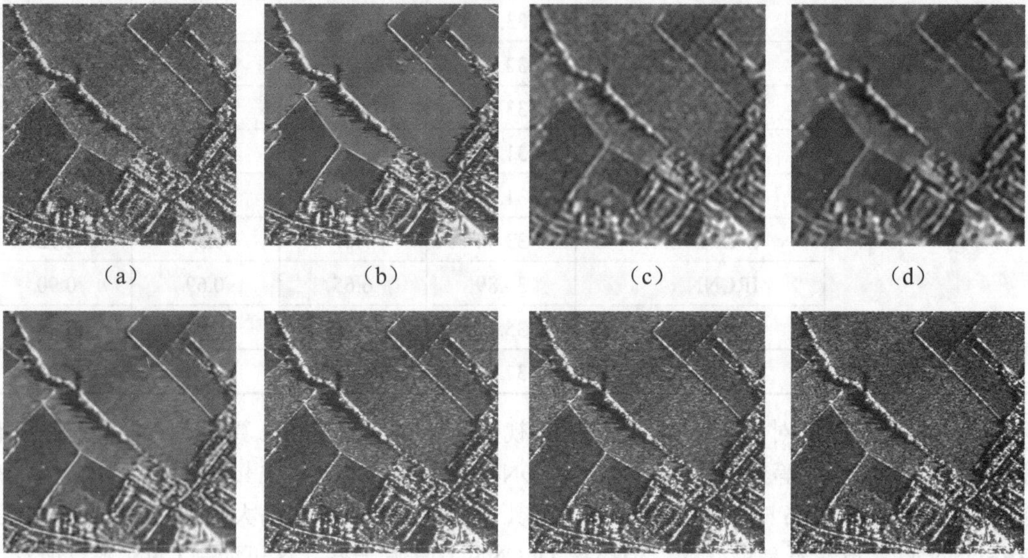

（a）　　（b）　　（c）　　（d）

（e）　　（f）　　（g）　　（h）

图 9-22　不同算法去噪效果

（a）Lee 滤波；（b）PPB 算法；（c）BSS-SR 算法；（d）CS-BSR 算法；（e）SAR-BM3D 算法；（f）IRCNN 算法；（g）DnCNN 算法；（h）BFFDNet 算法

由图 9-22 可以看出，图 9-22（a）所示的 Lee 滤波抑制相干斑噪声的能力略差，出现了一些人造纹理。图 9-22（b）和图 9-22（e）所示的 PPB 和 SAR-BM3D 算法均产生了过平滑现象，模糊了边缘和细节信息。图 9-22（c）和图 9-22（d）所示的 BSS-SR 和 CS-BSR 算法的视觉效果较差，图像变得很模糊，细节信息没有被很好地保留下来。图 9-22（f）、图 9-22（g）和图 9-22（h）所示的 IRCNN、DnCNN 和 BFFDNet 算法都有效地抑制了相干斑噪声，而 BFFDNet 算法更好地保护了边缘和细节信息。其他两幅真实的 SAR 图像去噪后的效果如图 9-23 和图 9-24 所示，其中，图 9-23 是对图 9-21（b）的 SAR2 图像去噪后的效果。

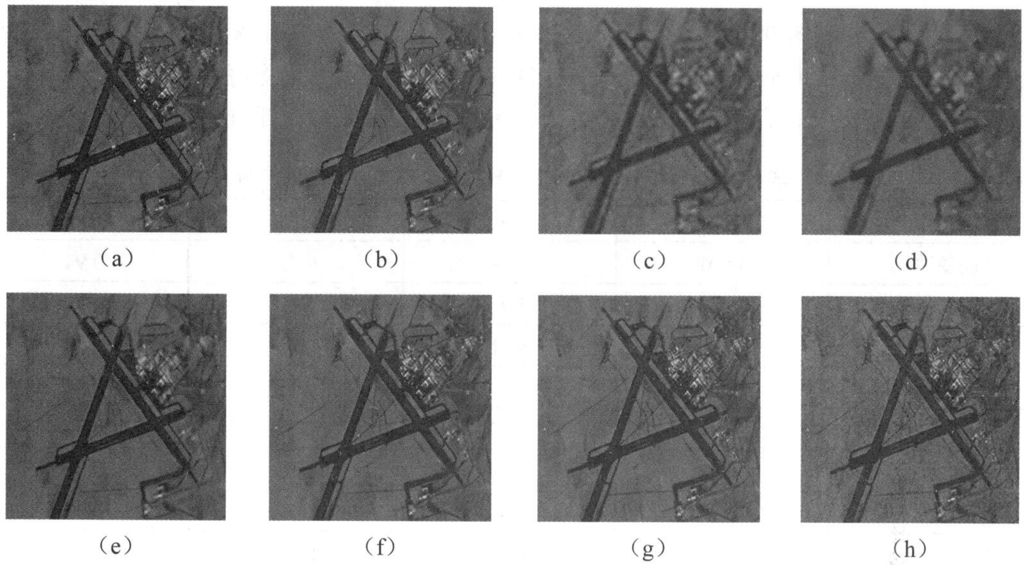

图 9-23　不同算法去噪后的效果

（a）Lee 滤波；（b）PPB 算法；（c）BSS-SR 算法；（d）CS-BSR 算法；

（e）SAR-BM3D 算法；（f）IRCNN 算法；（g）DnCNN 算法；（h）BFFDNet 算法

如图 9-24 是对图 9-21（c）的 SAR3 图像去噪后的效果。

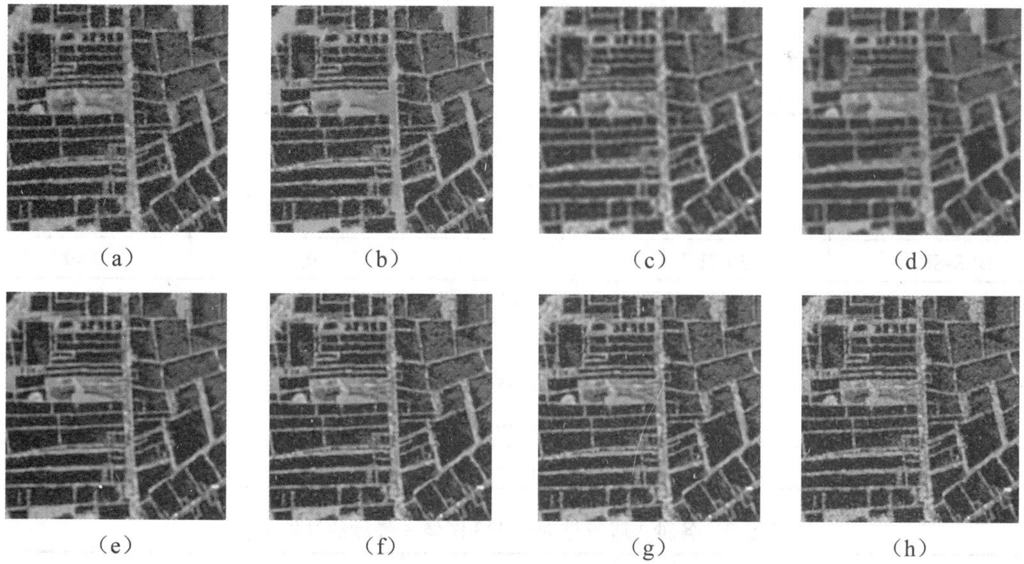

图 9-24　不同算法去噪后的效果

（a）Lee 滤波；（b）PPB 算法；（c）BSS-SR 算法；（d）CS-BSR 算法；

（e）SAR-BM3D 算法；（f）IRCNN 算法；（g）DnCNN 算法；（h）BFFDNet 算法

根据图 9-23 和图 9-24 可知，图 9-21 的后两幅 SAR 图像使用 8 种算法后的去噪效果与图 9-22 的分析结果基本一致，均是 BFFDNet 算法的去噪效果更好。

接下来，表 9-6、表 9-7 和表 9-8 给出了 3 幅 SAR 图像客观评价指标的实验结果。

表 9-6　各种去噪算法对SAR1 图像去噪后的性能指标

去噪算法	PSNR	ENL	EPI	SSIM
Lee滤波	32.01	5.09	0.73	0.94
PPB	30.14	5.97	0.47	0.59
BSS-SR	28.79	8.41	0.23	0.34
CS-BSR	28.83	10.18	0.15	0.26
SAR-BM3D	29.70	6.97	0.35	0.54
IRCNN	30.21	4.89	0.63	0.87
DnCNN	31.37	4.63	0.72	0.93
BFFDNet	35.47	4.28	0.85	0.97

表 9-6 所示为 8 种算法的客观评价指标结果。首先 BFFDNet 算法在所有算法的 PSNR 值中最高，说明 BFFDNet 算法有效地抑制了相干斑噪声。其次，对于 ENL 值，BFFDNet 算法没有得到理想的效果，原因可能是 CNN 结构在保持轮廓和细节信息的同时，无法兼顾图像均匀区域的光滑性。最后，很容易看出 BFFDNet 算法的 EPI 和 SSIM 值均为所有算法中的最高值，说明该算法具有较强的轮廓保持能力，能更好地保留 SAR 图像的纹理信息。

表 9-7　各种去噪算法对SAR2 图像去噪后的性能指标

去噪算法	PSNR	ENL	EPI	SSIM
Lee滤波	34.99	3.08	0.71	0.88
PPB	32.46	7.42	0.44	0.61
BSS-SR	30.71	8.55	0.25	0.49
CS-BSR	30.36	10.25	0.14	0.41
SAR-BM3D	32.23	8.28	0.33	0.61
IRCNN	32.07	6.75	0.44	0.71
DnCNN	32.66	6.49	0.49	0.73
BFFDNet	34.42	6.28	0.72	0.89

表 9-8　各种去噪算法对SAR3 图像去噪后的性能指标

去噪算法	PSNR	ENL	EPI	SSIM
Lee滤波	33.80	1.96	0.83	0.93
BSS-SR	29.04	2.28	0.50	0.66
CS-BSR	28.83	2.59	0.38	0.58

续表

去噪算法	PSNR	ENL	EPI	SSIM
SAR-BM3D	32.43	2.29	0.66	0.84
PPB	32.98	2.05	0.86	0.87
IRCNN	32.24	1.92	0.72	0.92
DnCNN	32.56	1.92	0.73	0.92
BFFDNet	33.83	1.88	0.85	0.95

表 9-7 和表 9-8 的客观评价指标所表现出的性能与表 9-6 基本相同，BFFDNet 算法无论是 PSNR、EPI 还是 SSIM，与其他算法相比都得到了显著提高。综上所述，BFFDNet 算法不仅降噪能力最好，而且具有最强的边缘保持能力和细节保存能力。

通过对模拟和实际的相干成像图像进行去噪研究表明，BFFDNet 算法具有较强的去噪能力和较好的边缘保持能力，普适性也比较好，因此是一种较好的 SAR 图像去噪算法。

9.3　基于多尺度混合域的 SAR 图像去噪

9.3.1　噪声抑制模型构造

去噪问题通常可以转化为以下能量最小化问题：

$$\hat{\boldsymbol{x}} = \arg\min_{\boldsymbol{x}} \frac{1}{2}\|\boldsymbol{y}-\boldsymbol{x}\|^2 + \lambda\boldsymbol{\Phi}(\boldsymbol{x}) \tag{9-47}$$

其中，$\frac{1}{2}\|\boldsymbol{y}-\boldsymbol{x}\|^2$ 表示保真项，用于保证去噪图像与原始图像的相似性，而 $\boldsymbol{\Phi}(\boldsymbol{x})$ 则表示包含图像先验信息的正则项，用于抑制噪声。λ 是一个平衡参数，用于调节保真项和正则项的关系。

解决式（9-47）的方法可分为两大类，即基于模型的优化方法和判别学习方法。基于模型的方法为了达到好的性能通常需要复杂的先验知识，这导致去噪算法非常耗时。相反，以牺牲灵活性为代价的判别学习方法不仅具有较快的去噪速度，而且结合最优化和端到端的训练能够得到更好的去噪效果。因此，我们利用半二次分割法将二者的优点结合起来进行图像去噪，从而在上述噪声抑制模型的基础上给出基于 SAR 图像去噪的多尺度深度学习去噪模型。

将多尺度混合域降噪器 $\boldsymbol{\Phi}_c(\boldsymbol{x})$ 作为上述去噪模型的正则项，通过半二次分割法将降噪器先验插入迭代方案中，从而实现保真项和正则项的分离。式（9-47）可重新定义如下：

$$\hat{\boldsymbol{x}} = \arg\min_{\boldsymbol{x}} \frac{1}{2}\|\boldsymbol{y}-\boldsymbol{x}\|^2 + \lambda\boldsymbol{\Phi}_c(\boldsymbol{x}) \tag{9-48}$$

然后，利用半二次分割法求解式（9-48），同时引入辅助变量 s，s=x，构造如下优化问题：

$$\hat{\boldsymbol{x}}=\arg\min_{\boldsymbol{x}}\frac{1}{2}\|\boldsymbol{y}-\boldsymbol{x}\|^2+\mu\|\boldsymbol{x}-\boldsymbol{s}\|^2+\lambda\boldsymbol{\Phi}_c(\boldsymbol{x}) \tag{9-49}$$

其中，μ 是惩罚参数。可以通过以下迭代方案求解式（9-49）：

$$\begin{cases}\boldsymbol{x}_{k+1}=\dfrac{1}{2}\arg\min\limits_{\boldsymbol{x}}\|\boldsymbol{y}-\boldsymbol{x}\|^2+\mu\|\boldsymbol{x}-\boldsymbol{s}_k\|^2\\ \boldsymbol{s}_{k+1}=\dfrac{1}{2}\arg\min\limits_{\boldsymbol{s}}\mu\|\boldsymbol{x}_k-\boldsymbol{s}\|^2+\lambda\boldsymbol{\Phi}_c(\boldsymbol{s})\end{cases} \tag{9-50}$$

可以看出，保真项和正则项被分成两个独立的子问题。s_{k+1} 可由贝叶斯最大后验概率公式通过多尺度混合域降噪器获得。为了克服现有 SAR 图像去噪算法的缺点，更好地利用图像的多尺度稀疏性，我们结合多尺度几何变换和深度学习的优点，提出一种多尺度混合域相干斑噪声抑制模型。多尺度混合域相干斑噪声抑制模型可以被定义为一个函数：

$$\hat{\boldsymbol{x}}=\text{INSST}(\text{CNN}(\boldsymbol{y}_L),\text{CCS}(\boldsymbol{y}_H)) \tag{9-51}$$

其中，$\hat{\boldsymbol{x}}$ 表示噪声抑制后的图像，$\boldsymbol{y}_L$ 表示多尺度（这里选用的是 NSST）分解的低频分量，$\boldsymbol{y}_H$ 表示多尺度分解的高频分量。CNN()表示利用 CNN 进行噪声抑制，CCS()表示连续循环平移操作，INSST()表示对噪声抑制后的低频图像和高频图像进行逆 Shearlet 变换。

9.3.2 低频噪声抑制

由于 CNN 强大的建模能力，深度学习中的 CNN 可以通过训练更好地学习包含在低频系数中的轮廓信息，因此我们使用深度 CNN 模型来抑制低频噪声。

去噪算法的深度 CNN 架构如图 9-25 所示，第一层是可逆的下采样操作，将输入的 NSST 低频系数矩阵重新整形为 4 个下采样子矩阵，然后与可调噪声水平图连接形成尺寸为 $\boldsymbol{W}/2\times\boldsymbol{H}/2\times(4\boldsymbol{C}+1)$的张量作为 CNN 的输入。接下来是由一系列 3×3 卷积层组成的网络模型，考虑到网络整体的复杂度和去噪性能，在网络模型中将卷积层的数量设置为 15，每层的特征映射的数量设置为 64。在最后一个卷积层之后采用上采样操作得到一个尺寸为 $\boldsymbol{W}\times\boldsymbol{H}\times\boldsymbol{C}$ 的估计的干净 NSST 低频系数。训练采用零填充，以使每个卷积特征图的维度保持一致。

在图 9-25 中，Conv 表示卷积，BN 表示批量归一化，ReLU 表示激活线性单元。第一个卷积层为 Conv + ReLU，中间层为 Conv+BN+ReLU，最后一个卷积层为 Conv。

一般来说，深度 CNN 去噪模型可以被重新定义为一个隐式函数，即：

$$\hat{\boldsymbol{x}}=F(\boldsymbol{y},\sigma,\lambda;\Theta) \tag{9-52}$$

其中，$\boldsymbol{y}$ 为退化图像，$\boldsymbol{x}$ 为无噪声图像，$\hat{\boldsymbol{x}}$ 为去噪图像，Θ 表示 CNN 参数，λ 用于控制数据保真项和正则化项之间的平衡。在实际应用中，λ 用于权衡降噪和细节保存之间的关系，当其较小时去噪算法噪声抑制能力变差，相反，当其较大时图像的细节将会变得模糊。

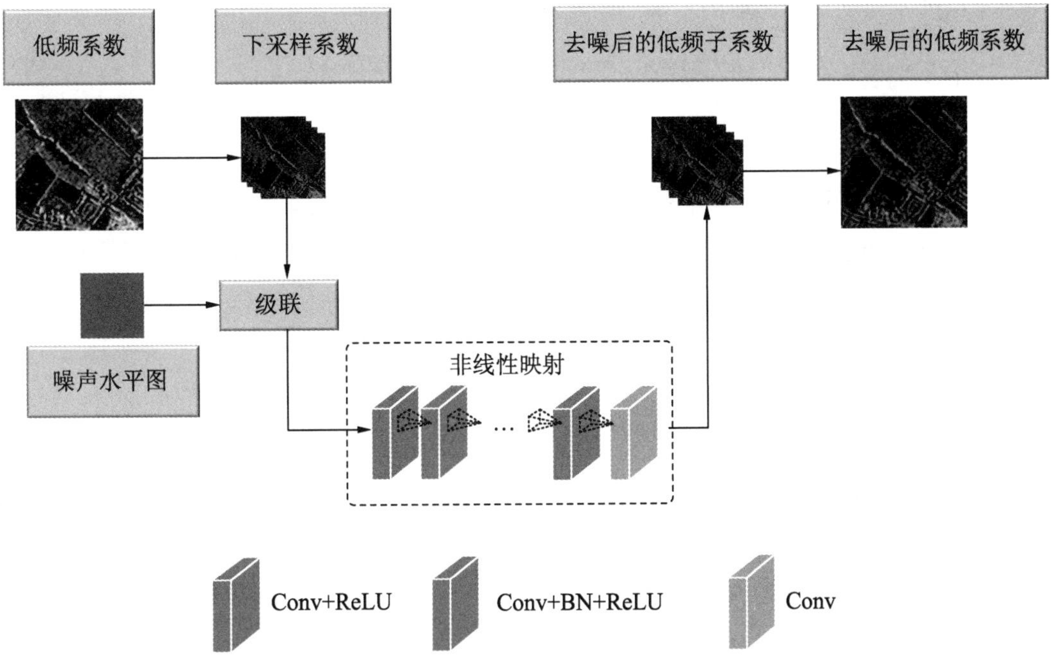

图 9-25　多尺度混合域相干斑噪声抑制模型的网络设计

由于 λ 可以被吸收到 σ 中，式（9-52）可以被进一步写为：

$$\hat{\boldsymbol{x}} = F\left(\boldsymbol{y}, \sigma; \Theta\right) \tag{9-53}$$

由式（9-52）可知，设置噪声水平 σ 也可以起到影响 λ 的作用，从而控制降噪和细节保存之间的平衡。CNN 通过指定 σ 来处理各种噪声水平。

作为 CNN 的输入，具有噪声的观察图像 y 和噪声水平 σ 被用于学习式（9-50）的映射关系。由于 y 和 σ 具有不同的维度，不能直接将它们输入 CNN 中。受文献[9]的启发，设置每个 SAR 图像块的噪声水平为 σ，并将 σ 拉伸到噪声水平图 $\boldsymbol{M}$ 上来解决维度不匹配问题，换句话说，噪声水平图 $\boldsymbol{M}$ 中的所有元素都是 σ。在基于混合域噪声抑制算法中，$\sigma \in [0,75]$。因此式（9-53）可以改写为：

$$\hat{\boldsymbol{x}} = F\left(\boldsymbol{y}, \boldsymbol{M}; \Theta\right) \tag{9-54}$$

注意，深度 CNN 模型可能会产生伪影，尤其是当输入的相干斑噪声水平远高于真实噪声水平时，这表明噪声水平图 M 可能无法权衡降噪和细节保存之间的关系。在实验中，我们采用卷积滤波器正则化来解决这一问题，并促进梯度传播。

9.3.3　高频噪声抑制

设 $\boldsymbol{W}$ 表示非下采样 Shearlet 变换的基函数，则干净图像的非下采样 Shearlet 变换可表

示为 $\boldsymbol{\omega}=\boldsymbol{W}\boldsymbol{x}$，干净图像可表示为 $\boldsymbol{x}=\boldsymbol{W}^{\mathrm{T}}\boldsymbol{\omega}$。此时去噪问题即可转化为对高频系数的阈值萎缩，显然可以通过正则化最小二乘法问题对 $\boldsymbol{\omega}$ 进行估计，即

$$\hat{\boldsymbol{\omega}}(\boldsymbol{y})=\underset{\boldsymbol{\omega}\in\mathbb{R}^{n}}{\arg\min}\left\{\frac{1}{2}\|\boldsymbol{\omega}-\boldsymbol{W}\boldsymbol{y}\|_2^2+\tau\Phi(\boldsymbol{\omega})\right\} \tag{9-55}$$

其中，$\frac{1}{2}\|\boldsymbol{\omega}-\boldsymbol{W}\boldsymbol{y}\|_2^2$ 为保真项，而 $\Phi()$ 是正则项，τ 是正则化参数。通常 $\Phi()$ 是一个非平滑凸函数，这里采用的函数 $\Phi()=\|\ \|_1$，然后利用最小二乘法进行模型的求解。因此，式（9-55）可以简化为 $\hat{\boldsymbol{\omega}}=\eta(\boldsymbol{W}\boldsymbol{y};\tau)$，最终通过计算 $\hat{\boldsymbol{x}}=\boldsymbol{W}^{\mathrm{T}}\hat{\boldsymbol{\omega}}$ 得到去噪后的高频系数。

对于连续循环平移算法，设 S_k 表示 NSST 变换矩阵 $\boldsymbol{W}$ 的不同循环平移操作，则每次循环平移后得到 $\boldsymbol{W}_k=\boldsymbol{W}\boldsymbol{S}_k$，令 $\boldsymbol{H}=\begin{bmatrix}\boldsymbol{W}_1\\ \vdots\\ \boldsymbol{W}_K\end{bmatrix}$，则可以定义一个 $\boldsymbol{K}$ 紧框架，即

$$\|\boldsymbol{x}\|_2^2=\frac{1}{K}\|\boldsymbol{H}\boldsymbol{x}\|_2^2 \tag{9-56}$$

由式（9-56）可知，去噪模型经过循环平移后还可以重构回以前的信号。进行循环平移之后，去噪的高频系数可以估计为：

$$\hat{\boldsymbol{\omega}}=\underset{\boldsymbol{\omega}\in\mathbb{R}^{nK}}{\arg\min}\left\{\frac{1}{2K}\|\boldsymbol{\omega}-\boldsymbol{H}\boldsymbol{y}\|_2^2+\tau\Phi(\boldsymbol{\omega})\right\} \tag{9-57}$$

由式（9-57）可知，重构图像为：

$$\hat{\boldsymbol{x}}=\boldsymbol{H}^{\mathrm{T}}\hat{\boldsymbol{\omega}} \tag{9-58}$$

其中，$\boldsymbol{H}^{\mathrm{T}}=(1/K)\left[\boldsymbol{W}_1^{\mathrm{T}}\ \ \cdots\ \ \boldsymbol{W}_K^{\mathrm{T}}\right]$，$\boldsymbol{W}_k^{\mathrm{T}}$ 表示应用 $\boldsymbol{W}^{\mathrm{T}}$ 得到的变换。

由于 $\boldsymbol{W}$ 满足紧框架理论却不是正交变换，所以由式（9-58）得到的最优解并不满足式（9-59）：

$$\boldsymbol{W}^{\mathrm{T}}\boldsymbol{W}\boldsymbol{x}=\boldsymbol{x} \tag{9-59}$$

这意味着去噪得到的系数可能不会一一映射回原信号空间，这使得信号可能会有损失。为改进循环平移，最简单的方法显然是将式（9-59）作为模型即式（9-57）的限制条件，因此得到的问题如下：

$$\hat{\boldsymbol{\omega}}=\underset{\boldsymbol{\omega}\in\mathbb{R}^{nK}}{\arg\min}\left\{\frac{1}{2K}\|\boldsymbol{\omega}-\boldsymbol{H}\boldsymbol{y}\|_2^2+\tau\Phi(\boldsymbol{\omega})\right\}\ \text{s.t.}\ \boldsymbol{W}^{\mathrm{T}}\boldsymbol{W}\boldsymbol{x}=\boldsymbol{x} \tag{9-60}$$

结合式（9-58），可以得到：

$$\hat{\boldsymbol{\omega}}=\underset{\boldsymbol{\omega}\in\mathbb{R}^{nK}}{\arg\min}\left\{\frac{1}{2K}\|\boldsymbol{\omega}-\boldsymbol{H}\boldsymbol{y}\|_2^2+\tau\Phi(\boldsymbol{\omega})\right\}\ \text{s.t.}\ \boldsymbol{H}^{\mathrm{T}}\boldsymbol{H}\boldsymbol{x}=\boldsymbol{x} \tag{9-61}$$

最后，利用拉格朗日乘子法可将式（9-61）转换为式（9-62）进行求解，即

$$\hat{\boldsymbol{\omega}}=\underset{\boldsymbol{\omega},x,\boldsymbol{\lambda}}{\arg\min}\left\{\frac{1}{2K}\|\boldsymbol{\omega}-\boldsymbol{H}\boldsymbol{y}\|_2^2+\tau\Phi(\boldsymbol{\omega})\right\}+\boldsymbol{\lambda}^{\mathrm{T}}(\boldsymbol{\omega}-\boldsymbol{H}\boldsymbol{x}) \tag{9-62}$$

显然在式（9-62）中有 $\boldsymbol{\omega}$、$\boldsymbol{x}$ 和 $\boldsymbol{\lambda}$ 三个未知参数，因此在求解上述公式的时候可以采

用固定其中两个变量，求解另外一个变量的策略进行最优值的求解，这种算法称为交替迭代求解算法。

首先，由 ω 的定义可知，$\boldsymbol{\lambda}$ 初值可以设置为 0，即式（9-62）转换为式（9-58），可以采用共轭梯度法进行求解，详细求解算法参见高等代数教材。

其次，更新 ω 为上一步的最优解 $\tilde{\omega}$，则式（9-62）转换为式（9-63），即

$$\hat{\boldsymbol{\omega}} = \arg\min_{x,\lambda} \left\{ \frac{1}{2K} \left\| \tilde{\boldsymbol{\omega}} - \boldsymbol{Hx} \right\|_2^2 + \tau \Phi\left(\tilde{\boldsymbol{\omega}}\right) \right\} + \boldsymbol{\lambda}^{\mathrm{T}} \left(\tilde{\boldsymbol{\omega}} - \boldsymbol{Hx} \right) \tag{9-63}$$

可以看到，式（9-62）的形式与文献[10]中最优化模型相似，因此该式可利用文献[10]所展示的快速双变量迭代算法进行求解。这里可以先固定 $\boldsymbol{\lambda}$，求解 $\boldsymbol{x}$。然后，固定 $\boldsymbol{x}$ 求解 $\boldsymbol{\lambda}$，最后再将求得的 $\boldsymbol{\lambda}$ 和 $\boldsymbol{x}$ 代入式（9-62）开始新一轮的迭代，最终得到整个最优化问题的解，详细求解算法见文献[9]。

为总结本小节所提出的用于 SAR 的相干斑噪声抑制模型，图 9-26 给出了基于 NSST 域的 FFDNet 和 CCS 的相干斑噪声抑制算法（简称 FFDNet-CCS）的完整流程。

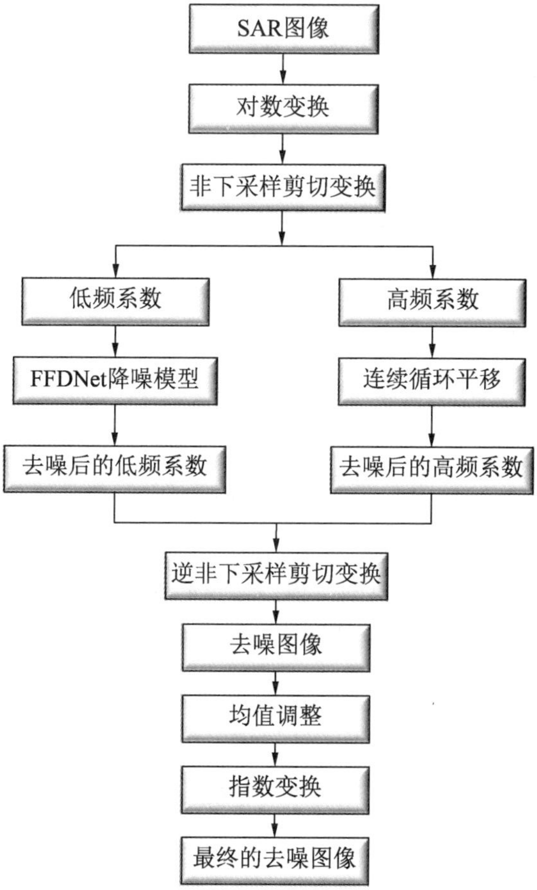

图 9-26　FFDNet-CCS 算法流程

具体步骤如下：

（1）将原始的 SAR 图像进行同态滤波并得到图像 y。

（2）对图像 y 进行 NSST 分解，得到一个低频系数和 k 个高频系数，FFDNet-CCS 算法在 NSST 中采用两层分解的方法，第一层分解为 4 个方向，第二层分解为 8 个方向。

（3）利用低频系数和可调噪声水平图训练深度 CNN 模型，用于增强低频系数。

（4）改进的 CCS 用于增强高频系数。

（5）对去噪后的低频系数和去噪后的高频系数进行 NSST 逆变换得到去噪图像。

（6）为了解决同态滤波噪声的偏差均值问题，在"逆 NSST 变换""指数变换"步骤之间添加一个调整均值漂移的步骤。通过从逆 NSST 得到的去噪图像中减去同态滤波之后相干斑噪声的均值来校正偏差均值。

（7）对步骤（6）中得到的图像进行指数化，最终得到去噪的 SAR 图像。

9.3.4 实验结果与分析

本次实验使用的服务器 CPU 为 Intel（R） Xeon（R） CPU E5-4627 v2，其主频为 3.30GHz，内存为 256GB，操作系统为 Windows Server 2008 R2 Enterprise，实验平台为 MATLAB R2014b，使用的 CNN 工具箱为 MatConvnet，GPU 平台为 Nvidia Titan X Quadro K6000。

为了验证 FFDNet-CCS 算法的性能，将其与其他先进算法进行比较，这些算法包括：基于贝叶斯阈值收缩和稀疏表示的 Shearlet 域去噪算法（简称 BSS-SR）[4]；基于连续循环平移理论和稀疏表示的 Shearlet 域的去噪算法（简称 CS-BSR）[6]；用于抑制相干斑噪声的基于小波域的非局部相干斑噪声抑制算法（简称 SAR-BM3D）[5]；用于抑制 SAR 图像相干斑噪声的基于概率块权重的迭代加权最大似然去噪算法（简称 PPB）[7]；基于快速灵活 CNN 的去噪算法（简称 FFDNet）[9]；基于深度降噪器先验的 CNN 降噪（简称 IRCNN）[1]；用于消除 SAR 图像噪声的基于 CNN 与向导滤波的算法（简称 CNN-GFF）[10]。所有用于比较算法的参数与相应参考文献中提出的参数相同，源代码是从所对比的算法作者的个人网站上下载的。

为了训练用于低频系数去噪的 CNN 模型，我们使用干净图像和噪声图像作为训练输入-输出对 $\left\{\left(y_i,M_i;x_i\right)\right\}_{i=1}^{N}$，其中，$x_i$ 是干净图像，y_i 是在 x_i 上添加相干斑噪声的噪声图像，M_i 是相干斑噪声水平图。然后，对 x_i 和 y_i 进行 NSST 分解，得到干净图像和噪声图像的低频系数训练数据对 $\left\{\left(S_{yi},M_i;S_{xi}\right)\right\}_{i=1}^{N}$。训练数据集采用来自 Berkeley Segmentation Dataset 的 400 幅图像，并从每幅图像中裁剪尺寸大小为 180×180 的区域，采用基于旋转和翻转的方法增强模型训练效果。

在进行模型训练时，将 $\left\{\left(S_{yi},M_i;S_{xi}\right)\right\}_{i=1}^{N}$ 作为 CNN 的输入进行训练。在训练期间，图

像块尺寸应该大于网络的感受野，因此把灰度图像块的尺寸设置为 70×70。在进行模型训练时采用的损失函数如下：

$$L(\Theta)=\frac{1}{2N}\sum_{i=1}^{N}\left\|F\left(S_{yi},M_i;\Theta\right)-S_{xi}\right\|^2 \tag{9-64}$$

本章采用基于一阶梯度的随机目标函数优化的 ADAM 算法对 FFDNet 的性能进行优化。

1. 消融实验

为了更好地说明 FFDNet-CCS 算法的优势，本小节对低频采用 CNN 进行去噪，对高频分别采用 CCS 和 CNN 进行去噪。图 9-27 为消融实验的视觉效果图。图 9-27（a）为对 NSST 低频和高频都采用 CNN 进行去噪的图像，图 9-27（b）为对 NSST 低频进行 CNN 去噪，对高频进行 CCS 去噪的图像。

（a）　　　　　　　　（b）

图 9-27　消融实验

（a）CNN；（b）CNN+CCS

由图 9-27 可知，对低频系数和高频系数均采用 CNN 去噪时，去噪后的图像出现了严重的人造纹理，犹如在手机显示屏上贴了一层磨砂膜，而利用 CCS 对高频系数进行去噪的图像视觉效果更好。

2. 模拟图像实验

为了验证 FFDNet-CCS 算法的有效性，本次实验首先在模拟 SAR 图像上进行去噪性能测试。图 9-28 给出了模拟 SAR 图像的测试集，图 9-28（a）是尺寸为 256×256 的干净 SAR 图像，图 9-28（b）、图 9-28（c）、图 9-28（e）和图 9-28（d）分别是添加视数为 1、3、5 和 10 的乘性噪声所得到的噪声图像。

图 9-29 为当视数为 5 时的图像去噪效果对比。由图 9-29（a）可以看出，BSS-SR 算法模糊了图像中房屋和草坪的边缘信息，导致图像的视觉效果比较差。由图 9-29（b）可知，CS-BSR 算法虽然有效抑制了相干斑噪声，但是去噪后的图像出现了块状效应，使其视觉效果很差。图 9-29（c）显示 SAR-BM3D 算法虽然有效地消除了相干斑噪声，但图像

中的房屋出现了过平滑现象且草坪中的小路在去噪过程中被擦除。图 9-29（d）显示 PPB 算法有效地抑制了相干斑噪声，但去除了图像中房屋和花坛的边缘信息，同时草坪中的小路也在去噪过程中被擦除。在图 9-29（e）中，虽然 CNN-GFF 算法对噪声抑制的效果较好，同时很好地保留了图像的边缘和细节，但是在去噪后的图像中仍残余较多噪声，图像中花坛的边缘信息无法很好地进行展示。由图 9-29（f）和图 9-29（g）可知，虽然 IRCNN 和 FFDNet 算法可以有效地抑制相干斑噪声，但是丢失了草坪中小路的部分细节信息。由图 9-29（h）可知，FFDNet-CCS 算法比其他 7 种算法具有更好的视觉效果，可以更好地抑制相干斑噪声并保留图像的边缘信息。

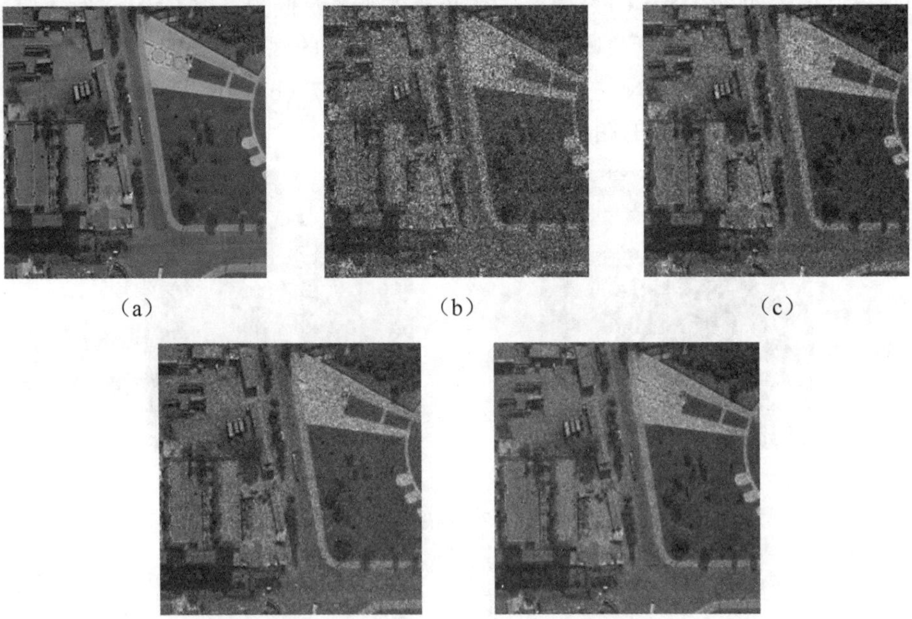

（a）（b）（c）（d）（e）

图 9-28　干净 SAR 图像与噪声 SAR 图像

（a）干净图像；（b）视数 L=1；（c）视数 L=3；（d）视数 L=5；（e）视数 L=10

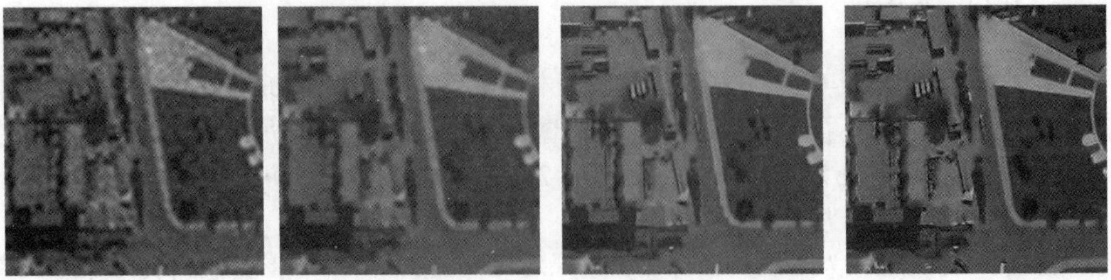

（a）（b）（c）（d）

图 9-29　模拟 SAR 图像相干斑噪声去噪效果对比

（a）BSS-SR 算法；（b）CS-BSR 算法；（c）SAR-BM3D 算法；（d）PPB 算法

（e）　　（f）　　（g）　　（h）

图 9-29　模拟 SAR 图像相干斑噪声去噪效果对比（续）

（e）CNN-GFF 算法；（f）IRCNN 算法；（g）FFDNet 算法；（h）FFDNet-CCS 算法

表 9-9 为对 8 种去噪算法的 4 个客观评价指标的结果，其中最好的用黑体标出，次好的用灰色加粗标出。

表 9-9　模拟相干斑噪声的不同去噪算法的客观评价指标

等效视数	去噪算法	PSNR	SSIM	ENL	时间/s
1	BSS-SR	27.2156	0.5260	**6.2077**	1.7506
	CS-BSR	**27.2424**	0.5333	6.0163	**0.6327**
	SAR-BM3D	26.8259	**0.6101**	6.3052	28.9952
	PPB	27.0735	0.3154	4.1364	28.2902
	CNN-GFF	26.8614	0.2441	2.3126	6.1974
	IRCNN	26.9203	0.3148	2.9695	1.9766
	FFDNet	26.9243	0.3161	2.9410	1.5779
	FFDNet-CCS	**27.5505**	**0.6281**	**6.4625**	**1.2296**
3	BSS-SR	29.90706	0.5906	6.6365	1.8949
	CS-BSR	29.1354	0.5679	6.8253	**0.5999**
	SAR-BM3D	29.1158	0.6100	**6.9049**	28.4345
	PPB	28.9932	0.6033	6.1015	27.3380
	CNN-GFF	28.2939	0.4448	4.1584	6.0049
	IRCNN	**29.1991**	0.6150	5.7451	2.2848
	FFDNet	29.1958	**0.6156**	5.7332	1.5265
	FFDNet-CCS	**29.3311**	**0.6168**	**6.9589**	**1.3799**
5	BSS-SR	30.2646	0.6060	6.3033	1.8632
	CS-BSR	30.3454	0.5747	6.6426	**0.4635**
	SAR-BM3D	30.4294	0.6721	**6.7802**	27.9666
	PPB	30.6551	0.7010	6.2622	26.9181
	CNN-GFF	29.2321	0.5568	4.9651	6.0185
	IRCNN	**30.6833**	**0.7216**	6.6644	1.8818

续表

等效视数	去噪算法	PSNR	SSIM	ENL	时间/s
5	FFDNet	30.6692	0.7203	6.6509	1.9163
	FFDNet-CCS	**30.7872**	**0.7258**	**6.8038**	**1.3824**
10	BSS-SR	30.9679	0.6216	7.0384	2.3294
	CS-BSR	30.7959	0.5790	7.1490	**0.4893**
	SAR-BM3D	31.6956	0.6953	7.3505	29.5224
	PPB	31.9075	0.7038	**7.3836**	27.5512
	CNN-GFF	30.8371	0.7114	5.8120	5.5970
	IRCNN	**31.9384**	**0.7670**	6.9867	2.2169
	FFDNet	31.7116	0.7416	7.1001	1.2829
	FFDNet-CCS	**32.0865**	**0.7672**	**7.4398**	**1.2715**

由表 9-9 可知，FFDNet-CCS 算法具有更高的 PSNR、SSIM 和 ENL，这表明它可以更有效地去除相干斑噪声，同时保留图像的细节和边缘信息，去噪后的图像与原图像的相似程度更高。另外，FFDNet-CCS 算法需要的时间比 FFDNet 更短，一方面由于该算法对图像进行了稀疏表示，可以加速图像去噪的过程；另一方面，对高频图像采用 CCS 算法进行去噪，需要的时间更短。但 FFDNet-CCS 算法比 CS-BSR 算法的运行时间更长，这是因为该算法需要学习用于去噪的降噪模型。

表 9-10 和表 9-11 为 FFDNet-CCS 算法在公开的 SAR 基准数据集[11]上的评价结果，该数据集可以从 http://www.grip.unina.it/上下载。在这个数据集中有 5 种不同类型的模拟 SAR 图像，分别为 Homogeneous、DEM、Squares、Corner 和 Building。为了公平比较 8 种先进的去噪算法，我们在单视（L=1）模拟 SAR 图像上使用文献[12]所提出的特定指标对去噪效果进行评价。为了便于比较，用黑体标出各个指标中最好的值，用灰色加粗标出各个指标中次好的值。

表 9-10　8 种算法在公开SAR基准数据集上的整体评价结果

去噪算法	Homogeneous			Squares		
	MoR	VoR	ENL	ES_up	ES_down	FOM
BSS-SR	0.8051	0.7986	9.5436	0.0424	0.2136	0.7923
CS-BSR	0.8624	0.8071	9.8573	0.0439	0.2185	0.7914
SAR-BM3D	0.9062	0.8142	8.0531	0.1617	0.4646	0.7762
PPB	**0.9223**	**0.8623**	8.3601	0.3410	0.7683	0.7184
CNN-GFF	0.9114	0.8442	10.8921	0.0461	0.3873	0.7564
IRCNN	0.7094	1.9371	10.1132	**0.0153**	0.5821	0.7671
FFDNet	0.6913	24.1221	**11.0821**	0.0214	**0.1912**	**0.8031**
FFDNet-CCS	**0.9294**	**0.9123**	**11.4121**	**0.0134**	**0.1873**	**0.8159**

表 9-11　在公开SAR基准数据集上的整体评价结果

去噪算法	DEM		Corner		Building	
	C_x Reference (2.40)	DG	C_{NN} Reference (7.75)	C_{BG} Reference (35.56)	C_{DR} Reference (65.90)	BS
BSS-SR	1.7635	1.0737	4.5146	31.0221	63.5531	45.1033
CS-BSR	1.7509	2.0603	4.5628	31.1218	63.5645	44.6806
SAR-BM3D	2.6348	2.3168	**7.4256**	**35.1979**	**64.8747**	**3.3072**
PPB	2.7138	2.1841	4.7831	32.4542	63.5315	7.5852
CNN-GFF	3.1203	3.0818	3.6344	24.8811	50.7036	27.7674
IRCNN	**2.6141**	**3.2708**	6.8887	29.2013	55.8854	3.9813
FFDNet	1.7545	2.5438	6.1020	11.8288	46.3984	23.3127
FFDNet-CCS	**2.2395**	**3.5644**	**7.5118**	**35.6018**	**64.8853**	**2.8128**

由表 9-10 可知，与其他算法相比，FFDNet-CCS 算法获得了最好的去噪客观评价指标，这也说明该算法具有很好的去噪性能。

为了更好地展现本章所提算法的去噪性能，如图 9-30 所示为不同去噪算法在 Squares 图像上的去噪效果，图 9-31 为与参考图像的 EPs 曲线（图中的细曲线）相比，8 种去噪算法得到的 EPs 曲线（图中的粗曲线）。

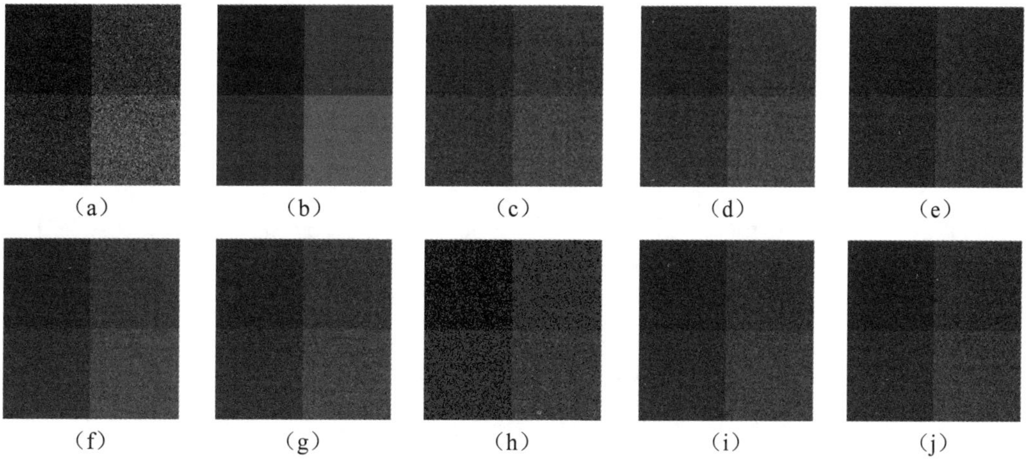

图 9-30　Squares 图像去噪结果

（a）单视图像；（b）参考图像；（c）BSS-SR 算法；（d）CS-BSR 算法；（e）SAR-BM3D 算法；（f）PPB 算法；（g）CNN-GFF 算法；（h）IRCNN 算法；（i）FFDNet 算法；（j）FFDNet-CCS 算法

由图 9-30 可知，使用 BSS-SR 和 CS-BSR 算法去噪后的图像轮廓变得模糊。虽然 SAR-BM3D 算法能够有效地抑制相干斑噪声，但是出现了严重的过平滑现象。PPB 算法可以较好地抑制相干斑噪声，但去噪后的图像出现了伪影现象。CNN-GFF 算法不能有效去除相干斑噪声，而且去噪后的图像出现了黑色的点。使用 IRCNN 和 FFDNet 算法去噪后的图像仍然有一些残余噪声，我们所提出的算法不仅有效地抑制了相干斑噪声，并且很好地保留了图像的细节信息。

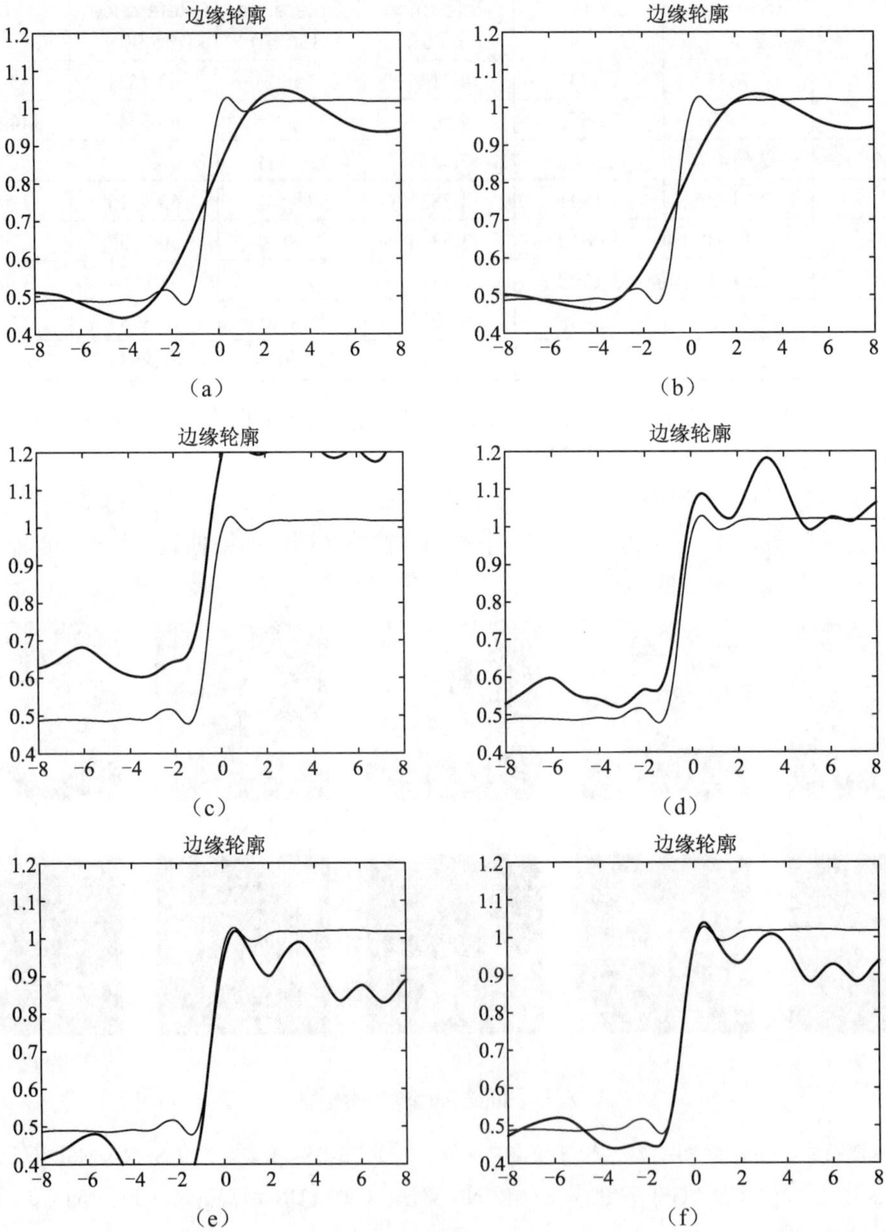

图 9-31　8 种不同去噪算法获得的 EPs 曲线

（a）BSS-SR 算法；（b）CS-BSR 算法；（c）SAR-BM3D 算法；（d）PPB 算法；
（e）CNN-GFF 算法；（f）IRCNN 算法

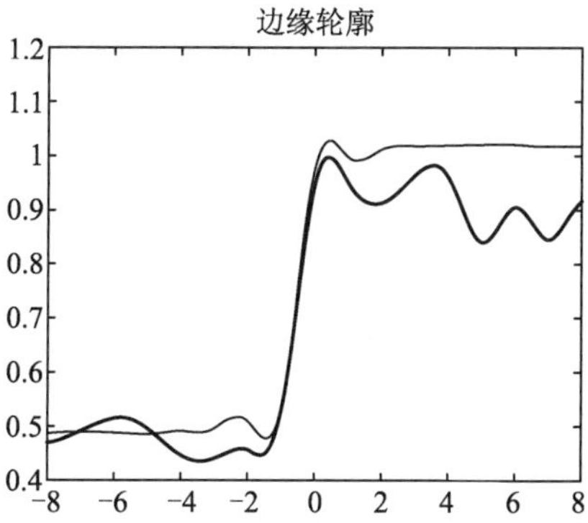

（g）

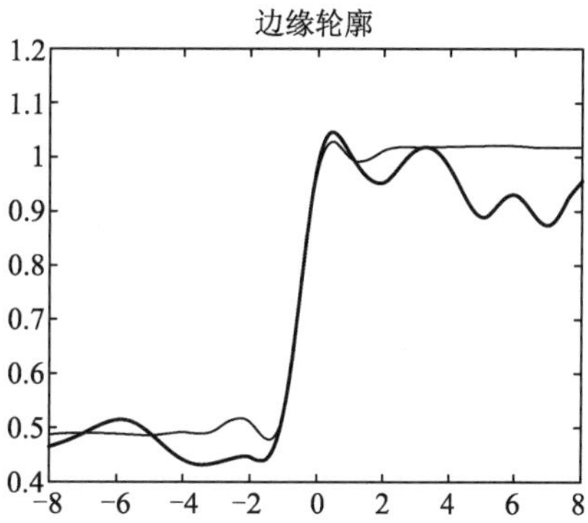

（h）

图 9-31　8 种不同去噪算法获得的 EPs 曲线（续）

（g）FFDNet 算法；（h）FFDNet-CCS 算法

由图 9-31 可知，使用 BSS-SR 和 CS-BSR 算法得到的 EPs 曲线仅在某处与参考图像保持一致。使用 SAR-BM3D 算法的 EPs 曲线与参考图像偏离较大。使用 PPB 算法的 EPs 曲线仅在[-1,0]内与参考图像保持一致。使用 CNN-GFF、IRCNN、FFDNet 和 FFDNet-CCS 算法的 EPs 曲线在[-2,0]内与参考图像保持一致，然而前面 3 个算法的曲线与参考曲线的偏离较大。FFDNet-CCS 算法的偏离较小，能够更好地保留图像的边缘信息。

3. 真实的图像实验

为了进一步说明本章所提算法的有效性，本次在真实的 SAR 图像上进行实验。如图 9-32 是针对 4 种不同场景拍摄的 4 幅真实的 SAR 图像，分别是在英国东南部尺寸为 256×256 的 2 视数 X 波段幅度的 SAR 图像（Bedfordshire），见图 9-32（a），由桑迪亚国家实验室的机载系统得到的尺寸为 256×256 的三视数幅度图像，见图 9-32（b），在新墨西哥州阿尔伯克基附近的赛马场上，分辨率为 1m，尺寸为 256×256 的四视 Ku 波段振幅 SAR 图像，见图 9-32（c）和来自 Kilauea 的尺寸为 512×512 的 2 视幅度 SAR 图像，见图 9-32（d）。将这 4 幅图像命名为 sar1、sar2、sar3 和 sar4。图 9-33 至图 9-36 为相干斑噪声抑制后的 4 幅图像的性能。

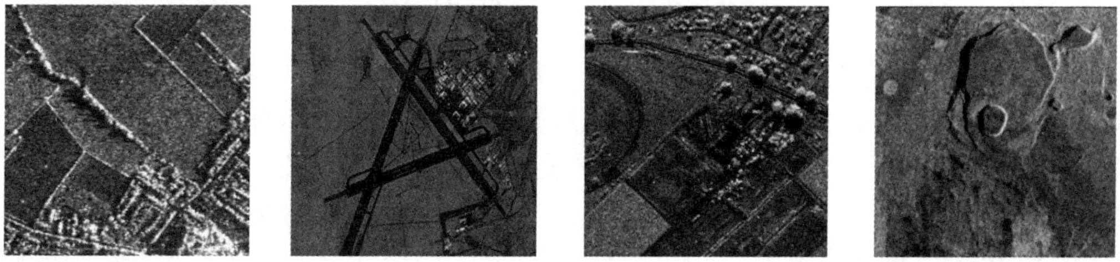

（a）　（b）　（c）　（d）

图 9-32　真实 SAR 图像

（a）sar1；（b）sar2；（c）sar3；（d）sar4

图 9-33 为利用各种去噪算法对 sar1 进行相干斑噪声抑制后的图像。选择图像的局部区域计算 UM 值，然后选择区域使用方框进行标记并将其放大用于比较。图 9-33（a）和图 9-33（b）表明使用 BSS-SR 算法去噪后的图像边缘和细节变得模糊，而使用 CS-BSR 算法去噪图像模糊了部分细节，并且引入了块状效应。图 9-33（c）和图 9-33（d）表明，使用 SAR-BM3D 和 PPB 算法虽然有效地抑制了相干斑噪声，但是去噪后的图像出现了过平滑现象，使得图像的边缘更加模糊。如图 9-33（e）、图 9-33（f）和图 9-33（g）所示，使用 CNN-GFF、IRCNN 与 FFDNet 算法虽然很好地保留了图像的边缘和纹理，但是仍有一些残余的相干斑噪声。图 9-33（h）为 FFDNet-CCS 算法的结果，可以发现，该算法较好地保留了图像边缘和细节信息，同时有效地抑制了块状效应的产生。

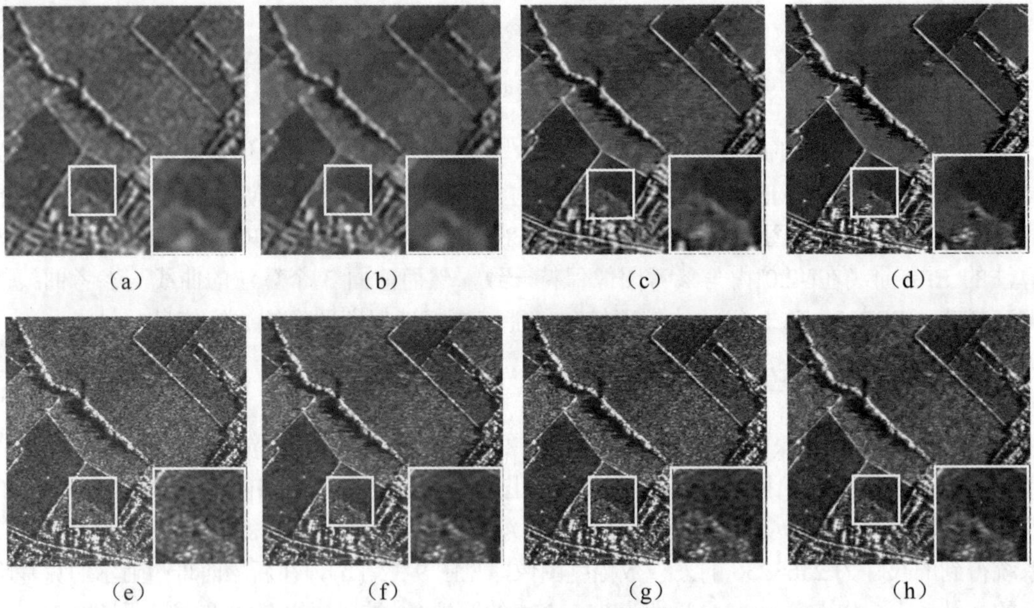

图 9-33　在真实的 SAR 图像 sar1 上的性能比较结果

（a）BSS-SR 算法；（b）CS-BSR 算法；（c）SAR-BM3D 算法；（d）PPB 算法；
（e）CNN-GFF 算法；（f）IRCNN 算法；（g）FFDNet 算法；（h）FFDNet-CCS 算法

表 9-12 为各个去噪算法在 sar1 上的 5 个质量评价指标结果。由表 9-11 可知，FFDNet-CCS 算法的 UM 值最小，表明该算法具有最好的相干斑噪声抑制综合性能。另外，与其他算法相比，FFDNet-CCS 算法的 ENL 值最高，同时 MoR 值最接近 1，说明在比率图像中包含的相干斑噪声更多，FFDNet-CCS 算法的相干斑噪声抑制能力更强，沿着水平和垂直方向的 EPD_ROA 最接近 1，表明 FFDNet-CCS 算法具有最好的辐射保留性能和最强的边缘保留能力。此外，FFDNet-CCS 算法的运行时间仅比 CS-BSSR 算法长，比其他算法短，这意味着该算法具有较低的计算复杂度。

表 9-12　图像sar1 的不同去噪算法的客观评价指标值

去噪算法	ENL	UM	MoR	EPD_ROA		时间/s
				HD	VD	
BSS-SR	4.4079	97.0955	0.9839	0.4763	0.6459	2.9997
CS-BSSR	5.1870	94.1465	0.9813	0.3385	0.4821	**0.7931**
SAR-BM3D	4.9700	96.3205	0.9464	0.5805	0.5292	31.3665
PPB	4.9700	94.9313	0.9527	0.5744	0.5016	28.8118
CNN-GFF	4.0854	3420.8	0.9759	0.7881	0.7835	6.1171
IRCNN	4.8984	96.1634	0.9706	0.8013	0.7718	4.3780
FFDNet	4.9624	222.1988	0.9803	0.8046	0.7874	1.6371
FFDNet-CCS	**5.3076**	**93.3415**	**0.9852**	**0.8166**	**0.7924**	1.4452

图 9-34 至图 9-36 为另外 3 幅图像的相干斑噪声抑制效果图，这些相干斑噪声抑制的效果与 sar1 的噪声抑制结果相似。与其他去噪算法相比，FFDNet-CCS 算法可以更好地保留细节信息如图像边缘，能够保证去噪图像结构的整体性并抑制块效应和伪影的出现。

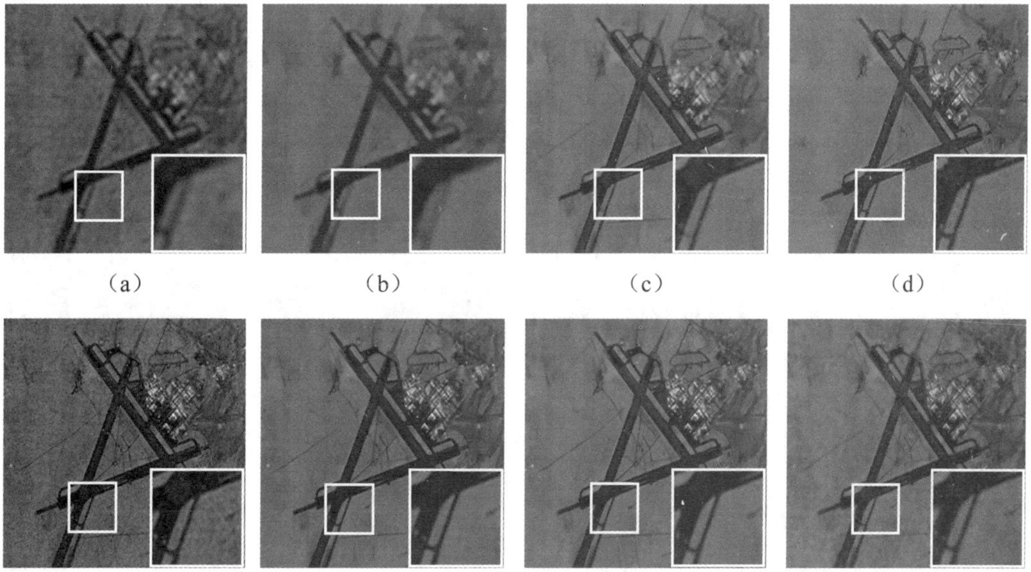

（a）　（b）　（c）　（d）

（e）　（f）　（g）　（h）

图 9-34　在真实的 SAR 图像 sar2 上的性能比较结果

（a）BSS-SR 算法；（b）CS-BSR 算法；（c）SAR-BM3D 算法；（d）PPB 算法；
（e）CNN-GFF 算法；（f）IRCNN 算法；（g）FFDNet 算法；（h）FFDNet-CCS 算法

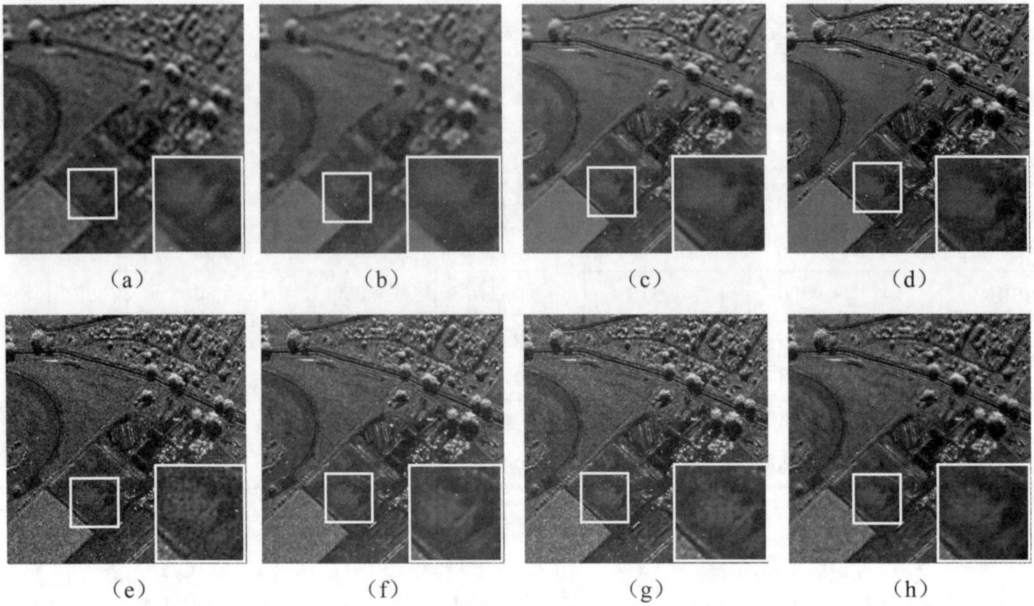

图 9-35　在真实的 SAR 图像 sar3 上的性能比较结果

(a) BSS-SR 算法；(b) CS-BSR 算法；(c) SAR-BM3D 算法；(d) PPB 算法；
(e) CNN-GFF 算法；(f) IRCNN 算法；(g) FFDNet 算法；(h) FFDNet-CCS 算法

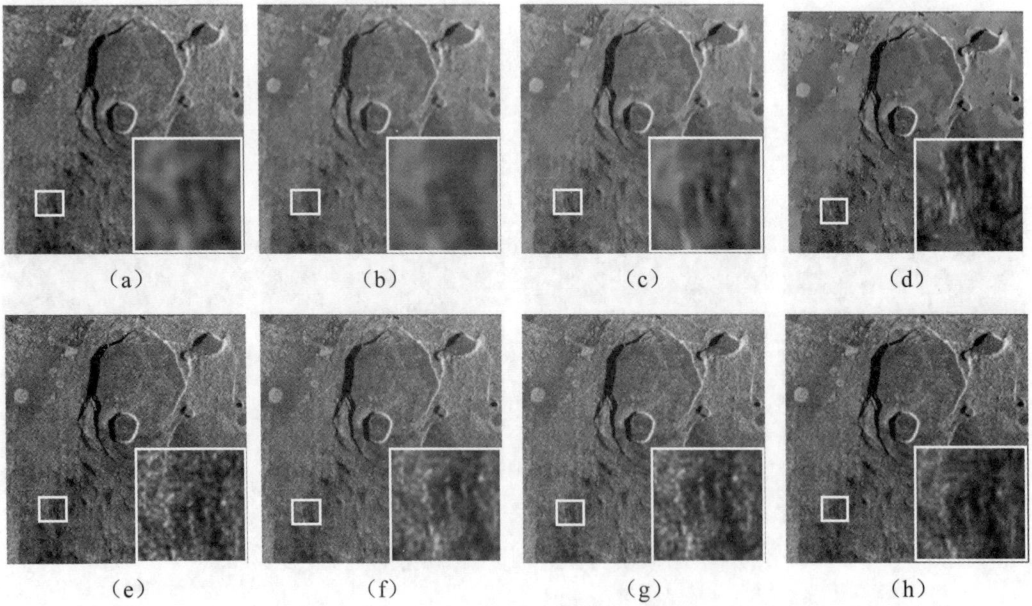

图 9-36　在真实的 SAR 图像 sar4 上的性能比较结果

(a) BSS-SR 算法；(b) CS-BSR 算法；(c) SAR-BM3D 算法；(d) PPB 算法；
(e) CNN-GFF 算法；(f) IRCNN 算法；(g) FFDNet 算法；(h) FFDNet-CCS 算法

表 9-13 至表 9-15 分别给出了 sar2、sar3 和 sar4 的相干斑噪声抑制结果。由表 9-13 至表 9-15 可以得到以下列结论：

首先，FFDNet-CCS 算法的 UM 值是最小的，这表明该算法具有最好的整体噪声抑制性能。

其次，在所有去噪算法中，FFDNet-CCS 算法得到了最好的 ENL 值。

最后，FFDNet-CCS 算法的 MoR 值更接近 1，这表明比率图像中的相干斑噪声更多，同时沿着水平和垂直方向的 EPD_ROA 更接近 1，这表明该算法的辐射保留性能和边缘保留能力最好，因此 FFDNet-CCS 算法具有更强的噪声抑制能力，并且可以很好地保留原始噪声图像的边缘信息。

表 9-13　图像sar2 的不同去噪算法的客观评价指标值

去噪算法	ENL	UM	MoR	EPD_ROA		时间/s
				HD	VD	
BSS-SR	6.5498	51.5728	0.8760	0.7050	0.6753	3.4688
CS-BSR	7.0535	53.4206	0.9792	0.5565	0.5081	**0.4659**
SAR-BM3D	6.2771	79.1608	0.9541	0.7411	0.7249	31.4819
PPB	7.0206	82.1540	0.9626	0.7296	0.7201	29.1986
CNN-GFF	5.8464	199.9934	0.9772	0.7681	0.7455	7.8852
IRCNN	6.7507	50.9886	0.9857	0.7316	0.7632	2.1754
FFDNet	7.0186	50.1246	0.9835	0.7358	0.7591	1.6564
FFDNet-CCS	**7.1445**	**48.9166**	**0.9917**	**0.7751**	**0.7638**	1.3116

表 9-14　图像sar3 的不同去噪算法的客观评价指标值

去噪算法	ENL	UM	MoR	EPD_ROA		时间/s
				HD	VD	
BSS-SR	3.4888	69.3165	0.8762	0.6515	0.5644	2.4609
CS-BSR	3.5450	69.1891	0.9743	0.5049	0.4136	**0.4713**
SAR-BM3D	3.1057	69.8126	0.9017	0.7462	0.5254	31.7002
PPB	3.0170	81.1955	0.9728	0.7704	0.6258	29.3744
CNN-GFF	2.6489	385.9755	0.9757	0.8395	0.7560	7.2202
IRCNN	3.2818	69.4630	0.9735	0.8255	0.7548	3.4918
FFDNet	3.3042	67.0258	0.9644	0.8124	0.7569	1.6326
FFDNet-CCS	**3.6082**	**65.8058**	**0.9879**	**0.8408**	**0.7605**	1.4464

表 9-15　图像sar4 的不同去噪算法的客观评价指标值

去噪算法	ENL	UM	MoR	EPD_ROA		时间/s
				HD	VD	
BSS-SR	5.3307	97.8160	1.1087	0.5429	0.4934	6.2673
CS-BSR	5.7249	96.3601	1.1378	0.3113	0.2492	**1.5794**
SAR-BM3D	5.4363	96.2195	0.8877	0.5328	0.3409	124.4221
PPB	5.9288	99.0746	0.9193	0.5031	0.3432	98.4284
CNN-GFF	4.4093	570.6035	0.9089	0.7926	0.7523	25.9966
IRCNN	5.7789	99.7754	0.9229	0.8496	0.7314	5.8396
FFDNet	5.7700	99.0427	0.9027	0.8433	0.7307	5.6023
FFDNet-CCS	**6.1858**	**95.6251**	**0.9544**	**0.8502**	**0.7737**	5.4429

为了说明 FFDNet-CCS 算法的健壮性，随机从 Sentinel-1 数据库中选择 200 幅 SAR 图像对上述 8 种去噪算法进行测试，Sentinel-1 传感器包含两个极化卫星，并且配有 C 波段传感器，这能保证传感器在不受天气影响的条件下可以获取图像，其工作模式是预先编程，如图 9-37 所示为不同去噪算法的 6 种客观评价指标的平均值。

与另外 7 种去噪算法相比，FFDNet-CCS 去噪算法的客观评价性能更优。FFDNet-CCS 算法的 UM 值最低，这表明该算法的综合噪声抑制性能最好，另外，该算法具有更高的 ENL。与其他算法相比，FFDNet-CCS 算法得到的 MoR 值更接近 1，这表明该算法去除的相干斑噪声更多，EPD_ROA 值更接近 1 表明该算法的辐射保留能力和边缘保留能力最好。此外，FFDNet-CCS 算法比大多数算法的运行时间更短，这表明其计算复杂度更低。

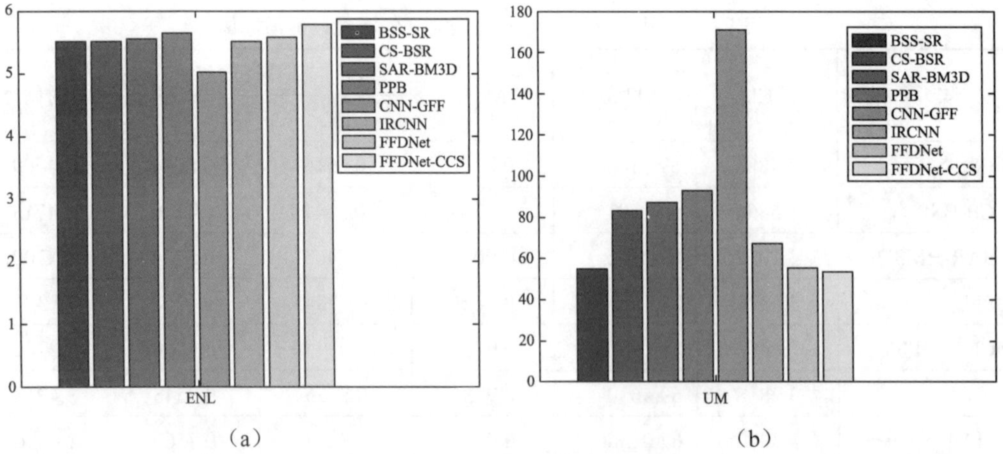

图 9-37　各种去噪算法在 Sentinel-1 数据库上进行图像去噪后获得的平均客观评价值

（a）ENL；（b）UM

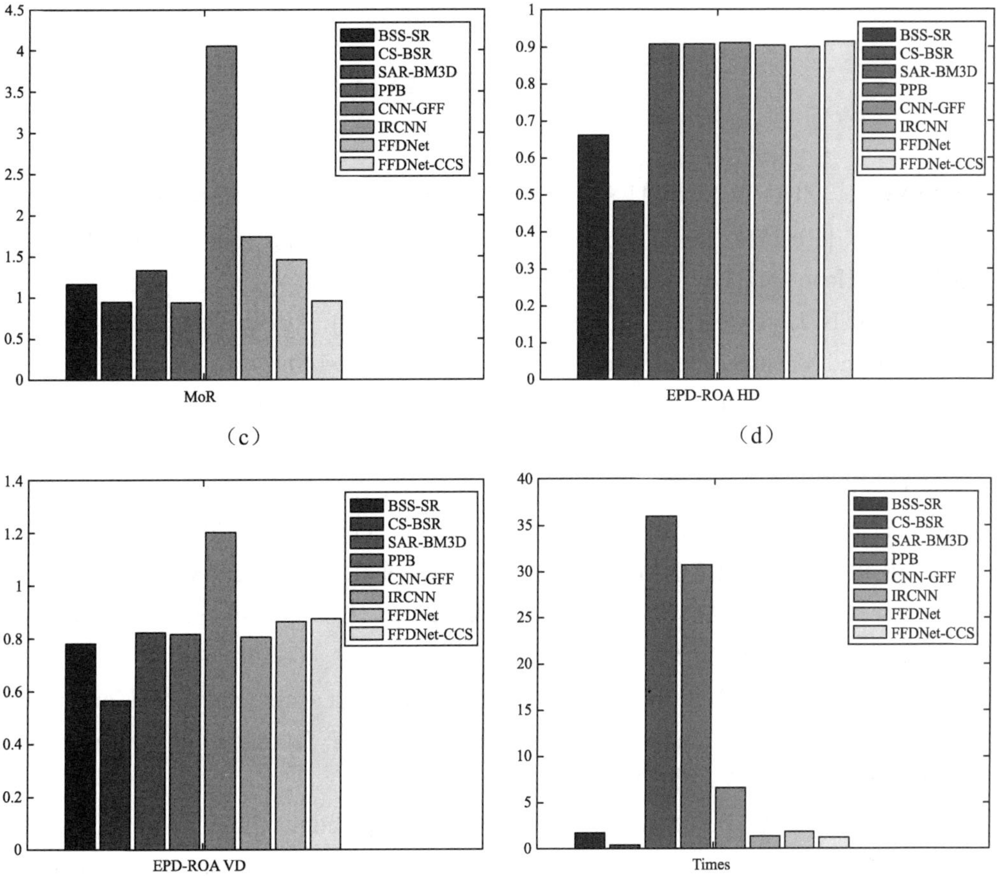

（c）　（d）

（e）EPD_ROA_VD　（f）

图 9-37　各种去噪算法在 Sentinel-1 数据库上进行图像去噪后获得的平均客观评价值（续）

（c）MoR；（d）EPD_ROA_HD；（e）EPD_ROA_VD；（f）Times

通过对模拟、基准数据集和真实相干成像图像进行相干斑噪声抑制的研究表明，FFDNet-CCS 算法具有较强的相干斑噪声抑制能力，并且具有更好的细节信息和边缘保留能力，因此是一种比较好的相干斑噪声抑制算法。

9.4 本章小结

本章提出了基于 CNN 和向导滤波融合的 SAR 图像去噪算法、基于 FFDNet 去噪模型的 SAR 图像盲去噪算法和基于混合域的相干斑噪声抑制算法，实验结果表明这些算法不仅可以有效地抑制相干斑噪声，而且可以最大程度地保留图像的细节和边缘信息，同时还能抑制块状效应和伪影的产生。

参 考 文 献

[1] ZHANG K，ZUO W M，GU S H，et al. Learning deep CNN denoiser prior for image restoration [C]//2017 IEEE Conference on Computer Vision and Pattern Recognition (CVPR). Honolulu，HI，USA：IEEE，2017：2808-2817.

[2] HE K，SUN J，TANG X. Guided Image Filtering [J]. IEEE Transactions on Pattern Analysis and Machine Intelligence，2013，35(6)：1397-1409.

[3] LI S，KANG X，HU J. Image Fusion with Guided Filtering [J]. IEEE Transactions on Image Processing，2013，22(7)：2864-2875.

[4] LIU S，HU S，XIAO Y. Bayesian shearlet shrinkage for SAR image de-noising via sparse representation [J]. Multidimensional Systems and Signal Processing，2014，25(4)：683-701.

[5] PARRILLI S，PODERICO M，ANGELINO C V，et al. A nonlocal SAR image denoising algorithm based on LLMMSE wavelet shrinkage [J]. IEEE Transactions on Geoscience & Remote Sensing，2012，50(2)：606-616.

[6] LIU S，LIU M，LI P，et al. SAR image denoising via sparse representation in shearlet domain based on continuous cycle spinning [J]. IEEE Transactions on Geoscience & Remote Sensing, 2017，55(5)：2985-2992.

[7] DELEDALLE C A，DENIS L，TUPIN F. Iterative weighted maximum likelihood denoising with probabilistic patch-based weights [J]. IEEE Transactions on Image Processing，2009，18(12)：2661-2672.

[8] FANG J，LIU S，XIAO Y，et al. SAR image de-noising based on texture strength and weighted nuclear norm minimization [J]. Journal of Systems Engineering & Electronics，2016，27(4)：807-814.

[9] ZHANG K，ZUO W，CHEN Y，et al. Beyond a Gaussian denoiser：residual learning of deep CNN for image denoising [J]. IEEE Transactions on Image Processing，2017，26(7)：3142-3155.

[10] LIU S，LIU T，GAO L，et al. Convolutional neural network and guided filtering for SAR image denoising [J]. Remote Sensing，2019，11(6)：702-720.

[11] GERARDO，DI，MARTINO，et al. Benchmarking Framework for SAR Despeckling [J]. IEEE Transactions on Geoscience and Remote Sensing，2013，52(3)：1596-1615.

[12] HAYKIN S S，PRÍNCIPE J C，MCWHIRTER J. New directions in statistical signal processing：from systems to brain [M]. Cambridge，Massachusetts London，England：The MIT Press，2007.

[13] ZORAN D，WEISS Y. Scale invariance and noise in natural images[C]. Kyoto：ICCV 2009，IEEE Press，2009：2209-2216.

第 10 章　基于移不变二维混合变换的机场雷达成像噪声抑制

机场跑道异物（Foreign object debris，FOD）对航空器的起飞和着陆构成严重的安全威胁。目前，国外已有两种机场跑道异物检测系统研制成功：视频检测系统与雷达检测系统。基于视频的检测系统成本低，容易实现，但是很容易受光照和天气的影响。而基于雷达的检测系统则可以有效地克服视频检测系统的缺点，具有全天候的检测能力，可随时有效地对跑道异物进行检测。

大多数机场采用机场跑道侧装或机场两端高架毫米波雷达进行机场跑道 FOD 监测。毫米波雷达作为现代雷达技术的一个重要组成部分，其高分辨率的探测能力可以精确检测到跑道路面上的微小异物。虽然基于机场雷达成像的 FOD 检测具有种种优点，但是在毫米波雷达成像的过程中，与其他雷达成像一样不可避免地受到散射杂波和相干斑噪声的影响，严重地干扰了 FOD 的检测结果[1]。为了叙述方便，本章统称干扰成像质量的随机变量为噪声，由于距离和时间维的分布不同，现有的方法很难将这些噪声去除干净，为此西安电子科技大学左磊教授提出了一种基于距离-时间二维的雷达图像噪声抑制算法，受此启发，在文献[2]中，作者提出了一种基于距离-时间维的去噪算法来去除机场雷达图像噪声。

传统的雷达噪声的抑制分为成像前噪声抑制和成像后噪声抑制两种类型，一般都是成像后去噪。成像后去噪又分为空域去噪和变换域去噪。常用的空域去噪有 Lee 滤波去噪，常用的变换域去噪是小波域去噪。由于计算机的速度远远落后于 DSP 的计算速度，因此采用成像后去噪方式大大地增加了图像处理的计算时间，从而导致其无法应用到对处理时间要求比较严格的工程实践中。一般来说，变换域的去噪方法比空域的去噪方法更有优势，而传统的 DFT 或者离散小波变换（DWT）去噪时没有考虑被去除噪声只分布在某一维或者在不同维上的分布不同的情况。因此，文献[3]的作者提出了一种结合 DFT 和 DWT 混合变换——2-D DFT-DWT，该变换可以应用于不同维度，进行不同分布的噪声去噪。在文献[3]中，作者将其应用到超声成像去噪中并取得了很好的效果。文献[4]的作者则将其应用到雷达图像去噪中。由于在雷达成像过程中距离维与时间维噪声的分布不同，因此文献[4]的作者提出了一种利用 DFT 域阈值收缩进行距离维去噪，再利用离散小波变换（DWT）硬阈值去噪的算法，该算法取得了很好的实验效果。但是，由于该算法使用的 DWT 缺少移不变性，导致去噪后的图像存在伪吉布斯现象，影响了去噪的效果，而且该算法虽然原理上可以在成像前使用，但是其在去噪过程中依旧是在成像后进行的，也存在计算量偏大的问题。

针对上述问题，在文献[2]中，作者利用第 3.3 节的移不变二维混合变换提出了一种新的机场雷达图像成像前去噪算法，具体是使用 DFT 域维纳滤波进行距离维去噪，然后使用移不变性的 HWT 变换对时间维进行自适应滤波去噪。由于在雷达成像的距离压缩中会使用 DFT 变换，因此对距离维的去噪可以在距离压缩中进行，而在时间维上则可以逐段运行 HWT 自适应滤波进行去噪，从而减少整个去噪过程的计算时间。

10.1 机场雷达图像去噪

本节将在移不变混合变换的基础上，提出一种机场雷达成像前的去噪算法。在介绍本节算法之前，首先介绍一下傅里叶域和小波域的去噪算法。在傅里叶域中常用的去噪算法为维纳滤波去噪。维纳滤波以均方误差最小为准则，可以在傅里叶变换域去除信号中的窄带噪声。维纳滤波实质是通过当前和过去的观察值来估计信号的当前值，因此维纳滤波器又常常被称为以最小均方误差为准则的最佳线性预测或估计。维纳滤波的过程就是求解维纳-霍夫方程的过程，具体的滤波系数可以在布置完雷达以后通过实验获得。

小波域的去噪算法种类繁多，总结起来就是想方设法寻找一种最优的途径来修改小波变换系数，从而达到消除噪声的目的。目前，应用比较广泛的计算量适中的去噪算法是基于贝叶斯分析的小波去噪算法。但是，相对于最简单的硬阈值和软阈值去噪算法，基于贝叶斯分析的小波去噪算法的计算量依旧很大。由于本节所处理的机场跑道雷达成像背景较为简单，而且实时性要求较强，因此本节采用如下改进的自适应硬阈值去噪。

$$\begin{cases} w > \sigma\sqrt{2\log(N)/N}, & w' = \eta w \\ w \leqslant \sigma\sqrt{2\log(N)/N}, & w' = \dfrac{1}{\eta} w \end{cases} \tag{10-1}$$

其中，w 为信号的超分析小波系数，w' 为修改后的超分析小波系数，σ 为噪声方差，N 表示信号的长度，η 为调节因子在部署雷达后通过实验获得。

通过上面的分析，笔者提出的基于移不变混合变换的机场雷达成像前的去噪算法如下：

（1）设经过采样以后 DSP 得到的距离维上的数据为 $y(n)$，按照常规雷达处理步骤首先对数据进行加窗截断，其窗函数为汉明窗，得到的数据依旧记为 $y(n)$。

（2）对距离维进行 DFT 变换，即对 $y(n)$ 进行 FFT 变换得到 y_{DFT}。

（3）对 y_{DFT} 进行维纳滤波去除窄带噪声。

（4）求模，即：

$$y(n) = \sqrt{\text{real}(y_{\text{DFT}})^2 + \text{imag}(y_{\text{DFT}})^2} \tag{10-2}$$

（5）进行幅度压缩，表达式如下：

$$y(n)=\left[\left\lfloor \ln(y(n))\times 200+0.5\right\rfloor\right]_0^{255} \quad (10\text{-}3)$$

其中，$\lfloor\ \rfloor$为上取整，$[\ ]_0^{255}$为限幅，即将幅度限制在 0～255 之间。

（6）接收到距离维的信号后，通过（1）至（5）步的处理，信号可记为 $x(n_1, n_2)$，可以逐段对时间维进行 HWT 变换，通过式（10-1）进行 HWT 域自适应去噪，去噪完成后再进行 HWT 逆变换从而得到去噪后的图像。

从上面的去噪过程可以看到，本节提出的算法在成像以前就可以完成去噪过程且其计算相当简单，相比文献[4]提出的算法，本节提出的算法不仅具有移不变性，而且不需要再对距离维进行逆 DFT 变换，因此计算效率更高。

10.2　实验结果与分析

为了验证 10.1 节所提出的算法的可行性，我们在某型毫米波雷达中进行测试，本节仅给出雷达对某机场扫描角度为 30°～60°范围测试的成像图像。为了便于分析图像去噪的效果，本节将所有二维距离-时间维的雷达图像转到直角坐标系下进行观察。如图 10-1 是没有进行任何处理的机场跑道的原始图像，从该图像中可以看出，雷达成像有很多的条纹和斑点噪声。

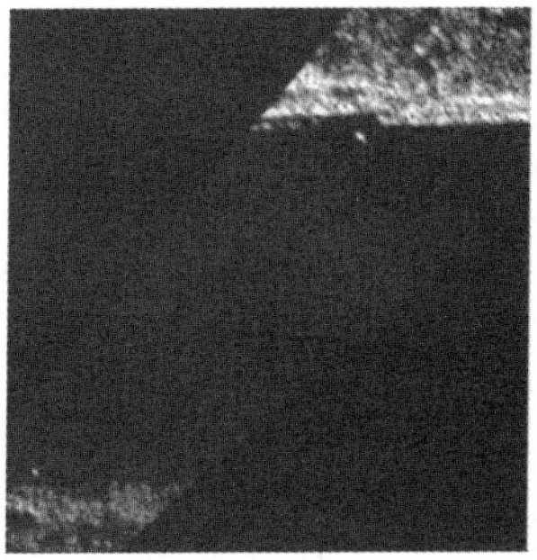

图 10-1　原始的机场跑道雷达图像

下面将 10.1 节提出的算法与其他流行的成像后的去噪算法进行效果对比和分析。我们对图 10-1 分别进行 Lee 滤波、小波-Contourlet 去噪（WCT）[5]、小波贝叶斯去噪（BSW）[6]、2-D DFT-DWT 去噪（DFT-DWT）[4]、HWT 域贝叶斯去噪（BSH）[7]和 10.1 节提出的成像前去噪，并对去噪后的图像进行比较。如图 10-2 所示为去噪的实验结果。

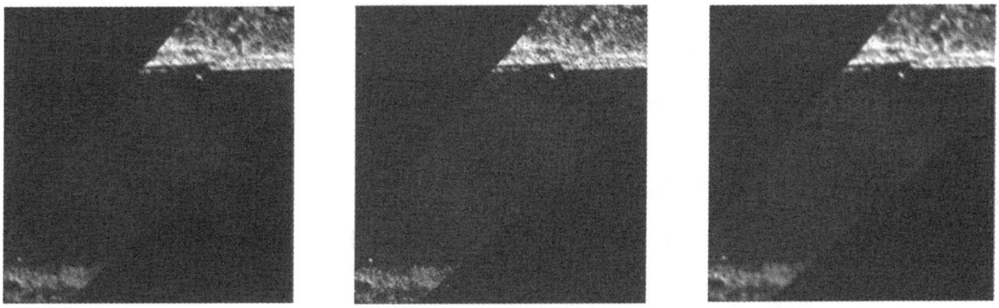

（a）　　（b）　　（c）

图 10-2　使用各种去噪算法的去噪效果

（a）使用 Lee 滤波去噪；（b）使用 WCT 去噪；（c）使用 BSW 去噪

（d） （e） （f）

图 10-2 使用各种去噪算法的去噪效果（续）

（d）使用 DFT-DWT 去噪；（e）使用 BSH 去噪；（f）使用 10.1 节的算法去噪

从图 10-2 所示的实验结果中可以看到，图 10-2（f）所示的算法效果与其他去噪算法相比视觉效果更好。图 10-2（a）所示的 Lee 滤波的去噪效果最差，去噪后的噪声不均匀，不利于后期的异物检测。图 10-2（b）所示的文献[5]提出的去噪算法基本上没有起到滤除噪声的效果，这是因为毫米波成像的斑点比常规 SAR 图像的斑点更稀疏。图 10-2（c）所示的文献[6]提出的去噪效果和图 10-2（e）所示的文献[7]基于贝叶斯去噪的效果差不多，去噪后图像较为平滑，但是跑道内依旧含有大量的噪声。由图 10-2（d）所示的文献[4]中提出的基于 2-D DFT-DWT 去噪算法的效果可以看到，跑道内依旧有几块大的噪声块没有去掉，而 10.1 节提出的算法则在没有损失细节的情况下清除了跑道内的噪声，并且该算法完全可以在成像前完成，从而节约计算时间。

为了更好地验证 10.1 节所提出的算法的有效性，下面给出各种去噪算法的性能参数值，如表 10-1 所示。

表 10-1 各种去噪算法的性能参数

去 噪 算 法	PSNR/dB	ENL	标 准 差	EPI
Lee滤波	19.28	15.75	33.92	0.87
WCT	15.93	13.87	35.54	0.81
BSW	26.60	17.59	31.82	0.92
DFT-DWT	28.96	19.08	30.22	0.90
10.1节的算法	27.13	18.21	31.34	0.92

由表 10-1 可知，10.1 节所提出的机场雷达成像前去噪算法是一种较好的去噪算法。该算法不仅具有最高的 PSNR 和 ENL，且标准差较小，EPI 最接近 1。由此可知，该算法不仅去噪能力很强，而且去噪后的视觉效果也很好，具有较强的轮廓保持能力，可以较好地保持机场跑道的信息。

10.1 节提出的算法已经应用到某型号的机场雷达异物检测中，下面是真实的 FOD 场景测试检测图，检测的过程是：先使用 10.1 节提出的算法进行去噪，然后对去噪后的图像进行背景抑制和形态学运算，最后利用边界跟踪算法得到标记的 FOD。如图 10-3（a）为前期测试时针对某跑道进行扫描得到的含噪雷达图像，图 10-3（b）为使用 10.1 节的算法去噪后的雷达图像，在跑道上有 7 个异物，分别为网球、小石子、小钉子等小异物。图 10-3（c）是未去噪时标记的 FOD，图 10-3（d）是去噪后标记的 FOD，可以看到，10.1 节提出的算法对最终正确的检测和标记 FOD 起着重要的作用。

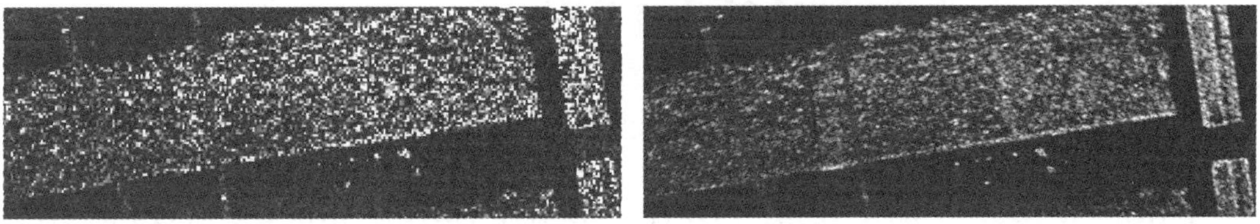

（a）　（b）

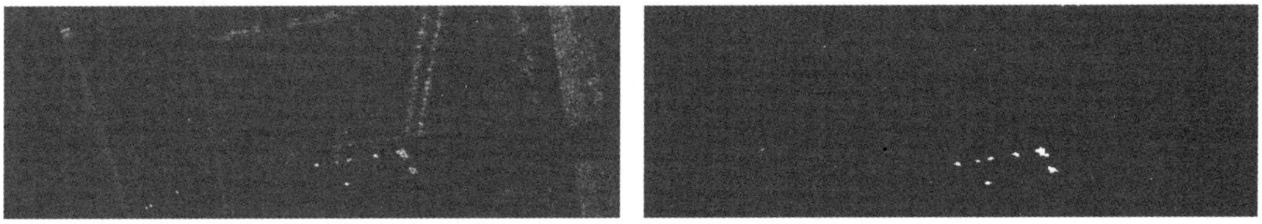

（c）　（d）

图 10-3　机场雷达 FOD 检测效果

（a）含噪跑道的雷达图像；（b）去噪后跑道的雷达图像；
（c）未去噪时标记的 FOD；（d）去噪后标记的 FOD

10.3 本章小结

对于实际项目中的机场雷达图像去噪，由于实时性要求，应该尽量将计算任务交由 DSP 端，10.1 节提出了一种机场雷达成像前的去噪算法，通过在脉冲压缩阶段进行混合滤波，可以达到迅速去噪的目的，从项目实施上来看效果比较理想。

参考文献

[1] 毛二可，龙腾，韩月秋．频率步进雷达数字信号处理 [J]．航空学报，2001，022(0z1)：16-25．
[2] 刘帅奇，胡绍海，肖扬，等．基于移不变二维混合变换的机场雷达成像噪声抑制 [J]，系统工程与电子技术，2015，37(1)：73-78．
[3] 肖扬，张超，胡绍海．应用二维混合变换的脂肪肝超声波图像特征提取 [J]．应用科

学学报，2008，26(4)：362-369.

[4] ZHANG Y K，XIAO Y，LIU Z X．A denoising pre-process for SAR echo signal based on the 2-D hybrid transform[C]//The 13th International Workshop on Multimedia Signal Processing & Transmission．Queensland：IEEE，2010：10-17.

[5] 刘帅奇，胡绍海，肖扬．基于小波-Contourlet 变换与 Cycle Spinning 相结合的 SAR 图像去噪 [J]．信号处理，2011，27(6)：837-842.

[6] MIN D，CHENG P，CHAN A K，et al．Bayesian wavelet shrinkage with edge detection for SAR image despeckling [J]．IEEE Transactions on Geoscience and Remote Sensing，2004，42(8)：1642-1648.

[7] FIROIU I，NAFORNITA C，ISAR D，et al．Bayesian hyperanalytic denoising of SONAR images [J]．Geoscience and Remote Sensing Letters，2011，8(6)：1065-1069.